全国高职高专经济管理类"十四五"规划理论与实践结合型系列教材

简明应用运筹学

JIANMING YINGYONG YUNCHOUXUE

主　编　赵衍才
副主编　（按姓氏的拼音首字母排序）
丁　钧　牟继承　朱丽娜

华中科技大学出版社
http://www.hustp.com
中国·武汉

图书在版编目(CIP)数据

简明应用运筹学/赵衍才主编. —武汉:华中科技大学出版社,2021.2(2024.1重印)
ISBN 978-7-5680-6866-6

Ⅰ.①简… Ⅱ.①赵… Ⅲ.①运筹学 Ⅳ.①O22

中国版本图书馆 CIP 数据核字(2021)第 023773 号

简明应用运筹学

Jianming Yingyong Yunchouxue

赵衍才　主编

策划编辑：聂亚文
责任编辑：刘　静
封面设计：孢　子
责任监印：朱　玢
出版发行：华中科技大学出版社(中国·武汉)　　电话：(027)81321913
　　　　　武汉市东湖新技术开发区华工科技园　　邮编：430223
录　　排：华中科技大学惠友文印中心
印　　刷：武汉邮科印务有限公司
开　　本：787mm×1092mm　1/16
印　　张：13
字　　数：328 千字
版　　次：2024 年 1 月第 1 版第 2 次印刷
定　　价：42.00 元

前言

PREFACE

运筹学是现代管理学的一门专业基础课,它的重要性不言而喻。事实上,运筹学广泛应用于经济和社会生活之中,现代社会管理的许多方面都需要相关人员具备运筹学的一些知识。

按照有关专业叙述:运筹学的主要目的是在决策时为管理人员提供科学依据,是实现有效管理、正确决策和现代化管理的重要方法之一。该学科应用于数学和形式科学的跨领域研究,利用统计学、数学模型和算法等方法,去寻找复杂问题中的最佳或近似最佳的解答。

读了上面对运筹学的专业描述,人们往往会对运筹学产生畏难情绪,深入学习运筹学也确实需要综合运用许多知识。因此,很多人既渴望掌握运筹学的知识,又惧怕运筹学这门学科,从而产生了知难而退的情绪。

其实这门学科可难可易。在绝大多数场合,我们用到的只是运筹学中很简单、很容易的部分,只需要了解运筹学中的基本思想和基本方法,不需要掌握复杂的理论和进行烦琐的计算推理。本书的目的正在于此,我们有意识地降低运筹学的难度,深入浅出地介绍运筹学的基本思想和基本方法,略去运筹学抽象严密的体系性;侧重通过实例介绍概念和方法,略去运筹学复杂、烦琐的理论推理。

运筹学直观易懂的一面,在我国古代著名的田忌赛马这一故事中得到了充分的体现。田忌分别用自己的下等马、上等马、中等马对阵齐王的上等马、中等马、下等马而获胜,就是一个体现运筹学思想和方法的典型案例。运筹学与现实生活联系密切,本书中的例子大都来源于经济和社会生活方面的实际问题。而且,本书所介绍的运筹学的很多思想方法也都与我们的生活经验相一致。

运筹学涉及面广,本书对运筹学的多个部分的内容都有介绍,这些内容包括线性规划、运输问题、图论与网络计划、博弈论、预测与决策、计算复杂性理论、LINGO 软件使用方法等。运筹学的深入研究往往涉及计算复杂性理论,所以本书对计算复杂性理论进行了浅显的介绍。本书的一些章节还做了简单的前沿介绍。上述做法的目的是为有兴趣的读者进行更深入的研究提供方便。为突出应用性,本书最后一章还介绍了 LINGO 软件的使用方法。

本书既力求通俗易懂,又对读者深入研究有所指引。本书比较适合的对象为初学者和入门者,也十分适合管理人员用于积累经验和提高管理能力。我们引用的参考文献以及指引读者进一步阅读的参考文献都列在了每章的后面。

由于水平所限,书中缺点、错误在所难免,敬请读者批评指正。

目录

CONTENTS

第1章

绪论

JIANMING YINGYONG

YUNCHOUXUE

"运筹学"概念最早起源于 20 世纪 30 年代,英语词源为"operations research"或"operational research",缩写为"OR",意为"运用研究"或"作业研究",在中国被翻译为"运筹学"。"运筹"二字取自《史记》中"运筹策帷帐之中,决胜于千里之外"。"筹"是计划、谋划的意思,"帷帐"为古时军中帐幕的称谓;而"运筹"意为作战策略的拟定,后引申为筹划、指挥。西汉初年,天下已定,汉高祖刘邦称赞张良说:"夫运筹策帷帐之中,决胜于千里之外,吾不如子房。"意指张良坐在军帐中筹划计谋、拟定策略,就能决定千里之外战斗的胜利。后来,"运筹帷幄"常被人们形容善于筹算计划,制定最佳策略取胜。这也极为恰当地概括了这门学科的精髓。

1.1　现代运筹学的起源与发展

运筹学起源于军事、管理和经济的实践活动。在人类社会发展的历史长河中,人们利用运筹的思想和方法谋划策略的案例比比皆是,经典的运筹谋划案例也屡见不鲜。然而,"运筹学"真正成为一门科学,是近几十年来的事。

现代运筹学思想的雏形出现于第一次世界大战期间。1916 年英国的兰彻斯特(F. W. Lanchester)为研究战争的胜负与兵力多寡、火力强弱之间的关系提出了战斗方程;同年,爱迪生(Thomas A. Edison)在研究反潜战的项目中,汇编各项典型统计数据用于选择回避或击毁潜艇的最佳方法,使用"战术对策演示盘"解决了免受潜艇攻击的问题;丹麦数学家厄兰(A. K. Erlang)也在 20 世纪初发展了排队论,并提出了一些著名的公式,而且将其应用于哥本哈根电话交换机的效率研究。天文学家 Horace C. Levinson 在 20 世纪 20 年代开始运用运筹学思想研究零售问题,分析了商业广告和顾客心理。以英国生理学家希尔为首的英国国防部防空试验小组在第一次世界大战期间开展了高射炮利用研究。英国人莫尔斯(Morse)建立分析海军护航舰队损失的数学模型,也是最早进行的运筹学工作。在这一时期,运筹学的发展处于摸索之中,"运筹学"概念的界定尚不明确,运筹学系统性的理论尚未建立,运筹学相关研究未能进一步深入开展。

直到 1938 年,"运筹学"这个名词产生并被正式使用。1935 年,为防御德国战机袭击,英国在其东海岸的奥福德纳斯(Orfordness)装备了雷达,在使用中发现所传送的信号间常常相互矛盾,出现了来自不同雷达站的信息以及雷达站与整个防空作战系统的协调配合问题。为解决此问题,波德塞(Bawdsey)雷达站的负责人罗伊(A. P. Rowe)于 1938 年 7 月提出立即进行整个防空作战系统运行研究的意见,以使军事领导人学会使用雷达定位敌方飞机。Rowe 和 Robert Watson Watt 爵士主持了最早的两个雷达研究,并将其命名为"operational research"(简称"OR")。这就是"运筹学"名词的起源。因此,波德塞也被称为运筹学的诞生之地。该研究被视为现代运筹学产生的标志。1935—1938 年被视作运筹学基本概念的酝酿期。

到了第二次世界大战期间,运筹学有了新的发展。为了解决作战中遇到的战略战术、军用物资运输等问题,英美一些具有不同学科背景的专家学者组成了许多运筹学小组,专门从事运筹学研究。

1940 年秋,为应对德国战机对英国的夜间空袭,英国成立了以诺贝尔奖获得者、物理学家布莱克特(P. M. S. Blackett)为首的运筹学小组,成员由三名生物学家、两名数学物理学家、一名天文学家、一名军官、一名测量员、一名普通物理学家和两名数学家组成。由于小组成员专业背景的多样性，所以这个小组被人戏称为"布莱克特马戏团"。他们主要研究：如何以最佳方式将雷达信息传送到指挥系统和武器系统；雷达与武器的最佳配置；如何将探测、信息传递、作战指挥、战斗机与武器协调，实现系统作战。通过使用数学模型和新型算法，他们成功解决了这些问题，使英国取得了不列颠之战的胜利。在这之后，美国、加拿大也相继成立了运筹学小组。这些运筹学小组在编制护航舰队的数量、组织反潜艇作战的侦察与攻击、进行有效的对敌轰炸等方面做了大量研究并取得了辉煌的成果，积累了丰富的实践案例，为运筹学相关理论体系的形成和有关分支的建立打下了坚实的基础。

1942 年麻省理工学院的 Morse 教授应美国大西洋舰队反潜作战指挥官 Baker 舰长的请求，主持反潜运筹组的计划与监督工作，小组成员利用运筹学方法帮助英国打破了德国潜艇对英吉利海峡的封锁。研究小组提出的两条重要建议是：将反潜攻击由反潜艇投掷水雷改为由飞机投掷深水炸弹，起爆深度由 100 m 改为 25 m 左右，即当德方潜艇刚下潜时攻击效果佳；运送物资的船队及护航舰艇的编队由小规模、多批次改为大规模、少批次，以降低损失率。英国首相丘吉尔采纳了 Morse 的建议，使同盟国重创了德国潜艇部队，Morse 也因此获得了英国及美国战时最高勋章。

纵观第二次世界大战时期的军事运筹学案例可以发现，运筹学在解决相关应用问题时表现出以下特点：①数据都是真实有效的；②问题的最终解决都是多学科密切协作的结果；③解决问题的方法渗透着数学思想。通过早期的运筹学案例人们意识到，解决实际问题的行之有效的途径是利用定量化的分析方法并建立合适的数学模型。

值得一提的是，1939 年，苏联经济学家康托罗维奇（L. V. Kantorovich）发表了著名的著作《生产组织与计划中的数学方法》，主要针对生产中提出的大量组织与计划问题，如原材料的合理利用问题、生产配置问题、运输计划和播种面积的分配等做了大量的研究。研究结果不仅给出了数学模型，而且可以确定最优方案。这是运筹学在理论和方法上较为完整的著作。康托罗维奇的贡献在于使运筹学的理论方法形成体系，他确定极值的方法超出了经典数学分析方法的范畴，遗憾的是他的研究成果直到第二次世界大战以后才受到重视。

第二次世界大战后，运筹学研究的重心从军事战争中的应用转移到经济和管理等民用领域。1948 年，英国一些战时从事运筹学研究的人员成立了"运筹学俱乐部"，着力在煤炭和电力部门推广应用运筹学，并取得了一些进展。1948 年，美国麻省理工学院首次把运筹学作为一门课程进行系统的介绍；1947 年，丹齐格（G. B. Dantzig）在研究美国空军资源优化配置时提出了线性规划问题的通用解法——单纯形法，并在 20 世纪 50 年代初用电子计算机成功求解线性规划问题；1951 年，莫尔斯（P. M. Morse）和金博尔（G. E. Kimball）合作完成的《运筹学方法》一书正式出版。这些都标志着运筹学这门学科基本形成。

运筹学的成长随着电子计算机技术的发展不断加速。到 20 世纪 50 年代末，发达国家的一些大型企业陆续应用运筹学方法来解决企业生产经营活动中出现的各类复杂问题，针对企业中一些较为普遍性的问题，如资金分配、库存、任务分派等问题进行优化研究，提出了相应的方法并付诸使用，取得了良好效果。20 世纪 60 年代中期，运筹学在服务行业和公共事业方面的运用也蓬勃发展起来。当时，一些银行、医院、图书馆等企事业单位都已经逐渐认识到运筹学的相应分支对帮助改进服务功能、提高服务效率、降低服务成本等所起的作用。至此，运筹学进入了普及和迅速发展期。从事运筹学的工作者队伍迅速壮大，他们纷纷成立学会、创办刊物，高校也开始开设运筹学课程。

经历了第二次世界大战后"黄金时期"的飞速发展之后,运筹学在20世纪70年代经历了一段衰落期。当时出现了大量令人费解的算法,严格限制条件下的收敛性证明,让运筹学渐渐地变成了学术性的"模型"。远离了现实世界的模型,把模型化工作和对最优解的追求作为核心的运筹学研究,与运筹学早期工作的目的和初衷相违背了,运筹学渐渐分成了两派。但众所周知,现实世界是错综复杂的,整体上的形态不是所有局部问题的简化;环境的变化性和冲突性,导致了很多的不确定性,不可能全面预知;特定的思考与分析过程,以及恰当的方法论需要不断地修正认识,并逐步趋向适应。因此,运筹学的模型为了适应环境与顾及复杂问题,必须注入及强化柔性,即接纳人文因素和逐步接近问题实质。在方法论上,应注意交互式过程。在追求的目标上,往往需要从传统意义下的最优解改为可接受的"满意解""有效解"。所以,在20世纪末开始出现了"软运筹学"一词。软运筹学是运筹学发展的必然产物,尽管还很不成熟,但有潜在的生命力。软运筹学方法的发展,将在各个领域推动运筹学的实际运用和充分发挥效益,在理论和方法上为运筹学创造出一个新的境界。

1.2　我国的运筹学发展

虽然运筹学作为一门新兴学科起源于第二次世界大战期间的军事运筹活动,但从运筹学研究的基本思想来看,运筹学自古就有,源远流长。我国古代在军事、农业、运输、水利工程、建筑以及城市规划等方面就有很多运筹学思想的雏形。

早在公元前四世纪的"田忌赛马"就是著名的一例。当时齐将田忌经常和齐国的公子们赛马。孙膑观察到虽然总的说来,田忌的马不如公子们的马,但相差不远,各自的马都可以分为上、中、下三等。于是,在一次田忌与齐王及公子们赛马时,孙膑就向田忌献策:"今以君之下驷与彼上驷,取君上驷与彼中驷,取君中驷与彼下驷。"田忌采纳了孙膑的策略,结果以两胜一负而获胜。

田忌赛马的问题其实就是一个对策论问题。在这场对策中,田忌的马还是原来的马,结果却截然不同。孙膑不强争一局的得失,而务求全盘的胜利。这是以局部的失败换取全局的胜利,成为争取整体最优化的经典范例。

公元前六世纪,我国就创造了轮作制、间作制和绿肥制等先进的耕作技术。后来由北魏时的进步科学家贾思勰总结为《齐民要术》一书(公元533—544年写成),其中就有许多体现运筹思想的例子。在水利、建筑和运输等方面也有类似的情况。战国时期秦蜀郡守李冰父子主持修建的都江堰水利工程,把"鱼嘴"(分水工程)、"飞沙堰"(溢流分洪排沙工程)和"宝瓶口"(引水流量控制工程)三个工程融合为一个整体,巧妙配合实现了彻底排沙、最佳水量的自动调节作用。两千多年来,这项工程一直发挥着巨大的效益,在利用岷江上游的水资源灌溉川西平原、防洪和航运等方面起到了极为重要的作用。

北宋宋真宗时期,皇宫失火,为有效完成修复任务,大臣丁谓提出了"一沟三用"的重建方案,即:先将工程皇宫前的一条大街挖成一条大沟,将大沟与汴水相连形成河道,由河道承担繁重的运输任务;修复工程完成后,实施大沟排水,并将原废墟物回填,修复成原来的大街。这样将取材、生产、运输及废墟物清理有机结合在一个整体系统中解决,大大提高了修复工程的效率。

这些事例无不闪耀着运筹帷幄、整体优化的朴素思想。

随着现代运筹学的不断发展，我国的第一个运筹学研究小组在钱学森、许国志先生的推动下于1956年在中国科学院力学研究所成立。在我国，运筹学于1957年开始应用于建筑业和纺织业，于1958年开始在交通运输、工业、农业、水利建设、邮电等方面皆有使用，尤其是在运输方面，从物资调运、装卸到调度等，皆体现出运筹学的思想。1958年，我国建立了专门的运筹学研究室，由于在应用单纯形法解决粮食合理运输问题时遇到了困难，我国运筹学工作者创立了运输问题的图上作业法，同时管梅谷教授提出了中国邮路问题模型的解法。显而易见，运筹学从一开始就被理解为与工程有着密切联系的学科。1959年，我国的第二个运筹学部门在中国科学院数学研究所（现为中国科学院数学与系统科学研究院）成立，这是"大跃进"中数学家们投身于国家建设的一个产物。力学所小组与数学所小组于1960年合并成为数学研究所的一个研究室。当时，该研究室的主要研究方向为排队论、非线性规划和图论。还有人专门研究运输理论、动态规划和经济分析。20世纪50年代后期，运筹学在中国的应用主要集中在运输问题上，一个典型的例子是"打麦场的选址问题"，在使用运筹学的基础上，大大节省了人力资源。

提到中国运筹学早期的普及与推广工作，就不得不提华罗庚先生。他率领工作小组到农村、工厂讲解基本的优化技术和统筹方法，引导人们将优化技术和统筹方法用于日常的生产和生活中。1965年起，统筹法在建筑业、大型设备维修计划等领域的应用取得了可喜进展。从20世纪70年代起，优选法在全国大部分省市推广使用。20世纪70年代中期，最优化方法在工程设计界得到广泛的重视，在光学设计、船舶设计、飞机设计、变压器设计、电子线路设计、建筑结构设计和化工过程设计等方面都有成果。20世纪70年代中期，排队论开始应用于港口、矿山、电信和计算机设计研究等方面。图论曾被用于线路布置和计算机设计、化学物品的存放等。存贮论在我国应用较晚，在20世纪70年代末在汽车工业和物资部门应用成功。近年来，运筹学已趋于用于研究大规模、复杂问题，如部门计划、区域经济规划等，并已与系统工程紧密结合。

近20年来，信息科学、生命科学等现代高科技对人类社会产生了巨大的影响，中国运筹学工作者还关注到其中运筹学的一些新应用方向。例如，我国的运筹学工作者将全局最优化、图论、神经网络等运筹学理论及方法应用于生物信息学中的DNA与蛋白质序列比较、芯片测试、生物进化分析、蛋白质结构预测等问题的研究；在金融管理方面，将优化及决策分析方法应用于金融风险控制与管理、资产评估与定价分析模型等；在网络管理上，利用随机过程方法，研究排队网络的数量指标分析；在供应链管理问题中，利用随机动态规划模型，研究多重决策最优策略的计算方法。在这些重要的新研究方向上，我国运筹学工作者都取得了可喜的进展及成绩，有一些已进入国际先进水平的行列，被有关同行认可。

1.3　运筹学的内涵

到底什么是运筹学？这个问题至今还没有统一的、确切的定义。莫尔斯（P. M. Morse）与金博尔（G. E. Kimball）认为：运筹学就是"一种科学方法，是为决策机构在对其管辖下的作业进行决策时，提供一些计量性的决策基础"。R. L. Ackoff 与 E. L. Arnoff 认为：运筹学是"将科学的方法、技术与工具应用于系统的作业上，使管辖下的作业问题获得最佳的解决"。还有一些运筹学工作者认为：运筹学是一门应用科学，它广泛应用系统的、科学的、数学分析的方法，通过建模、检验和求解数学模型,解决实际中提出的专门问题,为决策者选择最优决策提供定量依据。

根据这些定义,我们可以初步了解运筹学的基本内涵,具体如下。

(1)运筹学是一种科学方法。它可用于整一类问题上,并能传授和有组织的活动,而不单是某种研究方法的分散和偶然的应用。

(2)运筹学强调以量化为基础。所谓量化,就是指基于能刻画问题的本质的数据和数量关系,建立能描述问题的目标、约束及其关系的数学模型,通过一种或多种数量方法找出解决方案。

(3)由于任何决策基础都包含定量和定性两个方面,而定性方面无法简单地用数学来表示,只有综合政治、经济、心理等多方面因素才能进行全面的决策,所以运筹学具有多学科交叉的特点。

(4)运筹学强调最优决策,它的最终目的是使有组织系统中的人、财、物和信息得到最有效的利用,使系统的产出最大化。当然,在实际生活中往往无法得到"最优",而用"次优""满意"等概念代替。

所以,运筹学属于应用数学范畴。它是一种通过对系统进行科学的定量分析,从而发现问题、解决问题的系统方法论。与其他的自然科学不同,运筹学研究的对象是"事",而不是"物",它揭示的是"事"的内在规律性,研究的是如何把事办得更好的方式和方法。

1.4 运筹学解决问题的步骤、模型及其建模方法

1.4.1 运筹学解决问题的步骤

运筹学是一门用来解决实际问题的学科,在使用运筹学处理纷繁复杂的各类实际问题时,通常有以下几个步骤。

(1)明确问题:确定目标、可能的约束、问题的可控变量以及有关参数,搜集有关资料。

(2)建立模型:把问题中的可控变量、参数和目标与约束之间的关系用一定的模型表示。

(3)求解模型:用各种手段(主要是数学方法,也可用其他方法)进行模型求解。解可以是最优解、次优解、满意解。复杂模型的求解需要用计算机,解的精度要求可由决策者提出。

(4)解的检验:主要检查解的正确性、有效性和稳定性。

(5)解的控制:通过控制解的变化过程决定对解是否要做一定的改变。

(6)解的实施:将解应用到实际中必须考虑到实施的问题,如向实际部门讲清解的用法、在实施中可能产生的问题和修改方法。

1.4.2 运筹学模型

在上述步骤中,模型的建立是关键。运筹学模型多数是数学模型,也有图像模型和仿真模型。下面介绍常见的几种运筹学模型。

(1)思维模型:研究者对某种事物的想象或概念性的描述,如公司主管头脑中对公司未来市场的规划。思维模型虽然不是一种精确、具体、可见的模型,但通常是其他模型的渊源。

(2)物理模型:可以是一个与实物同等尺寸,或者被放大,或者被缩小,或者被简化的几何模型,用以形象地表现和演示被研究的对象;也可以是一些图表,用以说明事物的流程。

（3）数学模型：采用数学符号精确描述实际事物中的变动因素和因素间的相互关系。

1.4.3 建模方法

模型的建立是一种创造性劳动，成功的模型往往是科学和艺术的结晶。常见的建模方法和思路有以下4种。

（1）直接分析法：根据研究者对问题内在机理的认识直接构造模型，并利用已知的算法对问题进行求解与分析。直接分析法常用于构造线性规划模型、动态规划模型、排队模型、存贮模型、决策与对策模型等。

（2）类比法：模仿类似问题的结构性质建立模型并进行类比分析。例如，物流系统、化学系统、信息系统以及经济系统之间都有某些相通的地方，因而可相互借鉴。

（3）统计分析法：尽管机理未明，但可根据历史资料或实验结果运用统计分析方法建模。

（4）逻辑推理法：利用知识和经验对事物的变化过程进行逻辑推理，进而构造模型。

1.5 运筹学的主要内容

运筹学的内容相当丰富，分支也很多。研究优化模型的规划论，研究排队（或服务）模型的排队论（或随机服务系统），以及研究对策模型的对策论是运筹学最早的三个重要分支，通常称为运筹学早期的三大支柱。随着学科的发展和计算机的出现，现在运筹学的分支更细，名目更多。例如，线性与整数规划、图与网络、组合优化、非线性规划、多目标规划、动态规划、随机规划、对策论、随机服务系统（排队论）、库存论、可靠性理论、决策分析、马尔可夫决策过程（或马尔可夫决策规划）、搜索论、随机模拟、管理信息系统等基础学科分支，工程技术运筹学、管理运筹学、工业运筹学、农业运筹学、军事运筹学等交叉与应用学科分支也先后形成。

下面是对运筹学主要分支的简介。

（1）数学规划也叫作规划论，是运筹学的一个重要分支。自从1939年康托罗维奇提出线性规划模型、1947年丹齐格提出求解线性规划问题的单纯形法、卡罗需和库恩（H. W. Kuhn）与塔克（A. W. Tucker）先后分别独立地给出一般非线性规划问题的最优性条件以来，数学规划得到了快速发展，形成了多个分支。它主要包含线性规划、非线性规划、整数规划、动态规划、目标规划等。它解决的主要问题是在一定的约束条件下，按某一或多个衡量指标来寻找最优方案的数学方法。

约束条件和目标函数都呈线性关系的规划问题就称为线性规划，线性规划是最简单的一类数学规划。整数规划是指带整数变量的规划问题。20世纪50年代，丹齐格首先发现可以用0-1变量来刻画最优化模型中的固定费用、变量上界、非凸分片线性函数等。他和富尔克森、约翰逊对旅行商问题的研究成为后来分支定界法和现代混合整数规划算法的开端。非线性规划是线性规划的进一步发展和继续。非线性规划的基础性工作是在1951年由库恩和塔克等人完成的。许多实际问题，如设计问题、经济平衡问题都属于非线性规划的范畴。非线性规划扩大了数学规划的应用范围，同时也给数学工作者提出了许多基本理论问题，使数学中的凸分析、数值分析等也得到了发展。还有一种规划问题和时间有关，叫动态规划。近年来，动态规划方法在工程控制、技术物理和通信中的最佳控制问题中，已经成为经常使用的重要工具。

（2）图论是一个古老的但又十分活跃的分支，且是网络技术的基础。图论是将研究对象用点表示，将对象之间的关系用边（或弧）来表示，点边的集合构成了图。图是研究离散事物之间关系的一种分析模型，具有形象化的特点，便于人们理解。图论的创始人是数学家欧拉。1736年，他发表了图论方面的第一篇论文，解决了著名的哥尼斯堡七桥问题。相隔100多年后，1847年，基尔霍夫第一次应用图论的原理分析电网，从而把图论引进工程技术领域。20世纪50年代以来，图论的理论得到了进一步发展，将复杂庞大的工程系统和管理问题用图描述，可以解决工程设计和管理决策的很多优化问题。例如，完成工程任务的时间少、距离短、费用省等。图论受到数学、工程技术及经营管理等各方面越来越广泛的重视。

（3）排队论又叫随机服务系统理论，研究各种系统的排队队长、排队的等待时间及所提供的服务等各种参数，以便求得更好的服务，是研究系统随机聚散现象的理论与方法。它的研究目的是通过对随机服务现象的统计研究，找出反映这些随机服务现象的平均特性，从而研究提高服务系统水平和工作效率的方法。排队论把它所要研究的对象形象地描述为顾客来到服务台前要求接待，如果服务台已经被其他顾客占用，那么就要排队。另一方面，服务台也时而空闲，时而忙碌，因而就需要通过数学方法求得顾客的等待时间、排队长度等的概率分布。该理论最早起源于1909年丹麦的电话工程师厄兰关于电话交换机效率问题的研究。随着第二次世界大战中对飞机场跑道的容纳量进行估算，排队论得到了进一步发展，相应的学科更新论、可靠性理论等也都发展了起来。排队论在日常生活中的应用相当广泛，如水库水量的调节、生产流水线的安排、电网的设计等。

（4）对策论又叫博弈论，是一种研究在竞争环境下决策者行为的数学方法，是主要研究双方是否都有最合乎理性的行动方案，以及如何确定合理行动方案的理论和方法。历史上有名的"田忌赛马"问题就是典型的博弈论问题。作为运筹学的一个分支，博弈论的发展也只有近百年的历史。现在一般公认为是美籍匈牙利数学家、计算机之父——冯·诺依曼系统地创建了这门学科。用数学方法研究博弈论是在国际象棋中开始的——如何确定取胜的着法。由于研究的是双方冲突、制胜对策的问题，所以这门学科在军事方面有着十分重要的应用。数学家还对水雷与舰艇、歼击机与轰炸机之间的作战、追踪等问题进行了研究，提出了追逃双方都能自主决策的数学理论。随着人工智能研究的进一步发展，人们对博弈论提出了更多新的要求。

（5）决策论是为科学地解决带有不确定性和风险性的决策问题所发展的一套系统分析方法。决策论旨在提高科学决策的水平，减少决策失误的风险，主要应用于经营管理工作中的中高层决策中。

（6）存贮论也称存储论、库存论，是研究物资最优存储策略及存储控制的理论。物资存储是工业生产和经济运转的必然现象。对于工商企业来说，如果物资存储过多，则会积压流动资金，占用仓储空间，增加保管费用，存储时间过长造成物资过时，以致造成巨大损失；如果物资存储过少，则会失去销售机会、减少利润，或因缺乏原料而被迫停产，或因临时采购多而耗人力及费用。因此，如何寻求一个恰当的采购、存储方案就成为存储论的研究对象。

（7）搜索论是应第二次世界大战中战争的需要而出现的运筹学分支，是主要研究在资源和探测手段受到限制的情况下，如何设计寻找某种目标的优化方案并加以实施的理论和方法。

从运筹学的发展可以看出，运筹学起源于军事应用，又受到古典管理学与古典经济学的巨大影响。随着科技的不断发展，运筹学拥有广阔的应用领域，已渗透诸如服务、库存、搜索、人口、对抗、控制、时间表、资源分配、厂址定位、能源、设计、生产、可靠性等各个方面。

1.6　运筹学的学习

1.6.1　学习运筹学的意义

运筹学虽然是数学大家族中特别年轻的一门学科,但在如今的大数据时代显得越来越重要。无论是人工智能技术下的超级 AI、海量数据中的深度学习技术,还是以假乱真的虚拟现实,都需要运筹学基础的理论。运筹学在不断向各领域渗透的同时,也在不断地向前发展,在未来会对我们的社会生产产生重要的影响。因此,学习运筹学是在紧跟时代发展的步伐,创新我们的思维方式和方法。

从宏观的角度来看,海量的信息是用量化的方式传递的,运用运筹学方法,以量化的方式去思维、去推理,能使我们有效地选择有益的信息,优化过程。我国人口众多,人均资源相对匮乏,因此充分利用运筹学知识和思想有助于更好地适应当今建设节能环保型社会。

从微观的角度来看,运筹学的应用十分广泛,凡事都运用运筹学的一点思想和方法,会使我们在做规划、做计划、做决策的过程中变得游刃有余。它可以帮助经销商决定如何进行销售安排盈利最多,帮助投资商判断哪些投资方案能够带来最大的收益,帮助出租车司机选择怎样的路线能够载到更多的乘客,让我们在理财时知道采用什么样的理财方式能使收益最大;让我们在买房时知道如何根据自己的条件选到性价比最优的房子。此外,我们碰到的许多现象也可以用运筹学的思想来解释。例如,商家之间的价格战,情侣之间的争吵,委托人和代理人之间的关系等。

了解或掌握一定量的运筹学知识,能帮助我们在学习、生活及将来的工作中学会如何利用现有的人力、物力和财力,获得最大的效益。

1.6.2　运筹学的学习重点

学习运筹学的重点就是要学习运筹学的思想和方法,使我们善于优化资源,强化优化思维,掌握常见的优化方法,培养解决实际问题的能力。

除此之外,学习运筹学还应重点体会和把握以下几点。

(1)从全局的观点出发:运筹学考虑问题的出发点是在承认系统内部按职能分工的条件下,使系统的总效益最大。

(2)抽象出本质因素建立模型:实际的系统往往是很复杂的,运筹学总是以科学的态度,剔除次要因素,找出那些本质因素,尽量用数学的语言加以描述,并在此基础上建立模型(数学模型或模拟模型)。

(3)模型算法与计算机辅助:运筹学中每一类问题的模型的计算原理和算法都具有特定问题的针对性的特点,且计算过程较为复杂,所以需要利用计算机辅助进行计算。

(4)注重相关数学基础:虽然运筹学的学习重点不是模型的数学推导本身,但运筹学的应用又必须以掌握相关的数学原理为前提,离开了数学基础,运筹学就成为无源之水,在实际应用中可能演变为机械的模仿,这也是不可取的。

参 考 文 献

［1］ 《运筹学》教材编写组.运筹学(修订版)［M］.北京：清华大学出版社，1990.

［2］ 胡运权.运筹学基础及应用［M］.3 版.哈尔滨：哈尔滨工业大学出版社，1998.

［3］ 胡晓东,袁亚湘,章祥荪.运筹学发展的回顾与展望［J］.中国科学院院刊，2012,27(2)：145-159.

［4］ 林友,黄德镛,刘名龙,丁军明.运筹学及其在国内外的发展概述［J］.南京工业大学学报(社会科学版),2005,4(3):79-83.

［5］ 樊飞,刘启华.运筹学发展的历史回顾［J］.南京工业大学学报(社会科学版),2003,2(1)：79-84.

［6］ 雷晓军.运筹学的历史与现状［J］.铜仁学院学报,2008,10(4):129-136.

［7］ 车千里.我国古代的一些运筹学思想［J］.应用数学学报,1977,(1):82-89.

第2章

线性规划

JIANMING YINGYONG

YUNCHOUXUE

2.1 线性规划概述

线性规划(linear programming,通常简写为 LP)是运筹学最重要的分支之一。该理论创建时间早,发展迅速,成熟度较高。该理论的主要研究对象是:在线性约束条件下,如何获得线性目标函数的最优解,或者退而求其次获得满意解,或者再退一步获得可行解(当然,有些线性规划问题本身不包含目标函数,这时只要获得可行解即可)。

因为现实中线性问题普遍存在,所以线性规划理论应用范围十分广泛,普遍应用于军事、经济、管理、工程等诸多方面,为人们科学决策提供了有力的数学工具。

2.1.1 线性规划问题的两个实例

为了更加直观地理解什么是线性规划问题,我们来看下面的两个实例。

实例 2.1.1 某厂主营 A、B 两种产品,已知 A、B 两种产品生产时主要需要使用钢铁、塑料、木材三种原材料,单位产品的资源消耗、利润及各资源可用量如表 2.1.1 所示。若使总利润最大,两种产品各应生产多少?

表 2.1.1

原材料	产品		可用资源
	A	B	
钢铁	4	3	15
塑料	2	1	5
木材	2	2	11
利润	5	4	

问题解析:若 A、B 两种产品产量各为 x_1,x_2,总利润为 z,则 A、B 两种产品的产量显然应该满足以下一组不等式:

$$\begin{cases} 4x_1+3x_2 \leqslant 15 \\ 2x_1+x_2 \leqslant 5 \\ 2x_1+2x_2 \leqslant 11 \\ x_i \geqslant 0 \quad (i=1,2) \end{cases}$$

并且总利润 $z=5x_1+4x_2$ 取得最大值。

以上问题可以规范地表达为以下数学形式:

$$\max z=5x_1+4x_2 \tag{2.1.1}$$

$$\text{s. t.} \begin{cases} 4x_1+3x_2 \leqslant 15 \\ 2x_1+x_2 \leqslant 5 \\ 2x_1+2x_2 \leqslant 11 \\ x_i \geqslant 0 \quad (i=1,2) \end{cases} \tag{2.1.2}$$

在上述表达中,称 x_1,x_2 为决策变量,称式(2.1.1)为目标函数(opt,optimize)。目标函数中用 max 表示求最大值，用 min 表示求最小值。式（2.1.2）称为约束条件，用 s.t.（是英文 subject to 的缩写）表示。目标函数与约束条件均为线性的，求目标函数的最大值（或最小值）的问题称为线性规划问题。

实例 2.1.2 运输问题：某公司下属甲、乙两个白糖生产基地，主要向五个城市销售白糖，两生产基地每天产糖量和各城市每天需糖量以及产地到城市的单位运费如表 2.1.2 所示，问甲、乙两生产基地如何向各城市运输，能使运费成本最小。

表 2.1.2

生产基地	城市					日产量
	A	B	C	D	E	
甲	90	70	100	50	120	260
乙	80	65	80	65	90	250
日需求量	80	110	90	60	140	

解：设两生产基地向各城市的运输量如表 2.1.3 所示。

表 2.1.3

生产基地	城市					储存数
	A	B	C	D	E	
	运输量					
甲	x_{11}	x_{12}	x_{13}	x_{14}	x_{15}	x_{16}
乙	x_{21}	x_{22}	x_{23}	x_{24}	x_{25}	x_{26}

表中储存数含义如下：因为每天总需求量（80＋110＋90＋60＋140＝480）少于每天两生产基地总产量（260＋250＝510），每天有 510－480＝30 的剩余量需存储起来，因此设甲地储存 x_{16}，乙地储存 x_{26}。

用线性规划的规范表达方式可以把上面的问题写成：

$$\min z = 90x_{11} + 70x_{12} + 100x_{13} + 50x_{14} + 120x_{15}$$
$$+ 80x_{21} + 65x_{22} + 80x_{23} + 60x_{24} + 90x_{25}$$

$$\text{s.t.}\begin{cases} x_{11} + x_{21} = 80 & \text{（A 城约束）}\\ x_{12} + x_{22} = 110 & \text{（B 城约束）}\\ x_{13} + x_{23} = 90 & \text{（C 城约束）}\\ x_{14} + x_{24} = 60 & \text{（D 城约束）}\\ x_{15} + x_{25} = 140 & \text{（E 城约束）}\\ x_{16} + x_{26} = 30 & \text{（存储量）}\\ x_{11} + x_{12} + x_{13} + x_{14} + x_{15} + x_{16} = 260 & \text{（甲地约束）}\\ x_{21} + x_{22} + x_{23} + x_{24} + x_{25} + x_{26} = 250 & \text{（乙地约束）}\\ x_{ij} \geqslant 0 \quad (i=1,2; j=1,2,\cdots,6) \end{cases}$$

可见，线性规划模型的建立需要注意以下几点。

（1）线性规划模型的目标函数一般以最大值或最小值的形式体现，如利润和效率的最大值,成本和费用的最小值等。

(2)决策变量是模型中待求的因素,求解线性规划问题的主要目的就是获知决策变量的取值。要注意的是,实际问题中的决策变量一般具有非负约束,如上例中的运输量。

(3)约束条件是对决策变量的限制性约束,如劳动力、原材料、能源等约束。

2.1.2　线性规划的标准型

由于实际背景的不同,线性规划问题有多种类型。就目标函数来说,有最大值和最小值的区别,有些线性规划问题没有目标函数。就约束条件来说,有大于和小于以及等于的区别。在数学理论上,把各种情况统一起来,建立了线性规划的标准型。

参考前文内容,可以归纳出线性规划问题的一般数学模型为

$$\text{opt } z = c_1 x_1 + c_2 x_2 + \cdots + c_n x_n$$

$$\text{s. t.} \begin{cases} a_{11}x_1 + a_{12}x_2 + \cdots + a_{1n}x_n \leqslant b_1 \\ a_{21}x_1 + a_{22}x_2 + \cdots + a_{2n}x_n \leqslant b_2 \\ \qquad\qquad\vdots \\ a_{m1}x_1 + a_{m2}x_2 + \cdots + a_{mn}x_n \leqslant b_m \\ x_j \geqslant 0 \quad (j=1,2,\cdots n) \end{cases}$$

在以上模型中,opt 是英文 optimize 的缩写,表示最优化,一般具有两种实际形式:max 表示求最大值,min 表示求最小值。

借助矩阵理论,线性规划模型还可以简洁地表示为以下形式:

$$\text{opt } z = \boldsymbol{CX}$$

$$\text{s. t.} \begin{cases} \boldsymbol{AX} \leqslant \boldsymbol{B} \\ \boldsymbol{X} \geqslant \boldsymbol{O} \end{cases}$$

其中,$\boldsymbol{A} = \begin{bmatrix} a_{11} \cdots a_{1n} \\ \vdots \quad \vdots \\ a_{m1} \cdots a_{mn} \end{bmatrix}$ 为约束条件系数阵,$\boldsymbol{C} = [c_1, \cdots, c_n]$ 为目标函数系数阵,$\boldsymbol{X} = [x_1, \cdots, x_n]^{\mathrm{T}}$ 为决策变量阵,$\boldsymbol{B} = [b_1, \cdots, b_n]^{\mathrm{T}}$ 为约束条件常数阵,$\boldsymbol{O} = [0, \cdots, 0]^{\mathrm{T}}$ 表示零矩阵。

以上是关于小于约束的模型,那么大于约束和等于约束如何与之统一起来呢?考虑到线性方程组比不等式组更加容易处理,而目标函数中最小值也可以很容易地转化为最大值,所以我们希望能够把各种线性规划问题转化为以下标准型:

$$\max z = c_1 x_1 + c_2 x_2 + \cdots + c_n x_n$$

$$\text{s. t.} \begin{cases} a_{11}x_1 + a_{12}x_2 + \cdots + a_{1n}x_n = b_1 \\ a_{21}x_1 + a_{22}x_2 + \cdots + a_{2n}x_n = b_2 \\ \qquad\qquad\vdots \\ a_{m1}x_1 + a_{m2}x_2 + \cdots + a_{mn}x_n = b_m \\ x_j \geqslant 0 \quad (j=1,2,\cdots n; b_i \geqslant 0; i=1,2,\cdots,m) \end{cases}$$

或以矩阵形式表示为

$$\max z = \boldsymbol{CX}$$

$$\text{s. t.} \begin{cases} \boldsymbol{AX} = \boldsymbol{B} \\ \boldsymbol{X}, \boldsymbol{B} \geqslant \boldsymbol{O} \end{cases}$$

线性规划问题的标准型具有以下特点:①决策变量非负;②约束条件为线性方程组;③约束条件右端常数项非负;④目标函数求最大值。

如果各种线性规划问题都能转化为以上标准型,则可以用同一个方法进行求解。那么,其他形式的线性规划问题能否转化为标准型? 又该如何转化呢?

2.1.3　化归标准型的方法

线性规划问题转化为标准型时,有以下三个方面需要考虑。

1. 目标函数的处理

若目标函数求最小值,即 $\min z = CX$,则令 $z' = -z$,即得到 $\max z' = -CX$,得到标准型。

2. 决策变量无约束的处理

决策变量的约束默认为非负,但若存在取值无约束的变量 x_k,则可令 $x_k = x_k' - x_k''$,其中 x_k',$x_k'' \geq 0$。

3. 约束条件的处理

对于约束方程为不等式的情况,可以采用增加松弛变量的方法进行处理。约束方程为不等式的情况,具体又细分为两种:一种是约束条件为"≤",此时可在"≤"不等式的左端加上非负松弛变量,把"≤"变为"=";另一种是约束条件为"≥",此时可在"≥"不等式的左端减去一个非负松弛变量,把"≥"变为"="。

以下通过一个实例说明上述处理方法。

实例 2.1.3　将下述线性规划问题化为标准型:

$$\min z = -x_1 + 5x_2 - 3x_3$$

$$\text{s.t.} \begin{cases} x_1 + x_2 + x_3 \leq 6 \\ x_1 - x_2 + x_3 \geq 2 \\ -3x_1 + x_2 + 2x_3 = 5 \\ x_1, x_2 \geq 0, \quad x_3 \text{ 无约束} \end{cases}$$

问题解析:该问题涉及转化为标准型时需要处理的全部 3 个方面。

(1)目标函数的处理:令 $z' = -z$,即可把 $\min z$ 改为 $\max z'$。

(2)决策变量无约束的处理:令 $x_3 = x_4 - x_5$,其中 $x_4, x_5 \geq 0$。

(3)约束条件的处理:在第一个约束不等式的左端加上松弛变量 x_6,在第二个约束不等式的左端减去松弛变量 x_7。

通过以上步骤即可得到该问题的标准型(注意,此时变量列表里已经没有 x_3,它已经被 x_4 和 x_5 代替):

$$\max z' = x_1 - 5x_2 + 3(x_4 - x_5) + 0x_6 + 0x_7$$

$$\text{s.t.} \begin{cases} x_1 + x_2 + (x_4 - x_5) + x_6 = 6 \\ x_1 - x_2 + (x_4 - x_5) - x_7 = 2 \\ -3x_1 + x_2 + 2(x_4 - x_5) = 5 \\ x_1, x_2, x_4, x_5, x_6, x_7 \geq 0 \end{cases}$$

2.2 线性规划问题解的理论

最简单的线性规划问题包含两个决策变量(显然,只有一个决策变量的线性规划问题已经简单到没有必要研究的程度),而两个决策变量可以对应二维坐标系,因此首先从两个决策变量的线性规划问题及其对应的二维坐标系开始研究。

2.2.1 二元线性规划问题及其图解法

对于二元线性规划问题,满足所有约束条件的解称为可行解,约束条件所表示的平面区域称为可行域,可行域中使目标函数取得最优值的解称为最优解。

以下通过实例研究如何在二维坐标系中描述二元线性规划问题的解。

实例 2.2.1 某生产小组负责生产 A 和 B 2 种电子玩具,每种玩具的净利润分别为每个 25 美元和每个 30 美元。玩具的产量主要受到 2 个因素的制约,一是 2 种玩具通用的电子元件,二是劳动时间。每天最多有 690 个电子元件可以使用,并且每天最多可用 120 个工时。生产 1 个 A 玩具需要 20 个电子元件和 5 小时劳动时间,生产 1 个 B 玩具需要 30 个电子元件和 4 小时劳动时间。按照工厂要求,每天应生产不少于 4 个玩具 A 和 2 个玩具 B,现要求确定生产计划,以使利润最大化。

问题解析:设每天生产 A 和 B 的数量分别为 x_1, x_2,则可以得到线性规划模型:

$$\max z = 25x_1 + 30x_2$$

$$\text{s.t.} \begin{cases} 20x_1 + 30x_2 \leqslant 690 & \text{(电子元件约束)} \\ 5x_1 + 4x_2 \leqslant 120 & \text{(劳动时间约束)} \\ x_1 \geqslant 4 & \text{(合同约束)} \\ x_2 \geqslant 2 & \text{(合同约束)} \end{cases}$$

以下针对此问题用图解法求最优解。

第一步:画出问题的可行域。

如图 2.2.1 所示,四边形 $ABCD$ 内部区域就是该问题的可行域,该问题转化为在四边形 $ABCD$ 中找一点,使得 $z = 25x_1 + 30x_2$ 在该点取得最大值。其中,点 C 是由两直线 $20x_1 + 30x_2 = 690$, $5x_1 + 4x_2 = 120$ 的交点。

第二步:目标函数等值线描绘。

考虑目标函数 $z = 25x_1 + 30x_2$,如果把 z 替换为常数 k,那么 $25x + 30y = k$ 表示平面内一条直线,当 k 取不同的值时,得到一个直线族(见图 2.2.2 中的虚线)。直线族中的直线由于其上的点有相同的 k 值(也就是 z 值),所以称为等值线。当直线平移时,所对应的 z 值不断变化。

第三步:确定最优解。

沿着等值线的法向移动直线 $25x + 30y = k$,不难认识到,当直线移动到顶点 C 点时,$z = 25x_1 + 30x_2$ 在可行域内达到最大值,从而可判定点 C 点就是本模型的最优解,即 $x_1 = 12$, $x_2 = 15$ 时,$z_{\max} = 750$,所以每天加工 A 玩具 12 个,B 玩具 15 个可以在完成生产任务的前提下,获得最大净利润 750 美元。

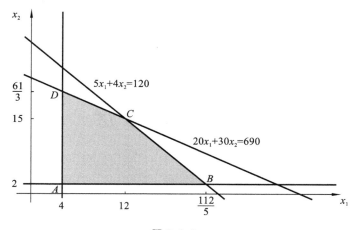

图 2.2.1

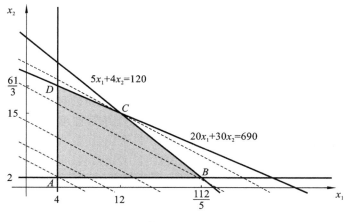

图 2.2.2

2.2.2　由图解法引申的线性规划问题解的简要理论

通过使用图解法求解上述问题,可直观地看到可行域和最优解的几何意义,下面从理论上更深一步地进行探讨。

1. 有关概念

凸集:设 K 是 n 维欧式空间的一点集,若任意两点 $\boldsymbol{X}^{(1)}$,$\boldsymbol{X}^{(2)} \in K$ 的连线上的所有点 $\alpha\boldsymbol{X}^{(1)} + (1-\alpha)\boldsymbol{X}^{(2)} \in K(0 \leqslant \alpha \leqslant 1)$,则称 K 为凸集。

可行域:线性规划问题中满足约束条件的所有解的集合。

2. 有关结论

(1) 若线性规划问题存在可行域,则可行域必为凸集。

(2) 若可行域有界,则目标函数一定可以在可行域的顶点达到最优。

以上结论为解决线性规划问题提供了一个基本思路:线性规划问题的可行域为空则已,否则它的最优解不可能在可行域的内部取得,只能在凸集的某个(些)顶点上取得(也有可能是在凸集的某一条边界线上取得)。鉴于有界可行域的顶点个数是有限的,通过穷举法逐一搜索,即可得到最优解。

我们再来回顾前文中的玩具生产问题。在图 2.2.2 中可以看到,问题的可行域为有界凸集,所以最优值必在某个(些)顶点处取得,把四个顶点坐标逐一代入验算,不难得知 C 点为唯一的最优解。

2.3 单纯形法

2.3.1 单纯形法的基本思想

图解法可以求解二元线性规划问题,但不适合解决高维的线性规划问题。对于高维的线性规划问题来说,单纯形法是一种经典方法。

单纯形法求解线性规划问题的主要思想是:先找到一个基可行解,判断它是否为最优解;若它不是最优解,则按照一定法则进行改进,得到另一个基可行解,再判断该基可行解是否为最优解;重复进行此过程,直至再无改进的可能。因为基可行解的个数有限,故经有限步骤必能得出问题的最优解。当然,如果问题实际上无最优解,则此方法也可做出判断。

用下面的例子来阐述单纯形法的具体步骤和思想。

实例 2.3.1 某工厂生产甲、乙两种产品,每单位产品所需的加工时间及 A、B 两种原料的消耗量如表 2.3.1 所示。甲产品每件可获利 2 万元,乙产品每件可获利 3 万元,如何安排生产计划,可使工厂获得最大利润?

表 2.3.1

	甲	乙	资源总量
加工时间	1	2	8
原料 A	4	0	16
原料 B	0	4	12

问题解析:设 x_1、x_2 分别表示甲、乙的产量,则可得如下线性规划模型:

$$\max z = 2x_1 + 3x_2$$
$$\text{s. t.} \begin{cases} x_1 + 2x_2 \leqslant 8 \\ 4x_1 \leqslant 16 \\ 4x_2 \leqslant 12 \\ x_1, x_2 \geqslant 0 \end{cases} \tag{2.3.1}$$

将该模型标准化,得到:

$$\max z = 2x_1 + 3x_2 + 0x_3 + 0x_4 + 0x_5 \tag{2.3.2}$$
$$\text{s. t.} \begin{cases} x_1 + 2x_2 + x_3 = 8 \\ 4x_1 + x_4 = 16 \\ 4x_2 + x_5 = 12 \\ x_j \geqslant 0 \quad (j = 1, 2, \cdots, 5) \end{cases} \tag{2.3.3}$$

根据约束方程组(2.3.3)构建决策变量的系数矩阵,并记为 $\boldsymbol{A}$,有

$$\boldsymbol{A}=(\boldsymbol{P}_1,\boldsymbol{P}_2,\boldsymbol{P}_3,\boldsymbol{P}_4,\boldsymbol{P}_5)=\begin{bmatrix}1&2&1&0&0\\4&0&0&1&0\\0&4&0&0&1\end{bmatrix}$$

由线性代数知识可知,x_3,x_4,x_5 的系数列向量

$$\boldsymbol{P}_3=\begin{bmatrix}1\\0\\0\end{bmatrix},\quad \boldsymbol{P}_4=\begin{bmatrix}0\\1\\0\end{bmatrix},\quad \boldsymbol{P}_5=\begin{bmatrix}0\\0\\1\end{bmatrix}$$

是线性无关的。这三个向量构成一个基,记为 $\boldsymbol{B}$,有

$$\boldsymbol{B}=(\boldsymbol{P}_3,\boldsymbol{P}_4,\boldsymbol{P}_5)=\begin{bmatrix}1&0&0\\0&1&0\\0&0&1\end{bmatrix}$$

对应于 $\boldsymbol{B}$ 的变量 x_3,x_4,x_5 称为基变量(其余变量称为非基变量,此处为 x_1,x_2),从式(2.3.3)中可以得到基变量的表达式,为

$$\begin{cases}x_3 &= 8- &x_1-2x_2 &①\\ &x_4 =16-4x_1 &&②\\ &x_5=12 &-4x_2 &③\end{cases} \tag{2.3.4}$$

令非基变量 $x_1=x_2=0$(非基变量总是取值为 0,原因留给读者思考),代入

$$\max z=2x_1+3x_2+0x_3+0x_4+0x_5 \tag{2.3.5}$$

得到 $z=0$。这时得到一个可行解,称作基可行解,为

$$\boldsymbol{X}^{(0)}=(0,0,8,16,12)^{\mathrm{T}}$$

这个基可行解的含义是显然的:工厂不生产任何产品,各种资源全部剩余,利润为 0。

分析表达式(2.3.5)不难发现,非基变量(此时为 x_1,x_2)的系数都是正数,但非基变量本身取值为 0,虽然基变量取值不为 0,但基变量在目标函数中的系数为 0,因此目标函数的值也是 0。若将非基变量转换为基变量,则可以取非零数,那么目标函数的值就有可能增大。对于同一问题来说,基变量的个数是确定的,若要把一个非基变量转换为基变量,就需要有一个基变量转换为非基变量,这就需要将非基变量与基变量的身份对换。一般情况下,我们选择将正系数最大的那个非基变量(此处选择 x_2,它的系数为 3,比 x_1 的系数 2 大)换入基变量中去(这种选择的原则本质上就是贪心算法思想)。这个被换入基变量中的非基变量称作入基变量。另外,我们还要在原基变量中找一个转换为非基变量。这个被转换成非基变量的基变量称为出基变量。

可按以下方法确定基变量。

考虑式(2.3.4),当将 x_2 定为入基变量后,必须从 x_3,x_4,x_5 中确定一个出基变量,并保证其余的变量都非负。

当 $x_1=0$ 时,由式(2.3.4)得到

$$\begin{cases}x_3 &= 8-2x_2\geqslant 0\\ &x_4 =16 &\geqslant 0\\ &x_5=12-4x_2\geqslant 0\end{cases} \tag{2.3.6}$$

解得

$$\begin{cases} x_2 \leqslant 4 \\ \text{与 } x_2 \text{ 无关} \\ x_2 \leqslant 3 \end{cases}$$

显然，只有令 $x_2 = \min(8/2, —, 12/4) = \min(4, —, 3) = 3$，才能使式(2.3.6)成立。当 $x_2 = 3$ 时，原基变量 $x_5 = 0$，即可用 x_2 与 x_5 对换身份。结合实际问题，该结果表示不生产甲产品时，每生产一件乙产品，需要耗用的各种资源数分别为(2,0,4)。那么，所有资源中相对最少的那个，就决定了乙产品的产量上限，此处就是原材料 B。

接下来，将 x_2 与 x_5 身份对换，得到

$$\begin{cases} x_3 + \quad 2x_2 = 8 - x_1 & ① \\ \quad x_4 \quad = 16 - 4x_1 & ② \\ \quad 4x_2 = 12 \quad\quad - x_5 & ③ \end{cases} \qquad (2.3.7)$$

整理此方程组，并将结果仍按原顺序排列，有

$$\begin{cases} x_3 \quad\quad = 2 - \quad x_1 + \dfrac{1}{2}x_5 & ①' \\ \quad x_4 \quad = 16 - 4x_1 & ②' \\ \quad x_2 = 3 \quad\quad - \dfrac{1}{4}x_5 & ③' \end{cases} \qquad (2.3.8)$$

再将式(2.3.8)代入目标函数式(2.3.2)，得到新的目标函数，为

$$z = 9 + 2x_1 - x_5 \qquad (2.3.9)$$

此时，非基变量为 x_1, x_5，令二者均为 0，得到 $z = 9$，并得到一个新的基可行解 $\boldsymbol{X}^{(1)}$：

$$\boldsymbol{X}^{(1)} = (0, 3, 2, 16, 0)^{\mathrm{T}}$$

可见，相比原解，新的解使目标函数值增大了。

对于表达式(2.3.9)，由于非基变量 x_1 的系数是正的，说明目标函数值还有增大的可能，$\boldsymbol{X}^{(1)}$ 不一定是最优解。重复以上过程，可以依次得到基可行解 $\boldsymbol{X}^{(2)} = (2, 3, 0, 8, 0)^{\mathrm{T}}$，基可行解 $\boldsymbol{X}^{(3)} = (4, 2, 0, 0, 4)^{\mathrm{T}}$，此时目标函数为

$$z = 14 - 1.5x_3 - 0.125x_4 \qquad (2.3.10)$$

在式(2.3.10)中，所有非基变量(x_3, x_4)的系数都是负数，令它们为非零值，只会使目标函数减小，这说明目标函数已达最大值。因此，$\boldsymbol{X}^{(3)}$ 是最优解，即甲产品生产 4 件，乙产品生产 2 件，工厂可获得最大利润。

2.3.2　单纯形法的表上作业法

为了把上文所述的实例中使用的单纯形法做进一步的规范化，使计算步骤程式化，提出了单纯形法的表上作业法。应用单纯形法的表上作业法时，需设计一种计算表——单纯形表。单纯形表本质上相当于求解线性方程组所使用的增广矩阵。以下仍以实例2.3.1为例，说明单纯形表的用法。

对于标准化以后的模型

$$\max z = 2x_1 + 3x_2 + 0x_3 + 0x_4 + 0x_5$$

$$s.\,t.\begin{cases} x_1+2x_2+x_3 &=8 \\ 4x_1 &+x_4 &=16 \\ &4x_2 &+x_5=12 \\ x_j\geq0 & (j=1,2,\cdots,5) \end{cases}$$

构建单纯形表,如表 2.3.2 所示。

表 2.3.2

基	z	x_1	x_2	x_3	x_4	x_5	$\boldsymbol{B}$
z	1	-2	-3	0	0	0	0
x_3	0	1	2	1	0	0	8
x_4	0	4	0	0	1	0	16
x_5	0	0	4	0	0	1	12

表 2.3.2 中,第一行是标题行,包括目标变量、各决策变量和松弛变量,以及约束右端常量 $\boldsymbol{B}$;第二行是目标函数行,目标函数 $\max z=2x_1+3x_2+0x_3+0x_4+0x_5$ 也改写为方程形式,即 $z-2x_1-3x_2+0x_3+0x_4+0x_5=0$,这样就可以与约束条件保持形式一致;下面三行分别为当前每个基变量所对应的约束方程。

按照前文中单纯形法的思想和方法,首先令非基变量 x_1,x_2 取值 0,即可得到一组基可行解,此时 z 的值对应最后一列 $\boldsymbol{B}$ 值的 0。

然后考虑入基变量的选择。取系数为负的非基变量为入基变量,将它转换为基变量,则它可以取到正数值,这样一来,z 的值就可以增大(注意这是最大值问题)。例如,若 x_1 变成基变量且取值为 1,则 z 的值可以增大到 2;若 x_2 变成基变量且取值为 1,则 z 的值可以增大到 3。由此不难发现,因为 x_2 的系数绝对值更大,所以取 x_2 为入基变量,这样可以使 z 值增大的效果更加明显。因此,确定入基变量的原则是:取系数为负且系数绝对值最大的非基变量为入基变量。在表 2.3.2 中,取 x_2 为入基变量。

有一个变量入基,必须有一个变量同时出基,那么确定哪个变量为出基变量呢? 如上所述,选定 x_2 为入基变量是为了使它可以取正数,从而增大 z 的值,x_2 的取值当然是越大越好,那么 x_2 最大能够取多大呢? 它的取值必须满足所有约束方程,且使得所有决策变量均非负。注意,未被选为入基变量的原非基变量仍应取值 0。

依次考察每一个约束方程。例如 x_3 行,它的含义为 $0z+x_1+2x_2+x_3+0x_4+0x_5=8$。

令保持为非基变量的 x_1 取值 0,则入基变量 x_2 最大能够取值为 $8/2=4$,若再增大,取值为 5,则变量 x_3 的值就只能取为 -2,就不满足决策变量非负约束了。

类似地,在 x_5 行,x_2 最大能够取值为 $12/4=3$。

在 x_4 行,x_2 的取值不受约束,因为此行中它的系数为 0,任何取值都不影响方程。

综合以上三行的情况,x_2 的取值为各行所有可能的取值的交集上限,即为 3。

x_2 的取值是由 x_5 行确定的。在 x_5 行中不难发现,x_2 取值 3 时原基变量 x_5 的取值必须为 0,所以它就是出基变量。

选定 x_5 为出基变量后,使用初等行变换的方法处理整个线性方程组所对应的增广矩阵。

(1) 将出基变量行,也就是 x_5 行的 x_2 对应系数置为 1,即单位化。具体方法是将该行整体乘以系数 1/4，得到 x_5 对应的新行，不妨记作"$x_{5出}$"，得到表 2.3.3。

表 2.3.3

基	z	x_1	x_2	x_3	x_4	x_5	B
z	1	-2	-3	0	0	0	0
x_3	0	1	2	1	0	0	8
x_4	0	4	0	0	1	0	16
$x_{5出}$	0	0	1	0	0	1/4	3

（2）将 $x_{5出}$ 行与 x_2 列（即下表中标记为 $x_{5出}$ 的行和 $x_{2入}$ 的列）相交处的 1 作为单位元素，用初等行变换方法，将该列处理为单位列（只有单位元素为 1，该列其他元素均为 0）。具体方法是：将 $x_{5出}$ 行分别乘以 3 和 -2，然后分别加到 z 行和 x_3 行上去，最后把行标题"$x_{5出}$"换成"x_2"，即可得到新的单纯形表——表 2.3.4。

表 2.3.4

基	z	x_1	x_2	x_3	x_4	x_5	B
z	1	-2	0	0	0	3/4	9
x_3	0	1	0	1	0	$-1/2$	2
x_4	0	4	0	0	1	0	16
x_2	0	0	1	0	0	1/4	3

在表 2.3.4 中，注意以下两个问题。

第一，当前非基变量是 x_1, x_5，这两个变量均取值为 0；基变量为 x_2, x_3, x_4，它们的值分别由相应行最右列即 B 列的值描述，分别为 3，2，16。

第二，目标变量 z 的当前取值也由最右列 B 列的值描述，即为 9。这个值显然是通过在原单纯形表中令 x_2 取 3 得到的。

在表 2.3.4 中，继续考虑当前的非基变量 x_1 与 x_5，因为 x_5 的系数为正，若使 x_5 的取值为正数，则只会减小 z 的值（注意 z 行所表示的是方程 $z-2x_1+0x_2+0x_3+0x_4+\frac{3}{4}x_5=9$）；而 x_1 的系数为负数，且为唯一负数，因此取 x_1 为下一轮替换的入基变量。

按照与上一轮相同的方法，不难确定 x_3 为出基变量：因为将 B 列常数与 x_1 列的系数做比，分别得到 $2/1=2,16/4=4,3/0=\infty$，在这三个值中最小值为 2，即与 x_3 行对应，它意味着 x_1 为入基变量，最大取值即为 2，此时 x_3 必须取值为 0，即出基。

按照与上一轮相同的方法，可以得到 x_1 与 x_3 出入基变换后的单纯形表——表 2.3.5。

表 2.3.5

基	z	x_1	x_2	x_3	x_4	x_5	B
z	1	0	0	2	0	$-1/4$	13
x_1	0	1	0	1	0	$-1/2$	2
x_4	0	0	0	-4	1	2	8
x_2	0	0	1	0	0	1/4	3

在表 2.3.5 中,非基变量 x_5 的系数为唯一负值,可再次选它为入基变量,将 B 列常数与 x_5 列的系数做比,分别得到 $2/(-1/2)=-4,8/2=4,3/(1/4)=12$,在这三个值中取最小正数值 4,它与 x_4 行对应,意味着 x_5 为入基变量,最大取值即为 4,此时 x_4 必须取值为 0,即出基。注意: x_1 行对应的比值 -4,实际上意味着无论 x_5 取多大的正数,都不会使 x_1 取负值,所以这里的比值 -4 其实与 ∞ 是等价的。于是,选择 x_5 与 x_4 分别为入基变量与出基变量再做一次变换,得到新的单纯形表——表 2.3.6。

表 2.3.6

基	z	x_1	x_2	x_3	x_4	x_5	B
z	1	0	0	1.5	0.125	0	14
x_1	0	1	0	0	1/4	0	4
x_5	0	0	0	-2	1/2	1	4
x_2	0	0	1	1/2	$-1/8$	0	2

在表 2.3.6 中,z 行的全部非基变量的系数都为正数,不再有变换的可能,单纯形法至此结束,得到最优解 $(4,2,0,0,4)^{\mathrm{T}}$ 以及 z 的最大值 14。

综上所述,表上作业法本质上就是把单纯形法用表格的形式加以体现,计算过程通过两次判断和一轮初等行变换来实现。两次判断分别是:第一次,由 z 行中非基变量的系数中绝对值最大的负系数确定入基变量;第二次,将 B 列与入基变量列系数做比,由比值中最小正数所在行确定出基变量。将入基变量与出基变量交叉点作为单位元素,通过初等行变换,将入基变量列换算为单位列,即完成一次单纯形变换。反复进行以上过程,直到不再有非基变量可以入基为止。

另外,在单纯形表迭代过程中,z 列始终是不变的——这不难由单纯形表的变换原理得知,因此 z 列实际上是无用的,完全可以从单纯形表中去除。下文使用的单纯形法中就去除了此列。

2.3.3　单纯形法的初始基可行解

单纯形法的算法原理是从初始基可行解开始迭代,逐步寻求最优解。如果在模型中容易观察得到一个初始基可行解,那么就以初始基可行解为基础逐步迭代就好,但对于较复杂的问题,往往找不到初始基可行解。在这种情况下,就要人工构造一个初始基可行解。

常见的人工初始基可行解的确定方法有大 M 法和两阶段法。

1. 大 M 法

以下先通过一个例子简要介绍大 M 法。

实例 2.3.2

$$\min z = 3x_1 + 5x_2$$

$$\text{s. t.} \begin{cases} 2x_1 + 3x_2 = 3 \\ 4x_1 + 3x_2 \geqslant 5 \\ x_1 + 2x_2 \leqslant 4 \\ x_1, x_2 \geqslant 0 \end{cases} \tag{2.3.11}$$

问题解析:对该问题做标准化处理,有

$$\min z = 3x_1 + 5x_2$$

$$\text{s.t.} \begin{cases} 2x_1 + 3x_2 = 3 \\ 4x_1 + 3x_2 - x_3 = 5 \\ x_1 + 2x_2 + x_4 = 4 \\ x_1, x_2, x_3, x_4 \geq 0 \end{cases}$$ (2.3.12)

不难看出,第三个约束方程中 x_4 可以作为基变量,但前两个约束方程中没有这样的基变量。这时,可以在前两个约束方程中分别添加人工变量 R_1, R_2,将 R_1, R_2 作为基变量。

$$\min z = 3x_1 + 5x_2 + MR_1 + MR_2$$

$$\text{s.t.} \begin{cases} 2x_1 + 3x_2 + R_1 = 3 \\ 4x_1 + 3x_2 - x_3 + R_2 = 5 \\ x_1 + 2x_2 + x_4 = 4 \\ x_1, x_2, x_3, x_4, R_1, R_2 \geq 0 \end{cases}$$ (2.3.13)

显然,在前两个约束方程中分别添加的人工变量 R_1, R_2 其实都应该取值为 0,因为在添加这两个人工变量之前这两个约束已经是等式约束。为了使得这两个人工变量都取为 0,在目标函数中相应地增加这两个人工变量,并赋予它们系数 M(称作惩罚系数)。M 是一个很大的正数,M 应该大到足以使人工变量的取值必须为 0,这样才能使目标函数取得最小值。

于是以 x_4, R_1, R_2 为基变量,可以首先确定一组初始基可行解 $\{0,0,0,4,3,5\}$。从这个初始基可行解开始迭代(具体迭代方法与前文提到的单纯形法没有本质区别),最终使得 R_1, R_2 变成非基变量,使它们的取值为 0,进一步就可以求出整个问题的解 $\{1.125, 0.25, 0, 2.375, 0, 0\}$。

在本节对大 M 法的介绍就到此为止,具体迭代计算过程就不详细介绍了,之所以如此,主要是因为大 M 法本身存在严重的缺点。这个缺点其实是显而易见的:若是关于 M 的计算使用符号算法,则 M 在性质上可以相当于 ∞,但是符号计算对于大规模数据来说是很难进行的,具有实际意义的是数值计算。若使用数值计算,则 M 的取值陷入两难的尴尬境地:M 的取值只有相对于其他系数足够大,才能保证人工变量 R 最终取值为 0,但这样大的取值又会使整个模型因为数量级跨度太大而导致计算中舍入误差难以控制。

正因为这个缘故,大 M 法在实际问题(一般都是规模较大的问题)中是基本不被使用的,大多数计算软件中也不使用此方法作为内置算法。虽然如此,大 M 法提出的添加人工变量和惩罚系数构建初始基可行解的思想,对于其他算法的启迪仍然具有非常重要的意义,这也正是我们简要介绍它的原因。

2. 两阶段法

两阶段法与大 M 法的思想基本上是一样的,即添加人工变量作为基变量以构造初始基可行解。但是两阶段法不使用 M 作为系数,而是把问题分两个阶段解决。

第一阶段,首先将问题标准化,使每个约束都是等式约束,然后添加人工变量(如果需要——当然我们这里讨论的都是需要的情况),以确定一个初始基可行解。重设目标函数为所有人工变量的和的最小值,显然,该目标函数的最优值应为 0,此时所有人工变量都取 0。若此目标函数得不到最优值 0,则原问题不存在可行解。

第二阶段,将第一阶段得到的可行解作为原问题的初始基可行解,使用原问题的目标函数从该初始基可行解开始迭代，求解最优值。

以下仍以实例 2.3.2 说明这种方法的使用。

第一阶段：通过添加大 M 法中提到的人工变量将原问题改写为以下问题：

$$\min R = R_1 + R_2$$

$$\text{s. t.} \begin{cases} 2x_1 + 3x_2 & + R_1 & = 3 \\ 4x_1 + 3x_2 - x_3 & + R_2 & = 5 \\ x_1 + 2x_2 & + x_4 & = 4 \\ x_1, x_2, x_3, x_4, R_1, R_2 \geqslant 0 \end{cases} \tag{2.3.14}$$

然后构建单纯形表，如表 2.3.7 所示。

表 2.3.7

基	x_1	x_2	x_3	x_4	R_1	R_2	$\boldsymbol{B}$
z	0	0	0	0	1	1	0
R_1	2	3	0	0	1	0	3
R_2	4	3	−1	0	0	1	5
x_4	1	2	0	1	0	0	4

在表 2.3.7 中，令 $z = -R = -R_1 - R_2$，把最小值问题转化为最大值问题（这只是为了与前文单纯形法最大值的例子保持一样的情况，便于读者理解，并不是必要的）。

首先把 R_1，R_2 两行分别乘以 −1，加到 z 行上去（这是因为此时 R_1 和 R_2 均为基变量，应在 z 行将它们的系数置为 0，这样 $\boldsymbol{B}$ 列才能反映 z 的当前值），得到表 2.3.8。

表 2.3.8

基	x_1	x_2	x_3	x_4	R_1	R_2	$\boldsymbol{B}$
z	−6	−6	1	0	0	0	−8
R_1	2	3	0	0	1	0	3
R_2	4	3	−1	0	0	1	5
x_4	1	2	0	1	0	0	4

然后迭代，把 R_1 和 R_2 都转换为非基变量。先让 R_2 出基，让 x_1 入基（出入基原则参看前文单纯形法），得到表 2.3.9。

表 2.3.9

基	x_1	x_2	x_3	x_4	R_1	R_2	$\boldsymbol{B}$
z	0	−3/2	−1/2	0	0	3/2	−1/2
R_1	0	3/2	1/2	0	1	−1/2	1/2
x_1	1	3/4	−1/4	0	0	1/4	5/4
x_4	0	5/4	1/4	1	0	−1/4	11/4

再让 R_1 出基，让 x_2 入基，得到表 2.3.10。

表 2.3.10

基	x_1	x_2	x_3	x_4	R_1	R_2	$\boldsymbol{B}$
z	0	0	0	0	1	1	0
x_2	0	1	1/3	0	2/3	$-1/3$	1/3
x_1	1	0	$-1/2$	0	$-1/2$	1/2	1
x_4	0	0	$-1/6$	1	$-5/6$	1/6	7/3

此时 R_1 和 R_2 都已转换为非基变量,而 z 的最优值为 0,说明此时得到的是一个可行解。于是得到原问题的一个初始基可行解 $\{1,1/3,0,7/3,0,0\}$(读者不难验证这确实是一个可行解)。

第二阶段:首先去掉作为非基变量的人工变量 R_1 和 R_2 列,然后在 z 行中把目标函数改为原问题的目标函数,得到新的单纯形表——表 2.3.11。

表 2.3.11

基	x_1	x_2	x_3	x_4	$\boldsymbol{B}$
z	-3	-5	0	0	0
x_2	0	1	1/3	0	1/3
x_1	1	0	$-1/2$	0	1
x_4	0	0	$-1/6$	1	7/3

对于表 2.3.11,先把 x_2, x_1 两行分别乘以 5 和 3,加到 z 行上去(这与第一阶段开始的做法原理是一样的:因为此时 x_2, x_1 均为基变量,应在 z 行将它们的系数置为 0,这样 $\boldsymbol{B}$ 列才能反映 z 的当前值),得到表 2.3.12。

表 2.3.12

基	x_1	x_2	x_3	x_4	$\boldsymbol{B}$
z	0	0	1/6	0	14/3
x_2	0	1	1/3	0	1/3
x_1	1	0	$-1/2$	0	1
x_4	0	0	$-1/6$	1	7/3

因为目标函数求最小值,所以在 z 行中,系数为正且最大的变量应选为入基变量,此处为 x_3,出基变量的选择与单纯形法中的原则一样,将 x_3 在约束条件中的 $\boldsymbol{B}$ 列与系数列做比,比值中最小正数对应出基变量行。于是选择 x_2 为出基变量,迭代后得到表 2.3.13。

表 2.3.13

基	x_1	x_2	x_3	x_4	$\boldsymbol{B}$
z	0	$-1/2$	0	0	9/2
x_3	0	3	1	0	1
x_1	1	3/2	0	0	3/2
x_4	0	1/2	0	1	5/2

表 2.3.13 已经是最优表,得到最优解 $\{3/2,0,1,5/2\}$,最优值为 $9/2$。

2.3.4 线性规划问题解的几种特殊情况

对于线性规划问题的解,大体可分为两种情况:第一种,无可行解;第二种,有可行解。这两种情况的划分以由约束条件所形成的可行域是否为空集为依据:若可行域为空集,则无可行解,反之则有可行解。

无可行解的问题,必然包含了矛盾约束,即所有约束不能同时得到满足。对于此类问题来说,一个可行的方法是:对其中部分(或全部)约束添加可以取非零值的人工变量,从而得到可行解。添加人工变量使不可行问题变为可行问题,实际上相当于改变了"可用资源"的数值。一般来说,这就要求添加的人工变量的值尽可能小。至于对哪些约束添加人工变量,要根据实际问题进行具体研究。

例如,在以下问题中,前两行分别表示两种资源的约束限制,不难看出这个问题没有可行解。

$$\begin{cases} x_1 & \leqslant 3 \\ & x_2 \leqslant 5 \\ 2x_1 + 3x_2 \geqslant 25 \\ x_1, x_2 \geqslant 0 \end{cases}$$

如果在以上问题中,x_1 所代表的资源可以通过付出一定的代价而有所增加,则问题可以通过在第一行约束中添加人工变量转化为如下形式。

$$\begin{cases} x_1 & -R_1 \leqslant 3 \\ & x_2 & \leqslant 5 \\ 2x_1 + 3x_2 & \geqslant 25 \\ x_1, x_2, R_1 \geqslant 0 \end{cases}$$

这时,这个问题就有可行解了。当然在这个问题中,一般要求人工变量的值尽可能小,以尽可能地靠近原问题。

以下探讨第二类问题,即有可行解的问题。

根据是否包含目标函数,线性规划问题可分为优化问题和可行问题:有目标函数的线性规划问题(一般是求最大值或最小值)称为优化问题;没有目标函数的线性规划问题称为可行问题。

有可行解的可行问题可分为两种,一种是只有唯一可行解,另一种是有多个(无穷多个)可行解。

例如,以下可行问题显然只有唯一可行解 $\{1,1\}$:

$$\begin{cases} 2x_1 + 3x_2 = 5 \\ 4x_1 + 5x_2 = 9 \\ x_1, x_2 \geqslant 0 \end{cases}$$

而如下可行问题有无穷多个可行解:

$$\begin{cases} 2x_1 + 3x_2 \geqslant 5 \\ 4x_1 + 5x_2 \leqslant 9 \\ x_1, x_2 \geqslant 0 \end{cases}$$

对于一个具有实际背景的可行问题来说，如果有多个可行解，那么其实往往在问题中隐含了一个（一些）优化问题——在多个可行解中究竟选择哪个（哪些）作为问题最终的选择。这一点与集合论中选择公理的处境有相似之处（感兴趣的读者不妨了解一下选择公理的内容——只需初步的集合论知识基础即可，以及为什么有些数学家对选择公理持有争议性的保留意见）。

对于优化问题来说，如果有可行解，则可能有最优解，也可能无最优解。线性规划问题的可行域若存在，则是一个凸集，目标函数直线族与该凸集的交显然不为空。在使目标函数最优的方向上：如果可行域边界为闭集，则可行域与目标函数直线族存在有限交点（注意：有限交点是指交点的值是有界的，而不是指交点的个数有限），那么最优值是存在的；如果可行域边界为开集（包括无穷集），则可行域与目标函数直线族不存在有限交点，那么最优值不存在。

例如，下例的最优解为 $\{0, 2/3\}$，最优值为 $10/3$。但由于该问题的约束为严格不等约束，所以从理论上说，该解是不严格满足约束条件的。反过来说，严格满足约束条件的最优解是不存在的。当然，一般线性规划问题的约束都是包括边界值的，类似此问题的严格不等式是很少见的。

$$\max z = x_1 + 2x_2$$
$$\text{s. t.} \begin{cases} 2x_1 + 3x_2 < 5 \\ 4x_1 + 5x_2 < 9 \\ x_1, x_2 \geq 0 \end{cases}$$

还有一种情况是可行域为无界的，而目标函数最优化方向为无界方向，此时最优值也是不存在的。例如下例，目标函数值在此约束下趋于无穷大。

$$\max z = x_1 + 2x_2$$
$$\text{s. t.} \begin{cases} 2x_1 + 3x_2 > 5 \\ 4x_1 + 5x_2 > 9 \\ x_1, x_2 \geq 0 \end{cases}$$

以上各种情况，如果为二维变量问题，则可以通过图解法直观地观察。对于二维以上而规模较小的问题，可以通过单纯形表来加以研究。然而现实问题往往规模较大，图解法和表上作业法都不是切实可行的方法，需要通过计算软件加以解决。在各种专业的计算软件中，对于无解和无界解等情况一般都能准确做出判别，但对于类似多个最优解等情况，往往不能直接判别，需要用户使用一些额外的编程技巧加以解决。好在对于大多数问题的用户来说，能够得到至少一个最优解已经是比较令人满意的了。

2.4 对偶问题简介

首先让我们回顾实例 2.3.1。某工厂（不妨称作 factory 1）生产甲、乙两种产品，每单位产品所需的加工时间及对 A、B 两种原料的消耗量如表 2.3.1 所示。每件甲产品可获利 2 万元，每件乙产品可获利 3 万元，如何安排生产计划，可使工厂获得最大利润？

表 2.3.1

	甲	乙	资源总量
加工时间	1	2	8
原料 A	4	0	16
原料 B	0	4	12

解:设 x_1、x_2 分别表示甲、乙的产量,则可得如下线性规划模型:

$$\max z = 2x_1 + 3x_2$$

$$\text{s. t.} \begin{cases} x_1 + 2x_2 \leqslant 8 \\ 4x_1 \leqslant 16 \\ 4x_2 \leqslant 12 \\ x_1, x_2 \geqslant 0 \end{cases} \qquad (2.3.1)$$

现在考虑与这个问题相关的另一个问题:假如有另一个工厂 factory 2,打算向该工厂购买各种资源(包括两种原材料和加工时间),那么仅从当前经济效益角度出发,factory 1 给每种资源定的底价是多少才符合自身利益呢?

显而易见的是,资源定价越高越符合 factory 1 的利益,那么资源的底价根据什么来决定呢?容易理解的是,如果 factory 1 不出售资源而是用于自己的经营生产,是可以获取相应的利润的,实例 2.3.1 的目标就是求自己生产能够获得的最大利润。若出售资源得到的回报低于自己生产所能获得的最大利润,那还不如自己生产。因此,出售资源问题显然是要求一个最小值,这个最小值就是出售所有资源获得的回报。

设加工时间与两种原料的定价分别为 y_1, y_2, y_3,则出售所有资源可以获得的回报为 $\min u = 8y_1 + 16y_2 + 12y_3$。考虑甲产品:每生产 1 件可获得利润 2 万元,而生产 1 件甲产品需要消耗的全部资源的价值为 $1y_1 + 4y_2 + 0y_3$,若将这些资源转卖,获得的回报应该不低于生产 1 件甲产品的利润才合理,因此就有约束 $1y_1 + 4y_2 + 0y_3 \geqslant 2$。类似地,对于乙产品来说,应该有约束 $2y_1 + 0y_2 + 4y_3 \geqslant 3$。

于是得到该问题的模型:

$$\min u = 8y_1 + 16y_2 + 12y_3$$

$$\text{s. t.} \begin{cases} 1y_1 + 4y_2 + 0y_3 \geqslant 2 \\ 2y_1 + 0y_2 + 4y_3 \geqslant 3 \\ y_1, y_2, y_3 \geqslant 0 \end{cases} \qquad (2.4.1)$$

求解这个模型,可以得到最优值 14,与实例 2.3.1 的最优值相同。

称模型 2.4.1 为模型 2.3.1 的对偶模型;相对地,模型 2.3.1 也称为模型 2.4.1 的对偶模型。

有必要指出以下几点。

(1) 对偶问题的每个变量依次针对原问题的每个约束条件。

(2) 对偶问题的每个约束条件依次针对原问题的每个变量。

(3) 对偶问题目标函数各变量系数依次为原问题各约束条件右端项常数。

(4) 对偶问题各约束条件右端项常数依次为原问题目标函数各变量系数。

(5) 对偶问题所有约束的系数矩阵与原问题所有约束的系数矩阵互为转置。

如果用矩阵形式表述原问题与对偶问题的关系,则形如下式所描述(仅针对其中一种较简单约束情况示例):

$$\max z = \boldsymbol{CX} \qquad\qquad \min u = \boldsymbol{BY}$$
$$\text{s. t.} \begin{cases} \boldsymbol{AX} \leqslant \boldsymbol{B} \\ \boldsymbol{X} \geqslant \boldsymbol{O} \end{cases} \qquad\qquad \text{s. t.} \begin{cases} \boldsymbol{A}^\mathrm{T}\boldsymbol{Y} \geqslant \boldsymbol{C} \\ \boldsymbol{Y} \geqslant \boldsymbol{O} \end{cases}$$

从经济学角度看,原问题与其对偶问题可以是类似这样的一对问题:原问题是选择将资源加工生产以获取利润,对偶问题是选择直接出售资源以获取利润;原问题是在当前条件下对这些资源进行加工所能获得的最大利润,对偶问题是在现有生产盈利能力下选择出售资源时所应设定的资源底价,此价格一般称作影子价格。

影子价格并不取决于市场,而取决于具体生产者利用这些资源盈利的能力,对于不同的生产者来说,相同资源的影子价格一般是不同的。对于同一资源来说,影子价格越高,说明该生产者的生产活动使得该资源产生的附加值越高。对于某一生产者来说,如果某资源的影子价格高于市场价格,则应购入该资源,反之则应出售该资源——当然,这仅仅是站在单一角度得出的结论,实际决策中还要综合考虑其他情况。

定理 2.4.1 若原问题存在最优解,则其对偶问题也存在最优解,并且这两个问题的目标函数值相同。

比较模型 2.4.1 和模型 2.3.1,容易发现这两个模型的差异:模型 2.3.1 有 3 个约束,而模型 2.4.1 有 2 个约束。一般来说,原问题与对偶问题的求解难度是不同的,如果一个问题本身复杂,而其对偶问题相对简单,则可以先构建并求解其对偶问题,从而间接得到原问题的解。

但是,一个线性规划问题的形式是多样的:就目标函数来说,分为最大值和最小值两种;就约束条件来说,分为大于、小于、等于三种。对于这么多种类的线性规划问题,如何确定其对偶问题的模型呢?

有一个比较好的方法是将模型标准化:通过添加松弛变量,使约束条件都以方程的形式体现,这样一来,各种约束都统一成等式约束,至于目标函数,也可以通过乘以 -1 的方法使最小值变成最大值。于是可以把各种类型的线性规划问题归结为目标函数求最大值,约束条件为方程组的一种形式。

对于模型 2.3.1,可以将其标准化为以下模型:

$$\max z = 2x_1 + 3x_2 + 0x_3 + 0x_4 + 0x_5 \tag{2.3.2}$$

$$\text{s. t.} \begin{cases} x_1 + 2x_2 + x_3 \qquad\qquad = 8 \\ 4x_1 \qquad\quad + x_4 \qquad = 16 \\ \qquad 4x_2 \qquad\quad + x_5 = 12 \\ x_j \geqslant 0 \quad (j = 1, 2, \cdots, 5) \end{cases} \tag{2.3.3}$$

于是它的对偶问题形式如下:

$$\min u = 8y_1 + 16y_2 + 12y_3$$

$$\text{s. t.} \begin{cases} 1y_1 + 4y_2 + 0y_3 \geqslant 2 \\ 2y_1 + 0y_2 + 4y_3 \geqslant 3 \\ y_1 \qquad\qquad\quad \geqslant 0 \\ \qquad y_2 \qquad\quad \geqslant 0 \\ \qquad\qquad y_3 \geqslant 0 \end{cases} \tag{2.4.2}$$

注意:该模型中最后 3 行是由式(2.3.3)中最后 3 列相应确定的。

再看一个例子。

实例 2.4.1 给出以下线性规划模型的对偶模型。

$$\max z = 2x_1 + 3x_2$$

$$\text{s.t.} \begin{cases} x_1 + 2x_2 \leqslant 8 \\ 4x_1 \qquad \geqslant 16 \\ \qquad 4x_2 = 12 \\ x_1 \text{ 无限制}, x_2 \geqslant 0 \end{cases} \tag{2.4.3}$$

以上模型中包括了 3 种约束方式,而且变量也不都是非负约束,为求解其对偶问题,先将其转化为标准形式。

令 $x_1 = x_{1+} - x_{1-}$,再对前两个约束分别添加松弛变量 x_3, x_4,得到规范模式:

$$\max z = 2x_{1+} - 2x_{1-} + 3x_2 + 0x_3 + 0x_4$$

$$\text{s.t.} \begin{cases} x_{1+} - x_{1-} + 2x_2 + x_3 \qquad = 8 \\ 4x_{1+} - 4x_{1-} \qquad\qquad - x_4 = 16 \\ \qquad\qquad 4x_2 \qquad\qquad = 12 \\ x_j \geqslant 0, \qquad \forall j \end{cases} \tag{2.4.4}$$

于是得到相应的对偶问题(注意,对偶问题中每个约束都是大于约束,这可以参照本节一开始的例子中加工资源获利与出售资源获利的关系来理解):

$$\min u = 8y_1 + 16y_2 + 12y_3$$

$$\text{s.t.} \begin{cases} 1y_1 + 4y_2 + 0y_3 \geqslant 2 \\ -1y_1 - 4y_2 + 0y_3 \geqslant -2 \\ 2y_1 + 0y_2 + 4y_3 \geqslant 3 \\ y_1 \qquad\qquad \geqslant 0 \\ \qquad - y_2 \qquad \geqslant 0 \end{cases} \tag{2.4.5}$$

由前两行约束可以合并推出一个等式约束,由最后一行约束可以得到一个小于约束,于是得到对偶问题模型:

$$\min u = 8y_1 + 16y_2 + 12y_3$$

$$\text{s.t.} \begin{cases} 1y_1 + 4y_2 \qquad = 2 \\ 2y_1 \qquad + 4y_3 \geqslant 3 \\ y_1 \qquad\qquad \geqslant 0 \\ \qquad y_2 \qquad \leqslant 0 \\ y_3 \text{ 无约束} \end{cases} \tag{2.4.6}$$

原问题与其对偶问题之间的关系如表 2.4.1 所示。表 2.4.1 清晰地说明了原问题与其对偶问题之间的关系:原问题每一行约束的类型,依次对应对偶问题每个变量的类型;原问题每个变量的类型,依次对应对偶问题每个约束的类型。

原问题与对偶问题是相互的,所以这个表的左列可以是原问题,此时右列是其对偶问题;右列也可以是原问题,此时左列是其对偶问题。

应该指出,表 2.4.1 的主要意义在于指出对偶问题的核心含义:若原问题是最大值问题,则它的对偶问题是最小值问题,反之亦然。

将原问题模型转化为等式约束的标准型以后,无论原问题的变量是何种类型,其对偶问题每个约束的类型都是一样的,完全由原问题的目标函数类型决定。若原问题是最大值问题,则其对偶问题的所有约束均表述为大于约束;若原问题是最小值问题,则其对偶问题的所有约束均表述为小于约束。从这个角度来看,表述对偶问题还是首先将原问题转化为标准形式即等式约束为好。

表 2.4.1

目标函数最大值	目标函数最小值
约束类型	变量类型
$\geqslant$	$\leqslant 0$
$\leqslant$	$\geqslant 0$
$=$	无限制
变量类型	约束类型
$\geqslant 0$	$\geqslant$
$\leqslant 0$	$\leqslant$
无限制	$=$

2.5 现实中的两个线性规划问题举例

在现实中,线性规划问题是很常见的,几乎遍布各个领域。以下通过两个实例略做介绍。本书后续各章还将就几个专门领域的线性规划问题做更详细的介绍。

实例 2.5.1 某制造厂由于生产工艺的特殊性,要求 24 小时不能停工,但机器需轮流停工养护,因此各工作时段内需要的工人数量不同,如表 2.5.1 所示。

表 2.5.1

时间段	需要工人数量
2:00—6:00	10
6:00—10:00	15
10:00—14:00	25
14:00—18:00	20
18:00—22:00	18
22:00—2:00	12

每名工人应于某时段之初开始上班,连续工作 8 小时。试确定:该工厂至少应安排多少名工人,才能满足工作需要?

问题解析:设 $x_1, x_2, \cdots, x_6$ 分别代表 2:00,6:00,$\cdots$,22:00 开始上班的工人数,则可建立如下数学模型:

$$\min z = x_1 + x_2 + x_3 + x_4 + x_5 + x_6$$

$$\text{s. t.} \begin{cases} x_6 + x_1 \geqslant 10 \\ x_1 + x_2 \geqslant 15 \\ x_2 + x_3 \geqslant 25 \\ x_3 + x_4 \geqslant 20 \\ x_4 + x_5 \geqslant 18 \\ x_5 + x_6 \geqslant 12 \\ x_j \geqslant 0 \quad (j = 1, 2, \cdots, 6) \end{cases}$$

解得 $x_1 = 0, x_2 = 15, x_3 = 10, x_4 = 16, x_5 = 2, x_6 = 10$,总共需 53 人。

请读者进一步考虑以下两个问题。第一,53 人是最优值,但此解是否为唯一最优解？类似这样的问题变量较多,用单纯形法解决已经不太合适,使用计算软件解决比较合适。第二,对此问题的解法已经做了简化处理——并未考虑周末休息、多周期等问题,若是考虑这些因素,又该如何解决？

实例 2.5.2 某风投机构对两个投资方案进行考虑。方案甲周期为 1 年,每 1 万元投资在周期末可预期获得 5 000 元回报。方案乙周期为 2 年,每 1 万元投资在周期末可预期获得 1.9 万元回报。每个方案都需按照其周期制定投资规划,投资机构现有可投资资金 3 亿元,应如何投资可在第三年底获得最大回报？

问题解析:甲、乙方案分别记为 1、2 方案,x_{ij} 设为第 i 年年初投放到 j 方案的资金,方案甲每一周期结束时可回收资金为投入资金的 1.5 倍,方案乙每一周期结束时可回收资金为投入资金的 2.9 倍,于是可建立如下模型:

$$\max z = 2.9 x_{22} + 1.5 x_{31}$$

$$\text{s. t.} \begin{cases} x_{11} + x_{12} = 3 \\ -1.5 x_{11} + x_{21} + x_{22} = 0 \\ -1.5 x_{21} - 2.9 x_{12} + x_{31} = 0 \\ x_{ij} \geqslant 0 \end{cases}$$

前三行约束分别表示对每一年初资金的约束。

解得最优值,为 $x_{12} = 3, x_{31} = 8.7$,其余为 0,第三年年末可收回资金 13.05 亿元。注意,这个最优解并不唯一,实际上不难验证 $x_{11} = 3, x_{22} = 4.5$ 也是最优解,还有其他最优解。

更多线性规划问题,请读者参看后续章节。

2.6 线性规划前沿问题简介

线性规划是运筹学中发展较早、应用和研究较为丰富的部分。线性规划问题的处理可以大体上分为两个阶段:第一阶段,把实际问题抽象为线性规划模型;第二阶段,对线性规划模型进行计算。

就第一阶段来说,主要是尽可能把非线性规划模型转化为线性规划模型。例如,形如 $x/y = 5$ 的约束就是非线性的,显然可以用线性约束 $x - 5y = 0$ 替代它。另外,希望针对具体问题尽可能地构建更简单的模型。例如,可以将在问题中有些容易发现的冗余约束事先去除,或者尽可能地减小决策变量的范围——这对于小规模问题来说意义或许不大,但是对于大规模问题来说就显得很有意义了。

就第二阶段来说,线性规划的算法一直是研究的热点所在。

决策变量可以分为两大类:连续型变量和离散型变量。离散型变量一般为整数型变量,与之对应的线性规划称为整数规划。就连续型线性规划问题来说,它的解空间是实数空间,具有连续性特点。而整数规划问题的解空间是整数空间,是不连续的离散空间,相较连续型线性规划问题更难处理。

本章介绍的单纯形法作为线性规划问题的经典算法,是针对连续型变量的算法。对于线性规划的计算方法来说,至少有两个基本评价标准,一是计算精度,二是计算速度。然而,很遗憾的是,虽然单纯形法是一种经典算法,但是在这两方面都存在很大的不足。一方面,大规模线性规划问题使用单纯形法进行机器计算,会使得舍入误差迅速增大,尤其是在系数存在较大数量级差异的情况下;另一方面,已有算例可以表明,单纯形法是一种指数时间算法,随着问题规模的扩大,计算量将飞速增长到不可控制的程度。

在单纯形法的基础上发展的对偶单纯形法和修正单纯形法较之单纯形法有很大的改善,而与单纯形法思路完全不同的内点算法更是在计算量上有了跨越式的进步。内点算法是一种多项式时间算法。虽然内点算法由于并不产生角点解,所以在整数规划问题中是不适用的,但是由于它在运算速度上具有优势,很多主流线性规划计算软件都将它作为内核算法之一。

对于整数规划问题,经典算法有分支定界法、割平面法等。这两种算法都基于"分类"的思想,根据特定的判别准则把解空间分类为不同分支或子平面,对各个分类进行判别,对于不可能包含最优解的分类予以舍弃,对于可能包含最优解的分类继续采取分类的方法继续计算下去。此外,与模糊理论、混沌理论、遗传算法理论等理论相结合的各类规划算法也有很好的发展。这些算法与人工智能理论息息相关,是未来很有潜力的发展方向。

考虑到实际问题的解决,未必一定要追求最优解,很多情况下满意解已经足以令人满意,以求得满意解为目标的蒙特卡洛算法是一种简单可行的算法。蒙特卡洛算法基于概率统计理论,通过随机取样的方法,获得相对满意解。当然,该方法的缺点和优点一样显而易见:采用随机方法获得结果具有很强的"随机性",不能保证结果为全局最优解,甚至不能保证结果为局部最优解。但是从实际应用的角度来说,一个"比较令人满意的解"往往就足够了,从这个角度来说,蒙特卡洛算法确实是一种不错的算法。

随着计算机技术和网络技术的发展,线性规划问题并行算法的研究引起人们越来越多的关注。显而易见的是,可靠而有效的并行算法,可以充分利用计算机网络的计算能力,以较低的成本构建"超级计算机",从而提高计算速度。另外,量子计算技术的发展,或将为线性规划算法打开新的发展空间。

参 考 文 献

[1] 哈姆迪·A·塔哈. 运筹学导论(第九版·提高篇)[M]. 刘德刚,朱建明,韩继业,译. 北京:中国人民大学出版社,2014.

[2] 张千宗. 线性规划[M]. 武汉:武汉大学出版社,2004.

[3] 赵鹏,等. 管理运筹学教程[M]. 2版. 北京:北京交通大学出版社,2014.

［4］ 张杰,郭丽杰,周硕,林彤.运筹学模型及其应用［M］.北京:清华大学出版社,2012.

［5］ 韩伯棠,艾凤义.管理运筹学习题集［M］.3 版.北京:高等教育出版社,2010.

［6］ 敖特根.单纯形法的产生与发展探析［J］.西北大学学报(自然科学版),2012,42(5):861-864.

［7］ 阮国桢,成央金,朱书尚.线性规划的对偶基线算法［J］.计算数学,2002,24(3):257-264.

第3章

运输问题

JIANMING YINGYONG

YUNCHOUXUE

　　运输问题是社会经济生活和军事活动中经常出现的优化问题,是一类特殊的线性规划问题。运输问题最初起源于人们把某些物品或人们自身从一个地方转移到另一个地方,要求所采用的运输路线或运输方案是最经济或成本最低的。它最早是从物资调运中提出来的,1939 年苏联经济学家康托罗维奇提出了这一问题,1941 年美国数学家希区柯克(F. L. Hitchcock)提出了传统的运输问题数学模型。

　　随着经济社会的不断进步、现代物流业的蓬勃发展,充分利用时间、信息、仓储、配送和联运体系创造更多的价值,对物流成本进行有效的管理和控制,已成为获取第三源泉利润的关键。运输是物流的中心环节,相应地,物流运输问题的优化是物流成本管理的一个重要环节。在运筹学中,运输问题已不仅仅限于传统的物资调配、车辆合理调度等问题,凡是数学模型符合“运输”问题特点的运筹学问题都可以采用运输问题特有的方法加以解决。

　　因此,本章我们将讨论运输问题的数学模型、各类运输问题的解法以及运输问题的应用。

3.1　运输问题的数学模型

　　一般的运输问题是指解决单一货物从多个产地向多个目的地输送的计划安排问题,即有 m 个产地$A_i(i=1,2,\cdots,m)$可供应某一种货物,各个产地的供应量分别为$a_1,a_2,\cdots,a_m$,有 n 个销地$B_j(j=1,2,\cdots,n)$,需求量分别为$b_1,b_2,\cdots,b_n$,从A_i到B_j运送单位物资的运价为$c_{ij}(i=1,2,\cdots,m;j=1,2,\cdots,n)$,问如何安排运输可使总运费最小。典型的运输模型如图 3.1.1 所示。

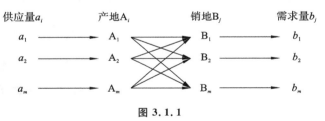

图 3.1.1

　　图中a_i,b_j,c_{ij}分别表示产地A_i的供应量,销地B_j的需求量,从产地A_i到销地B_j的单位运价。在多数情形下,运输模型可以用表 3.1.1 所示的运输问题数据表的形式表示。

表 3.1.1

运价　销地 产地	B_1	B_2	$\cdots$	B_n	供应量 (产量)
A_1	c_{11}	c_{12}	$\cdots$	c_{1n}	a_1
A_2	c_{21}	c_{22}	$\cdots$	c_{2n}	a_2
$\vdots$	$\vdots$	$\vdots$		$\vdots$	$\vdots$
A_m	c_{m1}	c_{m2}	$\cdots$	c_{mn}	a_m
需求量(销量)	b_1	b_2	$\cdots$	b_n	

　　若运输问题的总产量等于总销量,即有

$$\sum_{i=1}^{m} a_i = \sum_{j=1}^{n} b_j$$

则称该运输问题为产销平衡的运输问题;反之,称该运输问题为产销不平衡的运输问题。

下面我们先来看一下产销平衡运输问题的数学模型。

3.1.1　产销平衡运输问题的数学模型

设货物的运输成本与运输数量成正比。若用 x_{ij} 表示从产地 A_i 到销地 B_j 的运量,则在产销平衡的前提下,要确定总运费最小的调运方案,可以建立运输问题的决策变量表,如表 3.1.2 所示。

表 3.1.2

销地\\运价\\产地	B_1	B_2	…	B_n	供应量（产量）
A_1	x_{11}	x_{12}	…	x_{1n}	a_1
A_2	x_{21}	x_{22}	…	x_{2n}	a_2
⋮	⋮	⋮	⋮	⋮	⋮
A_m	x_{m1}	x_{m2}	…	x_{mn}	a_m
需求量（销量）	b_1	b_2	…	b_n	

根据表 3.1.1 和表 3.1.2 可以建立目标函数总运费 $z=c_{11}x_{11}+c_{12}x_{12}+\cdots+c_{mn}x_{mn}$。

综上所述,产销平衡运输问题的一般模型为

$$\min z = \sum_{i=1}^{m}\sum_{j=1}^{n} c_{ij}x_{ij}$$

$$\begin{cases} \sum_{j=1}^{n} x_{ij} = a_i & (i=1,2,\cdots,m) \\ \sum_{i=1}^{m} x_{ij} = b_j & (j=1,2,\cdots,n) \\ x_{ij} \geqslant 0 \end{cases} \quad (3.1.1)$$

其中, a_i, b_j 满足

$$\sum_{i=1}^{m} a_i = \sum_{j=1}^{n} b_j \quad (3.1.2)$$

约束条件分别为产量约束和销量约束。m 个产量约束表示每个产地运往 n 个销地的物资总量等于该产地的产量,n 个销量约束表示从 m 个产地运往每个销地的物资总量等于该销地的需求量(销量)。这是一个包含 $m \times n$ 个变量、$m+n$ 个等式约束条件的线性规划问题。

实例 3.1.1　某公司从两个产地 A_1、A_2 将某种物品运往三个销地 B_1、B_2、B_3,各产地的产量、各销地的销量和各产地运往各销地的每件物品的运费如表 3.1.3 所示。

表 3.1.3

运价	B₁	B₂	B₃	产量/件
A₁	6	4	6	200
A₂	6	5	5	300
销量/件	150	150	200	

问：应如何调运，使得总运输费最小？

分析：由题意可知，两个产地 A_1，A_2 的总产量为 200 件＋300 件＝500 件；三个销地 B_1，B_2，B_3 的总销量为 150 件＋150 件＋200 件＝500 件，可见总产量等于总销量，所以这是一个将某一物品从两个产地调运至三个销地的产销平衡运输问题。

解：(1)确定决策变量。

设 x_{ij} 为从产地 $A_i(i=1,2)$ 调运至销地 $B_j(j=1,2,3)$ 的运输量，得到如表 3.1.4 所示的决策变量表。

表 3.1.4

运价	B₁	B₂	B₃	产量/件
A₁	x_{11}	x_{12}	x_{13}	200
A₂	x_{21}	x_{22}	x_{23}	300
销量/件	150	150	200	

(2) 建立目标函数。

本问题的目标是使得总运输费 z 最小，即

$$\min z = 6x_{11} + 4x_{12} + 6x_{13} + 6x_{21} + 5x_{22} + 5x_{23}$$

(3) 写出约束条件。

根据表 3.1.4 可写出该产销平衡运输问题的约束条件。

①两个产地的物品全部要运出（产量约束）。

产地 A_1：
$$x_{11} + x_{12} + x_{13} = 200$$

产地 A_2：
$$x_{21} + x_{22} + x_{23} = 300$$

②三个销地的物品要全部得到满足（销量约束）。

销地 B_1：
$$x_{11} + x_{21} = 150$$

销地 B_2：
$$x_{12} + x_{22} = 150$$

销地 B_3：
$$x_{13} + x_{23} = 200$$

所以，此运输问题的线性规划模型如下：

$$\min z = 6x_{11} + 4x_{12} + 6x_{13} + 6x_{21} + 5x_{22} + 5x_{23}$$

$$\text{s. t.} \begin{cases} x_{11} + x_{12} + x_{13} = 200 \\ x_{21} + x_{22} + x_{23} = 300 \\ x_{11} + x_{21} = 150 \\ x_{12} + x_{22} = 150 \\ x_{13} + x_{23} = 200 \\ x_{ij} \geqslant 0 \quad (i = 1,2; j = 1,2,3) \end{cases}$$

3.1.2 运输问题的特点与性质

（1）运输问题是一个有 $m \times n$ 个变量、$m+n$ 个等式约束条件的线性规划问题。

（2）运输问题约束方程组的系数矩阵具有特殊的结构。

$$\begin{array}{c} \quad x_{11}\ x_{12}\ \cdots\ x_{1n}\ x_{21}\ x_{22}\ \cdots\ x_{2n}\ \cdots\ x_{m1}\ x_{m2}\ \cdots\ x_{mn} \\ \begin{matrix} u_1 \\ u_2 \\ \vdots \\ u_m \\ v_1 \\ v_2 \\ \vdots \\ v_n \end{matrix} \left[\begin{matrix} 1 & 1 & \cdots & 1 & & & & & & & & \\ & & & & 1 & 1 & \cdots & 1 & & & & \\ & & & & & & & & \ddots & & & \\ & & & & & & & & & 1 & 1 & \cdots & 1 \\ 1 & & & & 1 & & & & & 1 & & \\ & 1 & & & & 1 & & & & & 1 & \\ & & \ddots & & & & \ddots & & & & & \ddots \\ & & & 1 & & & & 1 & & & & 1 \end{matrix}\right] \begin{matrix} \left.\vphantom{\begin{matrix}1\\1\\1\\1\end{matrix}}\right\} m\ \text{行} \\ \\ \left.\vphantom{\begin{matrix}1\\1\\1\\1\end{matrix}}\right\} n\ \text{行} \end{matrix} \end{array}$$

观察上述矩阵可以得出它具有以下特征。

①系数矩阵的元素均为 1 或 0。

②每一列只有两个元素为 1，其余元素均为 0，且两个元素 1 分别处于第 i 行和第 $m+j$ 行。

③若将该矩阵分块，前 m 行构成 m 个 $m \times n$ 阶矩阵，而且第 $k(k=1,2,\cdots,m)$ 个矩阵只有第 k 行元素全为 1，其余元素全为 0，后 n 行构成 m 个 n 阶单位矩阵。

（3）运输问题的基变量总数是 $m+n-1$ 个。

由于在产销平衡的前提下，模型最多只有 $m+n-1$ 个独立约束方程，所以系数矩阵的秩 $r \leqslant m+n-1$，即运输问题存在 $m+n-1$ 个基变量。

综上所述，如果用单纯形法求解运输问题，则变量个数太多，计算非常繁杂。因此，我们下面将介绍一种较为简便的计算方法（习惯上称为表上作业法）。

3.2 运输问题的表上作业法

表上作业法是单纯形法在求解运输问题时的一种简化方法，求解思路与单纯形法类似。

首先求出一个初始方案（即线性规划的初始基可行解）。一般来讲，初始方案不一定是最优的，因此需要给出一个判别准则，并对初始方案进行调整、改进。每进行一次调整，我们就得到一个新的方案（基可行解），而这个新方案一般比前一个方案要合理些，也就是对应的目标函数 z 值比前一个方案要小些。经过若干次调整，我们就得到一个使目标函数达到最小值的方案——最优方案(最优解),而这些过程都可在产销矩阵表(运输表)上进行,故这种方法称为表上作业法。

下面以某产品的调运问题为例具体介绍表上作业法的计算过程。

设有 3 个产煤基地 A_1,A_2,A_3,4 个销煤基地 B_1,B_2,B_3,B_4,产地的产量(单位:万吨)、销地的销量(单位:万吨)以及从各产地到各销地煤炭的单位运价(单位:万元)列于表 3.2.1 中,试求出使总运费最低的煤炭调拨方案。

表 3.2.1

销地 产地	B_1	B_2	B_3	B_4	产量
A_1	3	11	3	10	7
A_2	1	9	2	8	4
A_3	7	4	10	5	9
销量	3	6	5	6	

根据表 3.2.1,可列出产销矩阵表(运输表),如表 3.2.2 所示。

表 3.2.2

销地 产地	B_1	B_2	B_3	B_4	产量
A_1	3 x_{11}	11 x_{12}	3 x_{13}	10 x_{14}	7
A_2	1 x_{21}	9 x_{22}	2 x_{23}	8 x_{24}	4
A_3	7 x_{31}	4 x_{32}	10 x_{33}	5 x_{34}	9
销量	3	6	5	6	20 20

其中,x_{ij} 为 A_i 运到 B_j 的运量($i=1,2,3$;$j=1,2,3,4$),而将 A_i 到 B_j 的单位运价 c_{ij} 写在单元格的右上角,以便直观地制定和修改调运方案。由表 3.2.2 中的数据可以知道,该产品的调运问题是一个满足产销平衡条件的产销平衡运输问题。

接下来按照以下步骤进行求解:确定初始基可行解—判别是否是最优解—调整调运方案。

3.2.1 确定初始基可行解

确定初始基可行解的方法有很多,一般希望的方法是既简单又尽可能地接近最优解。下面介绍确定初始基可行解的两种方法:最小元素法和伏格尔法。

1. 最小元素法

这个方法的基本思想是就近供应,即按运费小的尽可能优先分配确定调运。

(1)在表 3.2.2 中,我们看到运费 $c_{21}=1$ 为最小,所以先给 x_{21} 分配并尽可能满足,即将 A_2

生产的煤优先供应给 B_1。由于 A_2 每天生产煤 4 万吨,而 B_1 每天只需要 3 万吨,因此可取 $x_{21}=\min(3,4)=3$,在表上 x_{21} 处填上 3,并做好标记,这里我们采用画○进行标记。由于 B_1 的需求已经满足,不需要继续调运,故 x_{11},x_{31} 必须为零,因此在 x_{11},x_{31} 处分别做好标记,这里用"×"进行标记。这时,A_2 还剩余 4 万吨－3 万吨＝1 万吨,在表格中做好相应标记,得表 3.2.3。这里将处理过的空格用阴影表示,以示区分。

表 3.2.3

销地 产地	B₁	B₂	B₃	B₄	产量
A₁	3 ×	11 x_{12}	3 x_{13}	10 x_{14}	7
A₂	1 ③	9 x_{22}	2 x_{23}	8 x_{24}	4̸ 1
A₃	7 ×	4 x_{32}	10 x_{33}	5 x_{34}	9
销量	3̸	6	5	6	20 20

（2）在没有填数画○和打"×"的地方再找 c_{ij} 的最小值。这时可发现 $c_{23}=2$ 为最小元素。让 A_2 尽量供给 B_3,但 A_2 只剩下 1 万吨可供应,则可令 $x_{23}=\min(5,1)=1$,在表中 x_{23} 处填上 1 并画上圈,这时 A_2 生产的煤已经分配完毕,不能再提供给其他销地,所以 x_{22} 和 x_{24} 必须为零,在 x_{22} 和 x_{24} 处分别打上"×",而 B_3 还需要 5 万吨－1 万吨＝4 万吨,得表 3.2.4。

表 3.2.4

销地 产地	B₁	B₂	B₃	B₄	产量
A₁	3 ×	11 x_{12}	3 x_{13}	10 x_{14}	7
A₂	1 ③	9 ×	2 ①	8 ×	4̸ 1̸
A₃	7 ×	4 x_{32}	10 x_{33}	5 x_{34}	9
销量	3̸	6	5̸ 4	6	20 20

（3）在没有填数和打"×"的地方找出 c_{ij} 的最小值 $c_{13}=3$。令 $x_{13}=\min(4,7)=4$,在表中 x_{13} 处填上 4 并画上圈。此时,B_3 的需求已经满足,不需继续调运,所以在 x_{33} 处打上"×",而 A_1 还剩下 7 万吨－4 万吨＝3 万吨,得表 3.2.5。

表 3.2.5

销地＼产地	B₁	B₂	B₃	B₄	产量
A₁	× ⟨3⟩	x_{12} ⟨11⟩	④ ⟨3⟩	x_{14} ⟨10⟩	7̶ 3
A₂	③ ⟨1⟩	× ⟨9⟩	① ⟨2⟩	× ⟨8⟩	4̶ 1̶
A₃	× ⟨7⟩	x_{32} ⟨4⟩	× ⟨10⟩	x_{34} ⟨5⟩	9
销量	3̶	6	5̶ 4	6	20 / 20

（4）用同样的方法继续分别求得 $x_{32}=6, x_{34}=3, x_{14}=3$，然后在这些地方相应地填上数并画上圈，在没有分配运量的单元格中都打上"×"，得到表 3.2.6、表 3.2.7、表 3.2.8。这样在产销矩阵表上就得到了一个初始方案——表 3.2.8。

表 3.2.6

销地＼产地	B₁	B₂	B₃	B₄	产量
A₁	× ⟨3⟩	× ⟨11⟩	④ ⟨3⟩	x_{14} ⟨10⟩	7̶ 3
A₂	③ ⟨1⟩	× ⟨9⟩	① ⟨2⟩	× ⟨8⟩	4̶ 1̶
A₃	× ⟨7⟩	⑥ ⟨4⟩	× ⟨10⟩	x_{34} ⟨5⟩	9̶ 3
销量	3̶	6̶	5̶ 4	6	20 / 20

表 3.2.7

销地＼产地	B₁	B₂	B₃	B₄	产量
A₁	× ⟨3⟩	× ⟨11⟩	④ ⟨3⟩	3 ⟨10⟩	7̶ 3
A₂	③ ⟨1⟩	× ⟨9⟩	① ⟨2⟩	× ⟨8⟩	4̶ 1̶
A₃	× ⟨7⟩	⑥ ⟨4⟩	× ⟨10⟩	③ ⟨5⟩	9̶ 3
销量	3̶	6̶	5̶ 4	6̶ 3	20 / 20

表 3.2.8

产地＼销地	B₁	B₂	B₃	B₄	产量
A₁	3 ✕	11 ✕	3 ④	10 ③	7̶ 3
A₂	1 ③	9 ✕	2 ①	8 ✕	4̶ 1
A₃	7 ✕	4 ⑥	10 ✕	5 ③	6̶ 3
销量	8̶	6̶	5̶ 4	6̶ 3	20 / 20

此时,我们得到这个问题的初始基可行解:$x_{11}=0,x_{12}=0,x_{13}=4,x_{14}=3,x_{21}=3,x_{22}=0,$ $x_{23}=1,x_{24}=0,x_{31}=0,x_{32}=6,x_{33}=0,x_{34}=3$。它所对应的目标值 z 为:$z=(3\times0+11\times0+3$ $\times4+10\times3+1\times3+9\times0+2\times1+8\times0+7\times0+4\times6+10\times0+5\times3)$万元$=86$ 万元。

由此可见,用最小元素法确定一个初始方案是比较容易的,为了便于今后检验和调整,用最小元素法确定的一个调运方案要作为表上作业法的初始方案,必须保证画圈的数字的个数恰为 $m+n-1$(其中 m 为产地的个数,n 为销地的个数)。上例方案中画圈的个数恰为 $3+4-1$ 个(6个)。

为保证基变量个数为 $m+n-1$ 个,在应用最小元素法确定初始方案时应注意以下三点。

第一,当选定最小元素后,如果发现该元素所在行的产地产量 a_s 恰好等于它所在列的销地的销量 b_t(即 $a_s=b_t$),则可在产销矩阵表上 x_{st} 处填数 a_s,并画上圈。为了保证调运方案中画圈的数字为 $m+n-1$ 个,只能在 s 行的其他格子里都打上"✕"(或在 t 列的其他格子里都打上"✕"),不可以同时把 s 行和 t 列的其他格子里都打上"✕"。

第二,当最后只剩下一行(或一列)还存在没有填数和打"✕"的格子时,规定只允许填数,不允许打"✕"。这样做的目的也是保证画圈的数字的个数恰为 $m+n-1$ 个。在特殊情况下可填"0"并画上圈,这个"0"应与其他画圈的数字同样看待(不限于最后一行或最后一列)。

第三,当在单位运价表中寻找最小元素时,有多个元素同时达到最小,从这些最小元素中任选一个作为基变量。

2. 伏格尔法

用最小元素法给定的初始方案只从局部观点考虑就近供应,往往会为了节省一处的费用,在其他处要多花几倍的运费,从而造成总体的不合理。下面介绍另一种方法——伏格尔法。它的基本思想是:一产地的产品如果不能按最小运费就近供应,就考虑次小运费。这样就有一个差额,即次小运费—最小运费,差额越大,说明不按最小运费调运时,运费增加越多,因而对差额最大处,就应当优先采用最小运费调运。基于此,伏格尔法的步骤如下。

第一步:在单位运价表的最下行和最右列分别增添差额行和差额列。从单位运价表上分别找出每行与每列的最小元素和次小元素,计算出差额,填入该表的最右列和最下行。

第二步:从差额行或差额列中找出最大差额,在最大差额所对应的行或列中找出最小运价,并确定供需关系和供应数量。当产地或销地中有一方数量上供应完毕或得到满足时,划去单位运价表中对应的行或列。

第三步:在划后的单位运价表中再重复进行第一步和第二步。

仍以上述范例来说明。从表3.2.2分别计算出各行和各列最小运价和次小运价的差值,填入表的最右列和最下行,如表3.2.9所示。

表 3.2.9

销地 产地	B_1	B_2	B_3	B_4	差额
A_1	3 x_{11}	11 x_{12}	3 x_{13}	10 x_{14}	0
A_2	1 x_{21}	9 x_{22}	2 x_{23}	8 x_{24}	1
A_3	7 x_{31}	4 x_{32}	10 x_{33}	5 x_{34}	1
差额	2	5	1	3	

从表3.2.9中看到B_2列的差值最大,从该列找出最小元素为4,即A_3生产的首先满足B_2的需要,$x_{32}=\min(6,9)=6$,同时划去x_{12},x_{22},这样A_3的产量还剩下3,如表3.2.10所示。

表 3.2.10

销地 产地	B_1	B_2	B_3	B_4	差额	产量
A_1	3 x_{11}	11 ×	3 x_{13}	10 x_{14}	0	7
A_2	1 x_{21}	9 ×	2 x_{23}	8 x_{24}	1	4
A_3	7 x_{31}	4 ⑥	10 x_{33}	5 x_{34}	1	9̶ 3
差额	2	5	1	3		
销量	3	9̶	5	6		

在划后的表中重新计算差额,然后重复上述步骤,得$x_{34}=\min(6,3)=3$,划去x_{31},x_{33},如表3.2.11所示。

表 3.2.11

销地 产地	B_1	B_2	B_3	B_4	差额	产量
A_1	3 x_{11}	11 ×	3 x_{13}	10 x_{14}	0/0	7

销地 产地	B_1	B_2	B_3	B_1	差额	产量
A_2	1 x_{21}	9 ×	2 x_{23}	8 x_{24}	1/1	4
A_3	7 ×	4 ⑥	10 ×	5 ③	1/2	9̶ 3
差额	2/2	5	1/1	3/3		
销量	3	6̶	5	6̶ 3		

在划后的表格中重新计算差额,然后重复上述步骤,得 $x_{21} = \min(3, 4) = 3$,划去 x_{11},如表 3.2.12 所示。

表 3.2.12

销地 产地	B_1	B_2	B_3	B_4	差额	产量
A_1	3 ×	11 ×	3 x_{13}	10 x_{14}	0/0/0	7
A_2	1 ③	9 ×	2 x_{23}	8 x_{24}	1/1/1	4̶ 1
A_3	7 ×	4 ⑥	10 ×	5 ③	1/2	9̶ 3
差额	2/2/2	5	1/1/1	3/3/2		
销量	3̶	6̶	5	6̶ 3		

在划后的表格中重新计算差额,然后重复上述步骤,得 $x_{13} = \min(5, 7) = 5$,划去 x_{23},如表 3.2.13 所示。

表 3.2.13

销地 产地	B_1	B_2	B_3	B_1	差额	产量
A_1	3 ×	11 ×	3 ⑤	10 x_{14}	0/0/0/7	7̶ 2
A_2	1 ③	9 ×	2 ×	8 x_{24}	1/1/1/6	4̶ 1
A_3	7 ×	4 ⑥	10 ×	5 ③	1/2	9̶ 3
差额	2/2/2	5	1/1/1/1	3/3/2/2		
销量	3̶	6̶	5̶	6̶ 3		

根据表 3.2.13 得 $x_{14}=2$，$x_{24}=1$，由此得到初始解表，如表 3.2.14 所示。

表 3.2.14

产地＼销地	B₁	B₂	B₃	B₄	差额	产量
A₁	3 ×	11 ×	3 ⑤	10 ②	0/0/0/7	7̶ 2
A₂	1 ③	9 ×	2 ×	8 ①	1/1/1/6	4̶ 1̶
A₃	7 ×	4 ⑥	10 ×	5 ③	1/2	9̶ 3̶
差额	2/2/2	5	1/1/1/1	3/3/2/2		
销量	8̶	6̶	5̶	6̶ 3		

此方案所对应的 $z=(1\times3+4\times6+3\times5+10\times2+8\times1+5\times3)$ 万元 $=85$ 万元。

伏格尔法与最小元素法除在确定供求关系的原则上不同外，其余步骤均相同。伏格尔法给出的初始解一般比最小元素法给出的初始解更接近最优解，所以伏格尔法有时就用于求运输问题最优方案的近似解。

3.2.2 最优解的检验

检查初始方案是不是最优方案的过程就是最优解的检验过程。与线性规划基本解优化性的判断一样，运输方案的最优性也由非基本变量的检验数决定。如果所有非基变量对应的检验数均大于或等于零（目标函数是求总运费最小值），则该运输方案为优化方案；否则，就应进行调整。下面介绍两种常用的最优解检验方法——闭回路法和位势法。

1. 闭回路法

运输问题中的闭回路是指调运方案中由一个非基变量（打"×"格）处和若干个基变量（有圈数字格）之间由水平和垂直连线包围成的封闭回路。该回路的确定方法是：从调运方案的某一个打"×"格出发，沿水平或铅直的方向前进，碰到一个适当的有圈数字格后转弯，再继续前进和转向，直到回到起始打"×"格为止。所谓"适当"，是指要使所走路线能形成一条闭合回路，即能回到出发点。闭合回路可以是一个简单的矩形，也可以是由水平或铅直的线组成的复杂封闭多边形。图 3.2.1 所示为简单闭回路，复杂闭回路由简单闭回路组合而成。

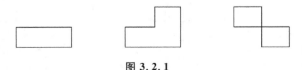

图 3.2.1

闭回路所有的转角处（通常称为闭回路的顶点或转角点）除起始顶点为非基变量（打"×"

格)外,其余顶点是基变量(有圈数字格)。可以证明,如果对闭回路上的顶点依次编号,那么该起始顶点处非基变量 x_{ij} 的检验数为

$$\sigma_{ij} = 闭回路上奇数次顶点运价之和 - 闭回路上偶数次顶点运价之和$$

在用最小元素法确定本节范例初始方案的基础上,计算非基变量 x_{11} 的检验数时,先在该作业表上作出闭回路,如表 3.2.15 中虚线所示,然后即可得非基变量 x_{11} 的检验数 $\sigma_{11} = (3+2) - (3+1) = 1$。

闭回路法计算检验数的经济解释如下。非基变量 x_{11} 每增加一吨,为保证产销平衡,就要依次做以下调整:x_{13} 要减少 1 吨,x_{32} 要增加 1 吨,x_{21} 要减少 1 吨。这样的调整使得总运费为 $3 \times 1 + 3 \times (-1) + 2 \times 1 + 1 \times (-1) = 1$,这说明这样调整运量将使运费增加。

表 3.2.15

销地 产地	B_1	B_2	B_3	B_4
A_1	3 ✕	11 ✕	3 ④	10 ③
A_2	1 ③	9	2 ①	8 ✕
A_3	7 ✕	4 ⑥	10 ✕	5 ③

因此,检验数就是在保持产销平衡的条件下,该非基变量增加一个单位运量而成为基变量时目标函数的改变量。其他非基变量检验数的算法一样。当检验数还存在负数时,说明调整运量使运费减少,原方案不是最优解,需要进一步调整。

下面给出对表 3.2.8 所示调运方案进行检验的全过程。

闭回路如下。

(A_1, B_1): $\qquad x_{11} \to x_{13} \to x_{23} \to x_{21} \to x_{11}$

(A_1, B_2): $\qquad x_{12} \to x_{14} \to x_{34} \to x_{32} \to x_{12}$

(A_2, B_2): $\qquad x_{22} \to x_{23} \to x_{13} \to x_{14} \to x_{34} \to x_{32} \to x_{22}$

(A_2, B_4): $\qquad x_{24} \to x_{14} \to x_{13} \to x_{23} \to x_{24}$

(A_3, B_1): $\qquad x_{31} \to x_{34} \to x_{14} \to x_{13} \to x_{23} \to x_{21} \to x_{31}$

(A_3, B_3): $\qquad x_{33} \to x_{34} \to x_{14} \to x_{13} \to x_{33}$

$$\sigma_{11} = c_{11} - c_{13} + c_{23} - c_{21} = 3 - 3 + 2 - 1 = 1$$
$$\sigma_{12} = c_{12} - c_{14} + c_{34} - c_{32} = 11 - 10 + 5 - 4 = 2$$
$$\sigma_{22} = c_{22} - c_{23} + c_{13} - c_{14} + c_{34} - c_{32} = 9 - 2 + 3 - 10 + 5 - 4 = 1$$
$$\sigma_{24} = c_{24} - c_{14} + c_{13} - c_{23} = 8 - 10 + 3 - 2 = -1$$
$$\sigma_{31} = c_{31} - c_{34} + c_{14} - c_{13} + c_{23} - c_{21} = 7 - 5 + 10 - 3 + 2 - 1 = 10$$
$$\sigma_{33} = c_{33} - c_{34} + c_{14} - c_{13} = 10 - 5 + 10 - 3 = 12$$

将所有打"✕"处的检验数填入表中,得到检验数表,如表 3.2.16 所示。

表 3. 2. 16

产地 \ 销地	B_1	B_2	B_3	B_4
A_1	1	2		
A_2		1		-1
A_3	10		12	

因为 $\sigma_{24} = -1$，所以该方案不是最优的，需要进一步调整。

2. 位势法

用闭回路法求检验数时，需要计算每一个基变量（打"×"格处）的检验数，这就要求给每一个打"×"格找一条闭回路。当产销点很多的时候，这种计算就很繁杂。下面介绍一种比较简单的方法——位势法。

以本节范例最小元素法确定的初始方案为例来说明位势法。

第一步，设置位势变量 u_i，v_j。在由最小元素法确定的初始方案表的最后一行和最后一列分别添加位势行（v_j 行）和位势列（u_i 列），如表 3.2.17 所示。

表 3. 2. 17

产地 \ 销地	B_1	B_2	B_3	B_4	产量	u_i
A_1	3 ×	11 ×	3 ④	10 ③	7	u_1
A_2	1 ③	9 ×	2 ①	8 ×	4	u_2
A_3	7 ×	4 ⑥	10 ×	5 ③	9	u_3
销量	3	6	5	6		
v_j	v_1	v_2	v_3	v_4		

表 3.2.17 中的 $u_i(i = 1, 2, \cdots, m)$ 和 $v_j(j = 1, 2, \cdots, n)$ 分别称为第 i 行的位势和第 j 列的位势。

第二步，确定 u_i 和 v_j 的值。初始方案的每一个基变量 x_{ij}（有圈数字格）都对应一个方程——所在行和列的位势变量之和等于该基变量对应的运价，即 $u_i + v_j = c_{ij}$，所以根据方程，只要任意给定其中的一个，就可以将其他所有位势的数值求出。

在这里，我们可以令 $v_1 = 1$，再根据方程组

$$\begin{cases} u_1 + v_3 = c_{13} = 3 \\ u_1 + v_4 = c_{14} = 10 \\ u_2 + v_1 = c_{21} = 1 \\ u_2 + v_3 = c_{23} = 2 \\ u_3 + v_2 = c_{32} = 4 \\ u_3 + v_4 = c_{34} = 5 \end{cases} \tag{3.2.1}$$

从而有 $u_2=0, v_3=2, u_1=1, v_4=9, u_3=-4, v_2=8$，如表 3.2.18 所示。

表 3.2.18

产地　　销地	B_1	B_2	B_3	B_1	产量	u_i
A_1	3　　×	11　　×	3　　④	10　　③	7	1
A_2	1　　③	9　　×	2　　①	8　　×	4	0
A_3	7　　×	4　　⑥	10　　×	5　　③	9	-4
销量	3	6	5	6		
v_j	1	8	2	9		

第三步，根据位势求出检验数。根据检验数公式

$$\sigma_{ij}=c_{ij}-(u_i+v_j) \tag{3.2.2}$$

计算出各非基变量（打"×"格）的检验数。

$$\sigma_{11}=3-1-1=1$$
$$\sigma_{12}=11-1-8=2$$
$$\sigma_{22}=9-0-8=1$$
$$\sigma_{24}=8-0-9=-1$$
$$\sigma_{31}=7-(-4)-1=10$$
$$\sigma_{33}=10-(-4)-2=12$$

和闭回路法一样，若检验数出现了负数，则需要进一步调整。

3.2.3　调运方案的调整

如果不是最优方案，则需进一步调整。若检验数 $\sigma_{ij}<0$，首先在作业表上以 x_{ij} 为起始变量作出闭回路。有两个或两个以上检验数小于 0 时，一般选择其中绝对值最大的负检验数，以它对应的打"×"格即非基变量为起始变量作闭回路，并求出调整量 θ，有

$$\theta=\min\{该闭回路中偶数次顶点调运量\ x_{ij}\}$$

然后在闭回路上，偶数次顶点的调运量减去 θ，奇数次顶点（包括起始顶点）的调运量加上 θ，闭回路之外的调运量不变。

由此得到新的调运方案，再重复上述步骤，直到得到最优解。

继续上例，因 $\sigma_{24}<0$，参照表 3.2.19 给出闭回路，计算调整量，得 $\theta=\min\{1,3\}=1$。

表 3.2.19

产地＼销地	B_1		B_2		B_3		B_1		产量	u_i
A_1	×	3	×	11	④(+1)	3	③(−1)	10	7	1
A_2	③	1	×	9	①(−1)	2	×(+1)	8	4	0
A_3	×	7	⑥	4	×	10	③	5	9	−4
销量	3		6		5		6			
v_j	1		8		2		9			

按上述方法调整,得到新的调运方案,如表 3.2.20 所示。

表 3.2.20

产地＼销地	B_1		B_2		B_3		B_4		产量	
A_1	×	3	×	11	⑤	3	②	10	7	3
A_2	③	1	×	9	×	2	①	8	4	1
A_3	×	7	⑥	4	×	10	③	5	9	3
销量	3		6		5		6		20 20	20

接下来对表 3.2.20 所示方案进行检验,很容易发现该方案中各闭回路上的检验数都是非负数,所以表 3.2.20 给出的是最优调运方案。此时,总运费为 $z=85$ 万元,显然 85 万元$<$86 万元。

注意:有时在闭回路的调整过程中,奇数次顶点的画圈数字中有两个或两个以上相等的最小运量,这样在调整时,为了产销矩阵表上画圈数字的个数仍然保持 $m+n-1$ 个,以便用表上作业法继续计算,规定在奇数次顶点最小运量处只打一个"×",其余地方都填上"0"并画上圈,而画圈的"0"仍当作有圈数字看待。

3.3 产销不平衡的运输问题及其解法

前面讨论运输问题的表上作业法,都是以产销平衡,即 $\sum a_i = \sum b_j$ 为前提的。在实际应用中,常常出现的是产销不平衡状态。这一类运输问题通常有两种情况,一种是总供应量(总产量)大于总需求量(总销量),另一种是总供应量(总产量)小于总需求量(总销量)。对于这两种情况,通常按具体情况虚设产地或销地(其产量或销量是其总量的差数),把产销不平衡的运输问题转化为产销平衡的运输问题。

3.3.1　产销不平衡的运输问题

当产量大于销量时,就要考虑多余的物资调运至哪一个销地存储,为此,我们可以虚构一个销地,将该问题(见表 3.3.1)转化为产销平衡的运输问题(见表 3.3.2)。

表 3.3.1

产地＼销地	B_1	B_2	产量
A_1	80	215	1 000
A_2	100	108	1 500
A_3	102	68	1 200
销量	1 900	1 400	3 700 / 3 300

表 3.3.2

产地＼销地	B_1	B_2	B_3	产量
A_1	80	215	0	1 000
A_2	100	108	0	1 500
A_3	102	68	0	1 200
销量	1 900	1 400	400	3 700

此处 $\sum a_i (= 3\,700) > \sum b_j (= 3\,300)$,产量比销量多出 400(3 700 − 3 300),我们要考虑将多出的 400 产量调运至某地,这时就需增设一个虚拟的销地 B_3。该地的销量(需求量)即为差值 400,并设各产地运往虚拟销地的运价为 0。通过上述方法,就可以将产大于销的运输问题化为产销平衡的运输问题。

类似地,如表 3.3.3、表 3.3.4 所示,当销量大于产量时,可以在产销平衡表中增设一个虚拟的产地 A_4。该地的产量为 $\sum b_j - \sum a_i = 3\,700 - 3\,500 = 200$,在单位运价表上令从该产地到各销地的运价 $c_{4j} = 0$,可以将销大于产的运输问题转化为一个产销平衡的运输问题。

表 3.3.3

产地＼销地	B_1	B_2	产量
A_1	80	215	1 000
A_2	100	108	1 300
A_3	102	68	1 200
销量	2 300	1 400	3 500 / 3 700

表 3.3.4

产地＼销地	B_1	B_2	产量
A_1	80	215	1 000
A_2	100	108	1 300
A_3	102	68	1 200
A_4	0	0	200
销量	2 300	1 400	3 700

实例 3.3.1　某运输问题的产销运价表如表 3.3.5 所示,求问题的最优调运方案。

表 3.3.5

产地＼销地	B_1	B_2	B_3	B_4	产量
A_1	2	11	3	4	7
A_2	10	3	5	9	5
A_3	7	8	1	2	7
销量	2	3	4	6	15 / 19

解:我们发现 $\sum a_i > \sum b_j$,产量有剩余,故应虚设一销地 B_0,称为库存。任何产地到库存的单位运价设为 0,虚拟销地的销量为 $19-15=4$,这样就将该问题转化为了一个产销平衡的运输问题,如表 3.3.6 所示。

表 3.3.6

产地＼销地	B_1	B_2	B_3	B_4	B_0	产量
A_1	2 ②	11 ×	3 ×	4 ③	0 ②	7
A_2	10 ×	3 ③	5 ×	9 ×	0 ②	5
A_3	7 ×	8 ×	1 ④	2 ③	0 ×	7
销量	2	3	4	6	4	19 / 19

注意:在用最小元素法寻找初始方案时,每次不要考虑(新增)库存这一列的单位运价;否则,一开始就去满足库存而不是实际的需要,会导致初始方案离最优方案更远,从而增加以后调整的工作量。

按最小元素法得到的初始方案(请读者重新做一遍并与此题结果核对),经检验,就是最优方案。当然,由于 $\lambda_{13}=0$,还可以有另外的最优方案,但总运费不会再下降。

实例 3.3.2 设有三个化肥厂 A_1,A_2 和 A_3,供应四个地区 B_1,B_2,B_3 和 B_4 的化肥,且等量的化肥在这些地区的使用效果相同,各化肥厂年产量(单位:万吨)、各地年需求量(单位:万吨)以及化肥的单位运价(单位:万元)如表 3.3.7 所示,其中 (A_3,B_4) 处的 M 表示运价非常高。试求使总运费最低的调运方案。

表 3.3.7

产地＼销地	B_1	B_2	B_3	B_4	产量
A_1	16	13	22	17	50

续表

产地＼销地	B₁	B₂	B₃	B₄	产量
A₂	14	13	19	15	60
A₃	19	20	23	M	50
最低需求	30	70	0	10	160 ＼ 110
最高需求	50	70	30	不限	160 ＼ M

解：从满足各地最低需求的角度来看，这是一个总产量大于总销量的运输问题；但从市场或支农的角度来看，应尽量满足各地对化肥的最高需求，所以这又是一个总销量大于总产量的运输问题。

由于 B₄ 的最高需求不限，但总产量只有 160 万吨，故 B₄ 地的最高需求量是可以计算的，它等于从总产量中扣除其他各地最低需求量后的剩余，即 $[160-(30+70+0)]$ 万吨 ＝ 60 万吨。于是，所有各地最高需求量总和为 $(50+70+30+60)$ 万吨 ＝ 210 万吨。它超出总产量 $(210-160)$ 万吨 ＝ 50 万吨，应虚拟一个产地 A₄，它的产（发）量为 50。

由于各地最低需求量必须满足，故不能用虚拟发点 A₄ 的发量去满足。为此，必须把最高需求量比最低需求量多的收点分成 2 个。例如，销地 B₁ ＝ B₁′＋B₁″，其中 B₁′ 表示最低需求，B₁″ 表示超过最低需求的部分。由于 A₄ 不能供给 B₁′，相交处运价填 M；由于 A₄ 可以供给给 B₁″，但 A₄ 是虚拟发点，即使对应格子填有正的调运量也不至于产生运费，因此交点处单位运价填 0；其余类似处理，可得平衡的产销矩阵表，如表 3.3.8 所示。

表 3.3.8　　　　　　　　　　　　　　　　　　　　　　万元

产地＼销地	B₁′	B₁″	B₂	B₃	B₄′	B₄″	产量
A₁	16	16	13	22	17	17	50
A₂	14	14	13	19	15	15	60
A₃	19	19	20	23	M	M	50
A₄	M	0	M	0	M	0	50
需求量	30	20	70	30	10	50	160 ＼ 160

在用最小元素法确定初始方案时，首先不考虑虚拟发点 A₄ 所在行的运价，而应先在运价最小的格子（A₁，B₂）处填入 50，行中其他格子打"×"；接着填格子（A₂，B₂），只能填 20，列中其他格子打"×"。这两个格子的调运量填好后，看到 B₄′ 的需求 10 单位必须由 A₂ 处剩余产量满足，所以应先填（A₂，B₄′）处的 10。尽管此时它的单位运价还不是最低的，但不如此将会造成初始方案与最优方案相距更远。余下格子填数的方案从略，本例中的调运方案不是用"○"标记的，而是用"（）"标记，且省略了"×"，求出的初始方案如表 3.3.9 所示。

表 3.3.9

销地 产地	$B_1{}'$	$B_1{}''$	B_2	B_3	$B_4{}'$	$B_4{}''$	产量
A_1	16	16	(50)13	22	17	17	50
A_2	(10)14	(20)14	(20)13	19	(10)15	15	60
A_3	(20)19	19	20	(30)23	M	M	50
A_4	M	0	M	(0)0	M	(50)0	50
需求量	30	20	70	30	10	50	160 / 160

然后计算行位势 u_i 和列位势 v_j，再计算检验数。

因为 $\lambda_{16}=17-(0+18)=-1<0$，$\lambda_{26}=-3<0$，故从（$A_2$，$B_4{}''$）出发作闭回路，且转角点（$A_2$，$B_4{}''$）为偶，转角点（$A_4$，$B_4{}''$）为奇，转角点（$A_4$，$B_3$）为偶，转角点（$A_3$，$B_3$）为奇，转角点（$A_3$，$B_1{}''$）为偶，转角点（$A_2$，$B_1{}''$）为奇。

调整量 $=\min(50,30,10)=10$，调整结果如表 3.3.10 所示。

表 3.3.10

销地 产地	$B_1{}'$	$B_1{}''$	B_2	B_3	$B_4{}'$	$B_4{}''$	产量/万吨
A_1	16	16	(50)13	22	17	17	50
A_2	14	(20)14	(20)13	19	(10)15	(10)15	60
A_3	(30)19	19	20	(20)23	M	M	50
A_4	M	0	M	(10)0	M	(40)0	50
需求量	30	20	70	30	10	50	160

又因为 $\lambda_{32}=19-(8+14)=-3<0$，它是最小负检验数，故从（$A_3$，$B_1{}''$）出发作闭回路，得调整量 $=\min(20,40,20)=20$，在闭回路上调整后得表 3.3.11。

表 3.3.11

销地 产地	$B_1{}'$	$B_1{}''$	B_2	B_3	$B_4{}'$	$B_4{}''$	产量
A_1	16	16	(50)13	22	17	17	50
A_2	14	14	(20)13	19	(10)15	(30)15	60
A_3	(30)19	(20)19	20	(0)23	M	M	50
A_4	M	0	M	(30)0	M	(20)0	50
需求量	30	20	70	30	10	50	160 / 160

由于表 3.3.11 所示的方案经检验未发现负检验数，所以它是最优方案。由于 $\lambda_{21}=14-(0$

＋13）＝0，所以，还可能做出另一最优方案，但因在从（A_2，B_1'）出发的闭回路上，奇数转角点的最小运量是 0，所以不能产生具有实质性的另一最优方案。所以，最低费用为 2 460 万元，最优方案可由读者补出。

3.3.2 转运问题

转运问题是一类更实际的运输问题。它的特点是所调运的物资不是由产地直接运到销地，而是在物资运输过程中还存在一些转运地，允许物资的运送有以下几种情况。

（1）物资可以从产地直接运往销地。

（2）物资可以从产地运往转运地，再由转运地运至销地。

（3）物资可以从一个产地运往另一个产地，再由另一个产地运往销地。

（4）物资可以从一个产地运往一个销地，再由这个销地运往其他销地。

对于转运问题，求解时通常是设法将它转化为一个等价的产销平衡的运输问题，然后建立一个产销平衡表，用表上作业法求出最优方案。所以，问题的关键是如何实现转化。将转运问题转化为产销平衡的运输问题一般可以按以下步骤进行。

（1）将产地、销地、转运地重新编排，转运地既作为产地又作为销地。

（2）各地之间的运价在原问题运价表的基础上进行扩展：从一地运往自身的单位运价为 0，不存在运输线路的运价则记为 M（任意大的正数）。

（3）由于经过转运地的物资量既是该地作为销地时的需求量，又是该地作为产地时的供应量，但无法事先获得该数量的确切值，因此通常将调运总量作为该数量的上界，对产地和销地也做类似的处理。

先根据具体问题求出最大可能中转量 $\theta,\theta = \max\left\{\sum a_i, \sum b_j\right\}$；然后分别将纯转运地看作产量和销量都是 θ 的一个产地和一个销地，将兼作转运地的产地A_i看作一个销量为 θ 的销地和一个产量为$a_i+\theta$的产地，将兼作转运地的销地B_j视为一个产量为 θ 的产地和一个销量为$b_j+\theta$的销地，下面举例说明。

实例 3.3.3 已知三个工厂A_1，A_2，A_3生产同一个规格的产品，用相同价格供应B_1，B_2，B_3三个销售网点销售。有两个转运地T_1，T_2，并且产品的运输允许在各产地、各销地及各转运地之间相互转运。已知各产地、销地、转运地相互转运每吨产品的单位运价（单位：万元）和产销量（单位：吨）如表 3.3.12 所示。

表 3.3.12

		产地			转运地		销地			产量
		A_1	A_2	A_3	T_1	T_2	B_1	B_2	B_3	
产地	A_1		8	6	2	/	4	10	8	30
	A_2	8		5	1	3	9	5	9	10
	A_3	6	5		4	2	2	8	7	20
转运地	T_1	2	1	4		8	4	6	3	
	T_2	/	3	2	8		2	3	2	

续表

		产地			转运地		销地			产量
		A_1	A_2	A_3	T_1	T_2	B_1	B_2	B_3	
销地	B_1	4	9	2	4	2		/	5	
	B_2	10	5	8	6	3	/		4	
	B_3	8	9	7	3	2	5	4	0	
销量							15	35	10	

解:(1)将所有的产地、转运地和销地都作为产地,也作为销地。因此,整个问题当作一个有8个产地和8个销地的扩大的运输问题。

(2)对扩大的运输问题建立运价表,对于没有运输路线的,取任意大的正数 M;对于自己给自己运输的,运价为 0。

(3)所有转运地的产量等于销量,但事先无法知道该数量的确切值,所以将调运总量作为该数量的上界,本题中调运总量为 60 吨(15 吨＋35 吨＋10 吨＝30 吨＋10 吨＋20 吨)。

(4)在扩大的运输问题中,由于原来的产地与销地也具有转运作用,所以在原来的产量和销量的数值上再加上调运总量;同时原产地的销量和原销地的产量均取为调运产量。由于调运总量为 60 吨,所以三个工厂的产量分别改为 90 吨、70 吨、80 吨,销量均为 60 吨;三个销售网点的销量改为 75 吨、95 吨、70 吨,产量均为 60 吨,于是得到扩大运输问题的产销平衡运输表,如表 3.3.13 所示。

表 3.3.13

		产地			转运地		销地			产量
		A_1	A_2	A_3	T_1	T_2	B_1	B_2	B_3	
产地	A_1	0	8	6	2	M	4	10	8	90
	A_2	8	0	5	1	3	9	5	9	70
	A_3	6	5	0	4	2	2	8	7	80
转运地	T_1	2	1	4	0	8	4	6	3	60
	T_2	M	3	2	8	0	2	3	2	60
销地	B_1	4	9	2	4	2	0	M	5	60
	B_2	10	5	8	6	3	M	0	4	60
	B_3	8	9	7	3	2	5	4	0	60
销量		60	60	60	60	60	75	95	70	

这已经转化为一个产销平衡的运输问题,可以用表上作业法来求解(过程略),得到的最优方案如表 3.3.14 所示。

表 3.3.14

		产地			转运地		销地			产量
		A_1	A_2	A_3	T_1	T_2	B_1	B_2	B_3	
产地	A_1	0 (60)	8	6	2 ⑮	M	4 ⑮	10	8	90
	A_2	8	0 (55)	5	1	3	9	5 ⑮	9	70
	A_3	6	5	0 (60)	4	2 ⑳	2	8	7	80
转运地	T_1	2	1 ⑤	4	0 ㊺	8	4	6	3 ⑩	60
	T_2	M	3	2	8	0 ㊵	2	3 ⑳	2	60
销地	B_1	4	9	2	4	2	0 (60)	M	5	60
	B_2	10	5	8	6	3	M	0 (60)	4	60
	B_3	8	9	7	3	2	5	4	0 (60)	60
销量		60	60	60	60	60	75	95	70	

3.4 指派问题及匈牙利法

前文曾提到，凡是数学模型符合运输模型特征的运筹学问题，都可以用运输问题的解题方法求解。下面介绍一类特殊的运输问题——指派问题。

3.4.1 指派问题及其标准形式

在现实生活中经常遇到各种性质的指派（分配）问题（assignment problem）。例如，在物流活动中有若干项运输任务，有若干辆车可承担这些运输任务，由于车型、载重以及司机对道路的熟悉程度等不同，效率也不一样，因此产生了应指派哪辆车去完成哪项运输任务，使总效率最高（或费用最小，或时间最短）的问题，这类问题称为指派问题。又例如：有若干项工作需要分配给若干人（或部门）来完成；有若干班级需要安排在各教室上课；体育比赛中的接力赛，每个运动员的成绩是有差异的，如何安排运动员使得时间最少等，诸如此类的问题都属于指派问题。由于指派问题具有多样性，因此有必要定义指派问题的标准形式。

下面举例说明。

某省现要投资建设五个企业B_1，B_2，B_3，B_4，B_5，通过投标的方式招募建筑公司，政府先把各企业的规模以及其他内容公布给各个建筑公司，以便让各个建筑公司进行决策，定出招标最低价格，且一个建筑公司只建一个企业。最后政府选择了五个建筑公司A_1，A_2，A_3，A_4，A_5（投标者中较优者），它们的价格如表 3.4.1 所示，现要政府决策，决定五个建筑公司分别建哪个企业，使得价格最低。

表 3.4.1

A_i \ c_{ij} \ B_j	B_1	B_2	B_3	B_4	B_5
A_1	8	4	2	6	1
A_2	2	9	5	5	4
A_3	3	8	9	2	6
A_4	4	3	1	1	3
A_5	9	5	8	9	5

分析题意可知，这是一个要将五个企业指派给五个建筑公司承建的问题，一个建筑公司只能建一个企业，一个企业只能由一个建筑公司承建。这就是一个标准的指派问题。

标准的指派问题必须有两个元素：n 个行动者和 n 个事件。已知第 i 个人完成第 j 个事件的费用（时间、效率）为 $c_{ij}(1,2\cdots,n)$，要求满足一人一事和一事一人的一一对应原则，使完成这 n 件事的总费用最少。

为了建立标准指派问题的数学模型，需要引入 n^2 个 0-1 变量：

$$x_{ij} = \begin{cases} 1, \text{若指派第 } i \text{ 个人做第 } j \text{ 件事} \\ 0, \text{若不指派第 } i \text{ 人做第 } j \text{ 件事} \end{cases} (i,j=1,2,\cdots,n)$$

这样，指派问题的数学模型可以写成

$$\min z = \sum_{i=1}^{n} \sum_{j=1}^{n} c_{ij} x_{ij} \tag{3.4.1}$$

$$\text{s. t.} \begin{cases} \sum_{i=1}^{n} x_{ij} = 1 & (j=1,2,\cdots,n) \\ \sum_{j=1}^{n} x_{ij} = 1 & (i=1,2,\cdots,n) \\ x_{ij} = 0,1 & (i,j=1,2,\cdots,n) \end{cases} \tag{3.4.2}$$

其中，式(3.4.2)的第一个约束条件表示第 j 件事必由且只能由 1 人去完成，第二个约束条件表示第 i 个人必做且只做一件事。

c_{ij} 为第 i 个人完成第 j 项工作所需的资源数，称为效率系数（或价值系数）。

矩阵

$$\boldsymbol{C} = (c_{ij})_{n \times n} = \begin{bmatrix} c_{11} & c_{12} & \cdots & c_{1n} \\ c_{21} & c_{22} & \cdots & c_{2n} \\ \vdots & \vdots & & \vdots \\ c_{n1} & c_{n2} & \cdots & c_{nn} \end{bmatrix} \tag{3.4.3}$$

为效率矩阵(或价值系数矩阵)。

决策变量 x_{ij} 排成的 $n \times n$ 矩阵

$$\boldsymbol{X} = (x_{ij})_{n \times n} = \begin{bmatrix} x_{11} & x_{12} & \cdots & x_{1n} \\ x_{21} & x_{22} & \cdots & x_{2n} \\ \vdots & \vdots & & \vdots \\ x_{n1} & x_{n2} & \cdots & x_{nn} \end{bmatrix} \qquad (3.4.4)$$

为决策变量矩阵。

决策变量矩阵的特征是它有 n 个 1，其他都是 0，这 n 个 1 位于不同行、不同列。每一种情况为指派问题的一个可行解，共有 $n!$ 个解。

继续求解该范例。

设

$$x_{ij} = \begin{cases} 0, & \text{当} A_i \text{不承建} B_j \text{时} \\ 1, & \text{当} A_i \text{承建} B_j \text{时} \end{cases} \qquad (i, j = 1, 2, \cdots, n)$$

则问题的数学模型为

$$\min z = 8x_{11} + 4x_{12} + \cdots + 9x_{54} + 5x_{55}$$

$$\text{s.t.} \begin{cases} \sum_{i=1}^{5} x_{ij} = 1 & (j = 1, 2, \cdots, 5) \\ \sum_{j=1}^{5} x_{ij} = 1 & (i = 1, 2, \cdots, 5) \\ x_{ij} = 0, 1 & (i, j = 1, 2, \cdots, 5) \end{cases}$$

3.4.2 指派问题的解法——匈牙利法

当运输问题中销量和产量都是 1，且产地数 m 和销地数 n 相等时，所得的数学模型和指派问题大体相同。进一步比较还可以发现，指派问题与运输问题变量的取值范围不同，指派问题的变量是 0-1 变量，而运输问题中的变量可以在 $[0, +\infty)$ 内取值。因此，指派问题可以看作一类特殊的运输问题，可用运输问题的解法去求解。但同时它又是一种特例，所以根据指派问题的自身特点能寻求更简便的解法。

匈牙利法就是一种常用的指派问题解法，是由库恩(W. W. Kuhn)在 1955 年提出的。库恩引用匈牙利数学家康尼格(D. Konig)一个关于矩阵中 0 元素的定理——系数矩阵中独立 0 元素的最多个数等于能覆盖所有 0 元素的最少直线数而提出该解法，所以该解法被称为匈牙利法。该解法虽然在后来在方法上不断改进，但仍沿用这一名称。

指派问题的最优解具有这样的性质：若从系数矩阵 $\boldsymbol{C}((c_{ij})_{n \times n})$ 的一行(列)各元素中分别减去该行(列)的最小元素，得到新矩阵 $\boldsymbol{B}((b_{ij})_{n \times n})$，那么以 $\boldsymbol{B}$ 为系数矩阵求得的最优解和用原系数矩阵求得的最优解相同。

利用这个性质，可使原系数矩阵变换为含有很多 0 元素的新系数矩阵，而最优解保持不变。在系数矩阵 $\boldsymbol{B}((b_{ij})_{n \times n})$ 中，我们关心位于不同行、不同列的 0 元素，以下简称为独立的 0 元素。若能在系数矩阵 $\boldsymbol{B}$ 中找出 n 个独立的 0 元素，则令解矩阵 $\boldsymbol{X}((x_{ij})_{n \times n})$ 中对应这 n 个独立的 0

元素的元素取值为 1，令其他元素取值为 0。将其代入目标函数中得到 $z_b = 0$，它一定是最小的。这就是以 **B** 为系数矩阵的指派问题的最优解，也就得到了原问题的最优解。

下面以本节范例来说明指派问题的解题步骤。

第一步：进行矩阵变换，使得各行各列都有 0 元素。

（1）将系数矩阵中的每行元素减去该行的最小元素。

（2）所得系数矩阵的每列元素减去该列的最小元素。若某行（列）已有 0 元素，那就不必再减了。

$$
(c_{ij}) = \begin{bmatrix} 8 & 4 & 2 & 6 & 1 \\ 2 & 9 & 5 & 5 & 4 \\ 3 & 8 & 9 & 2 & 6 \\ 4 & 3 & 1 & 1 & 3 \\ 9 & 5 & 8 & 9 & 5 \end{bmatrix} \begin{matrix} \text{min} \\ 1 \\ 2 \\ 2 \\ 1 \\ 5 \end{matrix} \rightarrow \begin{bmatrix} 7 & 3 & 1 & 5 & 0 \\ 0 & 6 & 3 & 3 & 2 \\ 1 & 6 & 7 & 0 & 4 \\ 3 & 2 & 0 & 0 & 2 \\ 4 & 0 & 3 & 4 & 0 \end{bmatrix} = (b_{ij}) = \textbf{B}
$$

$$\text{min} \quad 0 \quad 0 \quad 0 \quad 0 \quad 0$$

如上所示，各行分别减去本行的最小元素后得到的新矩阵中，每行、每列都已出现 0 元素，于是可转入下一步。

第二步：经过上述变换后，矩阵的每行、每列至少都有了一个 0 元素。下面确定能否找出 n 个独立的 0 元素（该范例中 $n = 5$），也就是看要覆盖上面矩阵中的所有 0 元素，至少需要多少条直线。若能找出，就以这些独立 0 元素对应的决策变量为 1，其余为 0，这就得到了最优解。n 较小时，可用观察法、试探法找出 n 个独立的 0 元素；n 较大时，必须按照一定的步骤去找 n 个独立的 0 元素。常用的步骤如下。

（1）从第一行开始，若该行只有一个 0 元素，就对这个 0 元素做好标记，这里我们用"（ ）"号进行标记。这表示对这行所代表的人，只有一种任务可指派。对标"（ ）"号 0 元素所在列画一条直线，表示这列所代表的任务已指派完，不必再考虑别人了。若该行没有 0 元素或有两个及以上 0 元素（已划去的不计在内），则转下一行，依次进行到最后一行。

（2）从第一列开始，若该列只有一个 0 元素（已划去的同样不计在内），就对这个 0 元素打上"（ ）"号，再对打"（ ）"号 0 元素所在行画一条直线；若该列没有 0 元素或有两个及以上 0 元素，则转下一列，依次进行到最后一列。

（3）反复进行（1）、（2）两步骤，直到将所有的 0 元素标上"（ ）"号或画上直线为止。

（4）若仍有 0 元素没有被标上"（ ）"号或画上直线，且同行（列）的 0 元素至少有两个（表示对这人可以从两项任务中指派其一，这可用不同的方案去试探），从剩余的 0 元素最少的行（列）开始，比较这行各 0 元素所在列中 0 元素的数目，选择 0 元素少的那列的这个 0 元素标上"（ ）"号（表示选择性多的要"礼让"选择性少的），然后划掉同行同列的其他 0 元素，反复进行此操作，直到所有的 0 元素都被标上"（ ）"号或画上直线为止。

若标"（ ）"号的 0 元素的数目 $m =$ 矩阵的阶数 n，那么就得到指派问题的最优解。

按上述步骤继续求解本节范例。

$$\begin{bmatrix} 7 & 3 & 1 & 5 & (0) \\ 0 & 6 & 3 & 3 & 2 \\ 1 & 6 & 7 & 0 & 4 \\ 3 & 2 & 0 & 0 & 2 \\ 4 & (0) & 3 & 4 & 0 \end{bmatrix} \rightarrow \begin{bmatrix} 7 & 3 & 1 & 5 & (0) \\ (0) & 6 & 3 & 3 & 2 \\ 1 & 6 & 7 & 0 & 4 \\ 3 & 2 & 0 & 0 & 2 \\ 4 & 0 & 3 & 4 & 0 \end{bmatrix} \rightarrow \begin{bmatrix} 7 & 3 & 1 & 5 & (0) \\ (0) & 6 & 3 & 3 & 2 \\ 1 & 6 & 7 & (0) & 4 \\ 3 & 2 & 0 & 0 & 2 \\ 4 & 0 & 3 & 4 & 0 \end{bmatrix} \rightarrow \begin{bmatrix} 7 & 3 & 1 & 5 & (0) \\ (0) & 6 & 3 & 3 & 2 \\ 1 & 6 & 7 & (0) & 4 \\ 3 & 2 & 0 & 0 & 2 \\ 4 & (0) & 3 & 4 & 0 \end{bmatrix}$$

$$\rightarrow \begin{bmatrix} 7 & 3 & 1 & 5 & (0) \\ (0) & 6 & 3 & 3 & 2 \\ 1 & 6 & 7 & (0) & 4 \\ 3 & 2 & (0) & 0 & 2 \\ 4 & (0) & 3 & 4 & 0 \end{bmatrix}$$

至此 $m=n=5$，所以得到最优解，就以这些标"()"号的 0 元素对应的决策变量 x_{ij} 为 1，其余 x_{ij} 为 0，所以最优解为

$$\boldsymbol{X} = \begin{bmatrix} 0 & 0 & 0 & 0 & 1 \\ 1 & 0 & 0 & 0 & 0 \\ 0 & 0 & 0 & 1 & 0 \\ 0 & 0 & 1 & 0 & 0 \\ 0 & 1 & 0 & 0 & 0 \end{bmatrix}$$

即表示由 A_1 建 B_5，由 A_2 建 B_1，由 A_3 建 B_4，由 A_4 建 B_3，由 A_5 建 B_2。

$$\min z_b = \sum_{i=1}^{n} \sum_{j=1}^{n} b_{ij} x_{ij} = 0$$

$$\min z = \sum_{i=1}^{n} \sum_{j=1}^{n} c_{ij} x_{ij} = c_{15} + c_{21} + c_{34} + c_{43} + c_{52} = 1 + 2 + 2 + 1 + 5 = 11$$

而在求 $\boldsymbol{B}$ 的过程中减去的数为

$$z_1 = 1 + 2 + 2 + 1 + 5 = 11$$

两者的数值相等，这是由于系数矩阵 $\boldsymbol{C}$ 变换为 $\boldsymbol{B}$ 时，目标函数值随之变化。

由于 $\sum_{j=1}^{n} x_{ij} = 1(i=1,2,\cdots,n)$，故对系数矩阵 $\boldsymbol{C}$ 的第 i 行减去该行的最小元素 a_i，等于在目标函数上减去 $a_i \sum_{j=1}^{n} x_{ij} = a_i \times 1 = a_i$。同理，由于 $\sum_{j=1}^{n} x_{ij} = 1(i=1,2,\cdots,n)$，故对系数矩阵 $\boldsymbol{C}$ 的第 j 列减去该列的最小元素 b_j，等于在目标函数上减去 b_j，故系数矩阵 $\boldsymbol{C}$ 变换成 $\boldsymbol{B}$，目标函数值变为

$$z' = z - \sum_{i=1}^{n} a_i - \sum_{j=1}^{n} b_j = \sum_{i=1}^{n} \sum_{j=1}^{n} b_{ij} x_{ij}$$

由于对变换后的系数矩阵 $\boldsymbol{B}$ 来说，目标函数值为 0，故有

$$z = \sum_{i=1}^{n} \sum_{j=1}^{n} c_{ij} x_{ij} = \sum_{i=1}^{n} a_i + \sum_{j=1}^{n} b_j$$

一般情况下，由以上两个步骤不一定能求出最优解。

$m<n$ 时，还需要转入第三步。下面以以下范例进行说明。

求下述系数矩阵所示的指派问题的最优解。

$$C = \begin{bmatrix} 5 & 8 & 8 & 6 \\ 4 & 6 & 5 & 8 \\ 6 & 10 & 7 & 4 \\ 9 & 9 & 7 & 3 \end{bmatrix}$$

求解过程如下。

第一步,求解 $B((b_{ij})_{n \times n})$。

$$C = \begin{bmatrix} 5 & 8 & 8 & 6 \\ 4 & 6 & 5 & 8 \\ 6 & 10 & 7 & 4 \\ 9 & 9 & 7 & 3 \end{bmatrix} \begin{matrix} \min \\ 5 \\ 4 \\ 4 \\ 3 \end{matrix} \rightarrow \begin{bmatrix} 0 & 3 & 3 & 1 \\ 0 & 2 & 1 & 4 \\ 2 & 6 & 3 & 0 \\ 6 & 6 & 4 & 0 \end{bmatrix} \rightarrow \begin{bmatrix} 0 & 1 & 2 & 1 \\ 0 & 0 & 0 & 4 \\ 2 & 4 & 2 & 0 \\ 6 & 4 & 3 & 0 \end{bmatrix} = B$$

$$\min \quad 0 \quad 2 \quad 1 \quad 0$$

第二步,试指派。

$$\begin{bmatrix} (0) & 1 & 2 & 1 \\ 0 & (0) & 0 & 4 \\ 2 & 4 & 2 & (0) \\ 6 & 4 & 3 & 0 \end{bmatrix}$$

第一行只有一个 0 元素,于是给 x_{11} 标上"()"号后划去第一列;再观察列,发现第二列只有一个 0 元素,于是给 x_{22} 标上"()"号后划去第二行;继续观察行,发现第三行有一个 0 元素,0 元素最少,于是给 x_{34} 标上"()"号后划去第四列。此时所有 0 元素都被覆盖了,但是由于 $m(=3)$ $<n(=4)$,所以未求出最优解,转入第三步。

第三步,为了增加独立 0 元素的个数,使得最终 $m = n$,需要对矩阵做进一步的变换。

(1) 从矩阵未被直线覆盖的数字中找出一个最小的元素 k。

(2) 对矩阵中的每一个未被直线覆盖的元素,减去它们之间的最小元素。

(3) 再给被覆盖两次的元素加上相同的最小元素。

(4) 转到第二步。

在该范例的矩阵 B 中未被直线覆盖部分(第一、三、四行)中找出最小元素为 1,然后在第一、三、四行未被直线覆盖部分各元素分别减去最小元素 1,给覆盖两次的元素 x_{21}, x_{24} 加上最小元素得到新矩阵

$$\begin{bmatrix} 0 & 0 & 1 & 1 \\ 1 & 0 & 0 & 5 \\ 2 & 3 & 1 & 0 \\ 6 & 3 & 2 & 0 \end{bmatrix}$$

转入第二步得

$$\begin{bmatrix} (0) & 0 & 1 & 1 \\ 1 & (0) & 0 & 5 \\ 2 & 3 & 1 & (0) \\ 6 & 3 & 2 & 0 \end{bmatrix}$$

由于 $m(=3) < n(=4)$,所以未求出最优解,再次转入第三步。

在矩阵 **B** 中未被直线覆盖部分(第三、四行)中找出最小元素为 1,然后在第三、四行各元素分别减去最小元素 1,给覆盖两次的元素 x_{14},x_{24} 加上最小元素得到新矩阵

$$\begin{bmatrix} 0 & 0 & 1 & 2 \\ 1 & 0 & 0 & 6 \\ 1 & 2 & 0 & 0 \\ 5 & 2 & 1 & 0 \end{bmatrix}$$

转入第二步:观察 0 元素最少的行,标记 x_{44},划去第四列;观察 0 元素最少的列,标记 x_{11},划去第一行;观察 0 元素最少的行和列,先后标记 x_{33},划去第三列和标记 x_{22},划去第二行。至此,全部 0 元素被覆盖,得矩阵

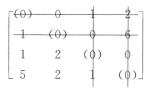

此时 $m=n=4$,得最优解

$$\begin{bmatrix} 1 & 0 & 0 & 0 \\ 0 & 1 & 0 & 0 \\ 0 & 0 & 1 & 0 \\ 0 & 0 & 0 & 1 \end{bmatrix}$$

目标函数值为

$$z=c_{11}+c_{22}+c_{33}+c_{44}=5+6+7+3=21$$

3.4.3 非标准指派问题的转化

与运输问题类似,我们在现实生活中常常会遇到许多非标准形式的指派问题。这种指派问题的求解思路是:先将它们转化为标准形式,再利用匈牙利法求解。

(1) 最大化的指派问题。

最大化指派问题的数学模型为

$$\max z = \sum_{i=1}^{n} \sum_{j=1}^{n} c_{ij} x_{ij} \tag{3.4.5}$$

$$\text{s. t.} \begin{cases} \sum_{i=1}^{n} x_{ij} = 1 & (j=1,2,\cdots,n) \\ \sum_{j=1}^{n} x_{ij} = 1 & (i=1,2,\cdots,n) \\ x_{ij} = 0,1 & (i,j=1,2,\cdots,n) \end{cases} \tag{3.4.6}$$

处理办法是,设最大化指派问题的系数矩阵为 $\boldsymbol{C}((c_{ij})_{n\times n})$,令 $\boldsymbol{B}=(b_{ij})_{n\times n}=(M-c_{ij})_{n\times n}$。其中 M 是足够大的常数(如选 $\boldsymbol{C}((c_{ij})_{n\times n})$ 中最大元素为 M),这时系数矩阵可变换为 $\boldsymbol{B}=(b_{ij})_{n\times n}$,$b_{ij} \geqslant 0$,符合匈牙利法的条件。

(2) 工作人员数 m 和任务数 n 不等的指派问题。

若 $m < n$,即"人少事多"(类似于运输问题的"供不应求"的情况),则可设一些虚拟的"工作

人员",使得人数与任务数相等,这些虚拟的"工作人员"做各项任务的效率系数 $c_{ij}=0$,表示分配给这些虚拟人的工作实际上不发生。

若 $m>n$,即"人多事少",则可设一些虚拟的"任务",使得任务数与人数相等,这些虚拟的"事"被各人完成的效率系数 $c_{ij}=0$,表示承担虚拟任务的人员实际处于休息状态。

(3)一个人可以做几件事的指派问题。若某人可做几件事,则将该人化作相同的几个"人"来接受指派,这几个"人"做同一件事的效率系数当然一样。

(4)某事需要多人共同完成。在非常需要团队合作的今天,很多事情需要由多人共同完成。对于这种情况,处理方法是将该任务的需求量由原来的"1"改为"k",表示这件事需要 k 个人共同完成,k 为已知正整数。

(5)某事不能由某人去做的指派问题。某事不能由某人去做,可将此人做此事的效率取作足够大的正数 M。

实例 3.4.1 分配甲、乙、丙、丁四个人去完成 A,B,C,D,E 五项任务,每人完成各项任务的时间如表 3.4.2 所示,由于任务重,人数少,考虑以下情况:任务 E 必须完成,其他四项任务可选三项完成,但甲不能做 A 项工作。试就以上问题确定最优分配方案,使完成任务的总时间最少。

表 3.4.2

任务 人员	A	B	C	D	E
甲	25	29	31	42	37
乙	39	38	26	20	33
丙	34	27	28	40	32
丁	24	42	36	23	45

解:这是一个人数与任务数不等的指派问题,若要用匈牙利法求解,需做以下处理。

由于任务数大于人数,所以需要虚拟一个人,设为"戊"。因为任务 E 必须完成,所以设戊完成 E 的时间为 M(M 为非常大的正数),即戊不能做任务 E,戊完成其余工作的时间为 0,又甲不能做任务 A,故把甲完成任务 A 的时间改为 M,由此建立的效率表如表 3.4.3 所示。

表 3.4.3

任务 人员	A	B	C	D	E
甲	M	29	31	42	37
乙	39	38	26	20	33
丙	34	27	28	40	32
丁	24	42	36	23	45
戊	0	0	0	0	M

用匈牙利法求解:

$$C=\begin{bmatrix} M & 29 & 31 & 42 & 37 \\ 39 & 38 & 26 & 20 & 33 \\ 34 & 27 & 28 & 40 & 32 \\ 24 & 42 & 36 & 23 & 45 \\ 0 & 0 & 0 & 0 & M \end{bmatrix} \rightarrow \begin{bmatrix} M & 0 & 2 & 13 & 3 \\ 19 & 18 & 6 & 0 & 8 \\ 7 & 0 & 1 & 13 & 0 \\ 1 & 19 & 13 & 0 & 17 \\ 0 & 0 & 0 & 0 & M \end{bmatrix} \rightarrow \begin{bmatrix} M & 0 & 2 & 13 & 3 \\ 19 & 18 & 6 & 0 & 8 \\ 7 & 0 & 1 & 13 & 0 \\ 1 & 19 & 13 & 0 & 17 \\ 0 & 0 & 0 & 0 & M \end{bmatrix}$$

未被直线覆盖的最小元素为 1,没有直线覆盖的数减去 1,被直线覆盖两次的数加 1,得

$$\begin{bmatrix} M & 0 & 1 & 13 & 2 \\ 18 & 18 & 5 & 0 & 7 \\ 7 & 1 & 1 & 14 & 0 \\ 0 & 19 & 12 & 0 & 16 \\ 0 & 1 & 0 & 1 & M \end{bmatrix} \rightarrow \begin{bmatrix} M & (0) & 1 & 13 & 2 \\ 18 & 18 & 5 & (0) & 7 \\ 7 & 1 & 1 & 14 & (0) \\ (0) & 19 & 12 & 0 & 16 \\ 0 & 1 & (0) & 1 & M \end{bmatrix}$$

得最优解

$$\begin{bmatrix} 0 & 1 & 0 & 0 & 0 \\ 0 & 0 & 0 & 1 & 0 \\ 0 & 0 & 0 & 0 & 1 \\ 1 & 0 & 0 & 0 & 0 \\ 0 & 0 & 1 & 0 & 0 \end{bmatrix}$$

从而得最优指派:甲→B,乙→D,丙→E,丁→A,任务 C 无人承担。耗费最少时间为

$$\min z = 29 + 20 + 32 + 24 = 105$$

实例 3.4.2 某作战单位有三种火器拟分配给 A,B,C,D 四名射手,各射手使用不同的火器的命中概率如表 3.4.4 所示,问如何安排,可使得总射击效果最好?

表 3.4.4

火器＼射手	A	B	C	D
1	0.4	0.9	0.8	0.5
2	0.9	0.8	0	0.2
3	0.6	0.8	0.7	0.8

解:令

$$x_{ij}=\begin{cases} 1, & \text{第 } i \text{ 件火器分配给第 } j \text{ 名射手} \\ 0, & \text{第 } i \text{ 件火器不分配给第 } j \text{ 名射手} \end{cases}$$

此问题是一个最大化的指派问题,火器数比人数少,要用匈牙利法求解,需做以下处理。

先虚设一种火器,并设每个人使用虚拟火器的命中概率是 0,这样系数矩阵为

$$(c_{ij})=\begin{bmatrix} 0.4 & 0.9 & 0.8 & 0.5 \\ 0.9 & 0.8 & 0 & 0.2 \\ 0.6 & 0.8 & 0.7 & 0.8 \\ 0 & 0 & 0 & 0 \end{bmatrix}$$

$$\max z = \sum_{i=1}^{6}\sum_{j=1}^{6} c_{ij}x_{ij}$$

再将其化为极小化问题

$$c = \max\{c_{ij}\} = 0.9, \quad c'_{ij} = c - c_{ij}$$

$$(c'_{ij}) = \begin{bmatrix} 0.5 & 0 & 0.1 & 0.4 \\ 0 & 0.1 & 0.9 & 0.7 \\ 0.3 & 0.1 & 0.2 & 0.1 \\ 0.9 & 0.9 & 0.9 & 0.9 \end{bmatrix}$$

这样便得到一个标准指派问题模型，这时可用匈牙利法求解。将矩阵(c'_{ij})变换为

$$(c'_{ij}) \rightarrow \begin{bmatrix} 0.5 & (0) & 0.1 & 0.4 \\ (0) & 0.1 & 0.9 & 0.7 \\ 0.2 & 2 & 0.1 & (0) \\ 0 & 0 & (0) & 0 \end{bmatrix}$$

可得最优分配方案：

$$X = \begin{bmatrix} 0 & 1 & 0 & 0 \\ 1 & 0 & 0 & 0 \\ 0 & 0 & 0 & 1 \\ 0 & 0 & 1 & 0 \end{bmatrix}$$

第一种火器分配给 B，第二种火器分配给 A，第三种火器分配给 D，总射击效果最好。

3.5   运输问题的扩展简介

运输问题是一类特殊的线性规划问题，由于实际问题的多样性，运输问题的模型也在最基本的传统模型的基础上不断地延伸和扩展。前面介绍的传统运输问题，主要目标是在给定的条件下，寻找总运费最少的运输方案，这里的给定条件主要指产量和销量的既定情况。然而，在现实中，根据不同的物资调运的实际状况，会遇到其他的给定条件即约束条件。根据不同的约束条件，人们对传统运输问题模型进行了各种调整和改进，提出了运输问题的很多变形及不同的算法。

从目标函数的角度来看，除了传统的总运费最少的运输问题以外，还有最短时限的运输问题、带瓶颈的运输问题、多目标的运输问题等。从约束函数的角度看，除了供应量和需求量给定的情况以外，还有供应量和需求量在某个区间变化的不确定性运输问题、带容量限制和手续费用的运输问题，以及时间窗口的运输问题等。从算法的角度考虑，对于各种运输问题，人们提出了很多不同的算法，除了表上作业法以外，还有图上作业法、遗传算法和神经网络算法等。

下面简单介绍两类扩展。

1. 带时间限制的运输问题

我们知道很多物品的运输在途时间不能太长，如生鲜农产品的运输时间太长会发生变质腐败等现象，从而造成更大的经济损失；而对于战时军用物资的运输，救灾抢险物资的运输，都必须首先考虑如何在最短的时间内把物资运送到需要的地点，即要提高运输的时效性。所以，在安排这类物资的运输方案时，主要目标就是要考虑在时间的约束下，寻求最优的调运方案，使得运输时间最少且总运费最少。这类问题通常被称为带时间限制的运输问题。自从 1989 年，Hammer 提出了时间最小化的运输问题以后，很多学者纷纷就带时间限制的运输问题进行研

究,并提出了很多改进算法。和传统的运输问题相比,带时间限制的最小费用运输问题除了原有的约束条件不变外还需要满足下列约束,即 $t_{ij} < T(i=1,2,\cdots,m;j=1,2,\cdots,n)$,其中 t_{ij} 表示从产地 A_i 到销地 B_j 实际运输物资所用的时间,T 是在途运输所允许的最长时间,即带时间限制的运输问题模型为

$$\min z = \sum_{i=1}^{m}\sum_{j=1}^{n} c_{ij}x_{ij}$$

$$\text{s. t.}\begin{cases} \sum_{j=1}^{n} x_{ij} = a_i & (i=1,2,\cdots,m) \\ \sum_{i=1}^{m} x_{ij} = b_j & (j=1,2,\cdots,n) \\ t_{ij} < T \\ x_{ij} \geqslant 0 \end{cases} \qquad (3.5.1)$$

一般地,对于带时间限制的最小费用运输问题,我们可以用单纯形法求解。当然,由于该问题的约束条件非常特殊,可以通过适当的转化,把各条路线上的运输时间限制转化为相应的运输量限制,从而构造出一个变量带上限的运输问题,进一步利用修改的表上作业法求解。各产地到各销地运输货物的总时间 t_{ij} 往往受到发货方式、装卸时间、从产地到销地的空载运输时间、受运输量影响的附加运输时间等不同因素的影响,在具体的问题中需进一步明确 t_{ij} 的构成,很多学者对此进行了各种研究,在此就不再详细展开。要强调的是,虽然传统的运输问题总存在最优解,但是带时间限制的运输问题不一定存在可行解。

2. 带容量限制的运输问题

在大宗商品物流的运输过程中,由于地理、交通等因素的影响,经常会出现从某个产地到某个销地单位时间内的最优调运量超过实际的通行能力的情况,也就是我们通过传统运输问题模型求出的最优方案已不能满足要求,运输系统中的运输能力已承担不了运量的发运需求,从而导致运输瓶颈的产生,限制了传统运输问题模型在实际中的应用。这类问题通常被称作带容量限制的运输问题。如何制定计划并安排物资的运输方案,才能既满足运输网络的容量要求,又使得总的运输成本最小,是带有容量限制的运输问题求解的主要目标。这一问题不仅在理论上,而且在交通、物流、通信、电路、石油管道等实际应用中都有着重要的意义。1955 年,Haley 首次提出了不同的运输方式有不同的容量限制的运输问题,并称之为立体运输问题。在近几十年的发展中基于确定和不确定环境的立体运输问题的解法和算法不断涌现。

对于确定的运输网络的容量限制,通常有两种情况。一种情况是确定的产地和销地之间存在确定的运输路线,且该运输路线的容量限制也是一定的。这类运输问题的模型比传统运输问题模型仅仅多了一个容量限制的约束条件,即 $x_{ij} \leqslant d_{ij}(i=1,2,\cdots,m;j=1,2,\cdots,n)$,即

$$\min z = \sum_{i=1}^{m}\sum_{j=1}^{n} c_{ij}x_{ij}$$

$$\text{s. t.}\begin{cases} \sum_{j=1}^{n} x_{ij} = a_i & (i=1,2,\cdots,m) \\ \sum_{i=1}^{m} x_{ij} = b_j & (j=1,2,\cdots,n) \\ x_{ij} \leqslant d_{ij} \\ x_{ij} \geqslant 0 \end{cases} \qquad (3.5.2)$$

其中 d_{ij} 表示从产地 A_i 到销地 B_j 的最大允许运输量,可以通过表上作业法的改进来求解。当然,当 m,n 比较大的时候,用表上作业法就比较烦琐,通常用计算机来处理此类问题。与传统运输问题总存在最优解不同,带容量限制的运输问题存在可行解必须满足一定的条件。

另一种情况是在确定的产地和销地之间,运输路线不确定,具有可选择性,整个运输网络中不同路段的运输容量限制不同,所以运输容量限制值是由所选择的运输路段确定的,即为所确定的运输路线中所有路段的容量限制值的最小值。在此类运输问题的网络图中,路段运输容量限制的约束,相当于网络图中弧的容量限制约束,这类基于总运费最少的带容量限制的运输问题通常转化为最小费用流问题。这是后面图论章节中所讨论的问题,在此不赘述。

▌▌➡ 思考题

1. 某厂按合同规定须于当年每个季度末分别提供 10 台,15 台,25 台,20 台同一规格的柴油机。已知该厂各季度的生产能力及生产每台柴油机的成本(单位:万元)如题表 3.1 所示,如果生产出来的柴油机当季不交货的,则每台每积压一个季度需储存、维护等费用 0.15 万元。试在完成合同的情况下,做出使该厂全年生产(包括储存、维护)费用最小的决策。

题表 3.1

季度	生产能力	单位成本
一	25	10.8
二	35	11.1
三	30	11.0
四	10	11.3

2. 某航运公司承担六个港口城市 A,B,C,D,E,F 的四条航线的物资运输任务。已知各航线的起点、终点城市及每天航班数如题表 3.2 所示,假定各条航线使用相同型号的船只,且各城市间的航程天数如题表 3.3 所示。每条航线船只每次装卸货的时间各需 1 天,则该航运公司至少应配备多少条船,才能满足所有航线的运货需求?

题表 3.2

航线	起点城市	终点城市	每天航班数
1	E	D	3
2	B	C	2
3	A	F	1
4	D	B	1

题表 3.3

起点	终点					
	A	B	C	D	E	F
A	0	1	2	14	7	7
B	1	0	3	13	8	8
C	2	3	0	15	5	5

续表

起点	终点					
	A	B	C	D	E	F
D	14	13	15	0	17	20
E	7	8	5	17	0	3
F	7	8	5	20	3	0

3. 现有四辆装载不同货物的待卸车,派班员要分派给四个装卸班组,每个班组卸一辆。由于各个班组的技术专长不同,各个班组卸不同车辆所需时间(单位:小时)如题表 3.4 所示。问:派班员应如何分配卸车任务,才能使卸车所花的总时间最少?

题表 3.4

装卸组	待卸车 P_1	待卸车 P_2	待卸车 P_3	待卸车 P_4
Ⅰ	4	3	4	1
Ⅱ	2	3	6	5
Ⅲ	4	3	5	4
Ⅳ	3	2	6	5

参 考 文 献

[1] 《运筹学》教材编写组. 运筹学[M]. 4 版. 北京:清华大学出版社,2012.

[2] 李荣钧. 运筹学导论[M]. 北京:科学出版社,2009.

[3] 李裕梅. 运筹学问题及算法的专题研究[M]. 北京:国防工业出版社,2011.

[4] 周溪召. 运筹学及应用[M]. 北京:化学工业出版社,2009.

[5] 叶向. 实用运筹学——运用 Excel 2010 建模和求解[M]. 2 版. 北京:中国人民大学出版社,2013.

[6] 陈立,黄立君. 物流运筹学[M] 北京:北京理工大学出版社,2008.

[7] 华长生,等. 运筹学教程例题分析与题解[M]. 北京:清华大学出版社,2012.

[8] 韩伯棠. 管理运筹学[M]. 2 版. 北京:高等教育出版社,2005.

[9] 刘瑞芹. 运筹学及其应用[M]. 徐州:中国矿业大学出版社,2012.

[10] 王广民,马林茂,李兰兰. 运筹学中运输问题求解算法及其扩展研究[J]. 长江大学学报(自然科学版),2011,8(10):1-5.

[11] 刘东圆. 运输能力限制下的运输问题研究[D]. 北京:北京交通大学,2009.

第4章

图论

JIANMING YINGYONG

YUNCHOUXUE

4.1 图论的起源和图的概念

图论中的图是一种拓扑结构,常用来表示自然界和人类社会中大量的事物之间的关系。例如,有若干个城市,有的两个城市之间有航线相通,有的两个城市之间没有航线相通,我们可以用点表示城市,用点间连线表示两个城市相通。又例如,在一群人中,有的两个人互相认识,有的两个人互相不认识,我们可以用点表示人,用点间连线表示两个人互相认识。图 4.1.1 所示就是一个关系图。

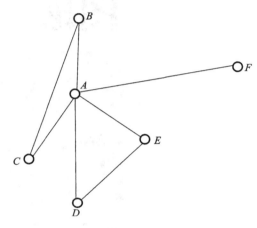

图 4.1.1

著名的哥尼斯堡七桥问题是图论的起源。在哥尼斯堡(今俄罗斯加里宁格勒)的一个公园里,有七座桥将普雷格尔河中的两个岛及岛与两岸连接起来(见图 4.1.2)。居民问:一个散步者从这四块陆地中任一块出发,是否可以恰好走过每一座桥一次,最后回到出发点。

这一问题提出后,很多人对此很感兴趣,纷纷进行试验,但在相当长的时间里,始终未能解决这一问题。利用普通数学知识,每座桥均走一次,总的走法一共有 7!(=5 040)种。这么多情况,要一一试验,将会是很大的工作量,而且,也得不到有价值的规律。

1735 年,有几名大学生写信给当时的大数学家欧拉,请他帮忙解决这一问题。欧拉在亲自观察了哥尼斯堡七桥后,认真思考走法,但始终没能成功,于是他怀疑:七桥问题是不是原本就无解呢?

1736 年,在经过一年的研究之后,29 岁的欧拉提交了论文《哥尼斯堡的七座桥》,圆满地解决了这一问题,同时开创了数学的一个崭新分支——图论。

在论文中,欧拉将七桥问题抽象出来,把每一块陆地考虑成一个点,连接两块陆地的桥以线表示,并由此得到了与图 4.1.3 一样的图形。我们分别用 A、B、C、D 四个点表示哥尼斯堡的四个陆地区域。这样,著名的七桥问题便转化为是否能够用一笔不重复地画出图中的七条线的问题了。若可以一笔画,则图形中必有终点和起点,并且起点和终点应该是同一点。假设以 A 点为起点和终点,则在 A 点处必有一条离开 A 点的线和一条对应的进入 A 点的线。进入 A 点的线的条数称为入度,离开 A 点的线的条数称为出度,与 A 点关联的线的条数称为 A 点的度,则

由于 A 点的出度和入度是相等的,因此 A 点的度应该为偶数,即要使得从 A 点出发有解,则 A 点的度数应该为偶数,而实际上 A 点的度数是 5,为奇数,于是可知从 A 点出发是无解的。同理,因为 B、C、D 三个点的度数分别是 3、3、5,都是奇数,所以从这三个点出发也是无解的,故哥尼斯堡七桥问题无解。

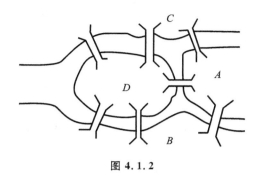

图 4.1.2   图 4.1.3

上面这些现象和问题都包含两个方面的内容:其一是一些对象,如城市、人群、陆地等;其二是这些对象两两之间的某种特定关系,如通航、互相认识等。为了表示这些对象和它们之间的关系,我们可以用一个点表示一个对象,称这些点为顶点。如果两个对象之间有所讨论的关系,就在相应的两点之间连上一条线,称这些线为边,这样就构成了一个图。

定义 4.1.1 一个图是一个拓扑结构,记为 $G = (V(G), E(G))$,其中 $V(G)$ 是顶点集合,$E(G)$ 为边集合。

这里所研究的图和平面几何中的图不同,图中的边只表示点与点之间有无某种关系,与边的形状和长度无关。

现实世界中有许多这样的结构,如物质结构、电路网络、城市规划、物资配送等都可以用一个图进行模拟。

图 4.1.4 所示是一个有向图,如果把有向图上的箭头去掉,则得到无向图。

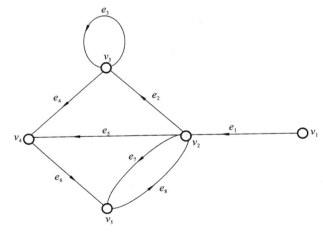

图 4.1.4

实例 4.1.1 在图 4.1.4 中,$V(G) = \{v_1, v_2, v_3, v_4, v_5\}$,$E(G) = \{e_1, e_2, e_3, e_4, e_5, e_6, e_7, e_8\}$ $= \{v_1v_2, v_2v_3, v_3v_3, v_3v_4, v_2v_4, v_4v_5, v_2v_5, v_5v_2\}$。

下面是图的一些相关概念。

边的端点：$e=uv$ 时，称点 u 与 v 是边 e 的端点。

关联：若边 e 的端点是 u 与 v，则称 e 与 u（和 v）相关联。

点相邻：同一条边的两个端点相邻。

邻边：与同一个点相关联的两条边叫作邻边。

环：两个端点重合的边叫作环。

重边：若连接两个点的边有两条，则称两条边为重边。

简单图：无环、无重边的图称为简单图。

完全图：任意两个顶点都相邻的图称为完全图，记为 K_n。图 4.1.5 所示是 K_5 同构的三种画法。

注意，在同构的意义下，我们认为图 4.1.5 中的三个图是同一个图。以后的图都遵循这个规则。

二部图（二分图）：$V(G) = X \bigcup Y, X \bigcap Y = \varnothing$，且 X 中的点两两不相邻，Y 中的点也两两不相邻；进一步，若 X 中每个顶点与 Y 中的每个顶点都相邻，则称 G 为完全二部图，记为 $K_{m,n}$，其中 $m = |X|$，$n = |Y|$。例如，图 4.1.6 所示是 $K_{3,3}$ 同构的三种画法。

星：完全二部图 $K_{1,n}$ 叫作星，如图 4.1.7 所示。

r 部图：$V(G)$ 划分成 r 个子集（部），每部中的点两两不相邻。

完全 r 部图：在一个 r 部图中，若两个顶点相邻，当且仅当这两个顶点不在同一部中，记成 $K_{m_1,m_2,\cdots,m_r}$，其中 V_i 表示第 i 部，且 $|V_i| = m_i (i = 1,2,\cdots,r)$。例如，图 4.1.8 所示是一个完全三部图 $K_{3,3,3}$。

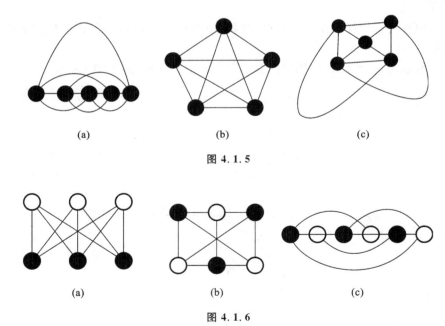

（a）　　　　　　　（b）　　　　　　　（c）

图 4.1.5

（a）　　　　　　　（b）　　　　　　　（c）

图 4.1.6

度：顶点 v 所关联的边的条数（每条环按两条边计算）称为度，记为 $d(v)$。

例如，$K_{3,3}$ 中每顶点的度皆为 3，$K_{3,3,3}$ 中每顶点的度皆为 6。K_n 中每顶点的度皆为 $n-1$。

图 4.1.7   图 4.1.8

注意,若无特别说明,本章中的图皆指无向图,且无环和重边,即简单图。

环,形如图 4.1.4 中的边 e_3;重边,形如图 4.1.4 中的边 e_7 和 e_8。

定理 4.1.1 $\sum_{v \in V(G)} d(v) = 2\varepsilon$,其中 ε 为图的边数。

这个定理表明,任一无向图的顶点的度数和是边数的两倍。

证明:无向图中一个顶点的度是关联于该顶点的边的数目,而每一条边关联两个顶点,因此所有顶点的度数之和等于边数的两倍。

说明:上面的证明偏重于文字性说明,严格的数学证明参见章后参考文献。

推论 4.1.1   任一图中的奇点(度数为奇数的点)的个数是偶数。

证明:设 V_e 是偶(even)次顶点的集合,V_o 是奇次(odd)顶点的集合,由定理 4.1.1 可得

$$\sum_{v \in V_e} d(v) + \sum_{v \in V_o} d(v) = 2\varepsilon$$

而 $\sum_{v \in V_e} d(v)$ 显然是偶数,故 $\sum_{v \in V_o} d(v) = 2\varepsilon - \sum_{v \in V_e} d(v)$ 亦为偶数。但 V_o 中的每个点 v 的度数 $d(v)$ 都是奇数,故 $|V_o|$ 必为偶数。

实例 4.1.2   晚会上很多人见面会互相握手,握手奇数次的人数是偶数。

证明:构造一个图如下。以参加晚会的人为顶点,仅当二人握手时,在相应的两个顶点之间连一条边。于是每人握手的次数即为图中相应顶点的度数。由推论 4.1.1 可知,奇点的个数是偶数,这就表示握过奇次手的人数为偶数。

实例 4.1.3   存在这样的多面体吗?它的面数是奇数,而且每个面由奇数条边围成。

分析:如果有这样的多面体,则构造一个图 G 如下。多面体的每个面对应着图 G 的一个顶点,当且仅当两个面有公共边界时,相应的两个顶点间连接一条边。由面数是奇数可知,$|V(G)|$ 是奇数。又由每个面由奇数条边围成可知,对任意 $v \in V(G)$,$d(v)$ 是奇数。但这样就会导致 $\sum_{v \in V(G)} d(v)$ 是奇数,与定理 4.1.1 矛盾,故这种多面体不存在。

实例 4.1.4   碳氢化合物中氢原子的个数是偶数。

证明:以碳原子和氢原子为顶点,以每条化学键为边,则每个碳氢化合物的分子就是一个图。由化学知识可知,每个氢原子的度数都是 1,为奇数,由推论 4.1.1 可知,分子中氢原子的个数是偶数。

定义 4.1.2   图 G 的一个链是指 $W = v_0 e_1 v_1 e_2 \cdots e_k v_k$ 中,其中 $e_i = v_{i-1} v_i \in E(G)(i = 1, 2, \cdots, k)$,$v_j \in V(G)$,$(j = 0, 1, \cdots, k)$。若 e_i 各不相同,且除了 v_0 和 v_k 可能相同外,所有 v_j 也各不相同,则称 W 是图 G 的一条路。当路 W 中 $v_0 = v_k$ 时,称路 W 是一个圈。

称 v_0 是路 W 的起点, v_k 为路 W 的终点, k 为路长, $v_i(1 \leqslant i \leqslant k-1)$ 为路 W 的内点。u,v 两顶点的距离是指以 u 与 v 为起止点的最短路的长度,记成 $d(u,v)$。若存在路以 u,v 为起止点,则称 u 与 v 在图 G 中连通,G 中任意两个顶点皆连通时,称 G 为连通图。若图 G 不是连通图,则易知 G 可以分成几个连通的部分,这些部分叫作 G 的连通分支。

定义 4.1.3 设 G 与 S 是两个图,若 $V(S) \subseteq V(G)$ 且 $E(S) \subseteq E(G)$,则称 S 是 G 的子图,记成 $S \subseteq G$;若 $S \subseteq G$,且 $V(S) = V(G)$,则称 S 是 G 的生成子图;若 $S \subseteq G$,且 $E(S)$ 由两端点都在 V' 中的那些 G 的边组成,则称 S 是 G 的导出子图。

定理 4.1.2 图 G 是二部图,当且仅当 G 中不存在奇圈。

证明:不妨设 G 是连通图,否则分别讨论它的每个连通分支。

设 G 是二部图,$X \bigcup Y = V(G)$。若 G 中有圈 $C = v_1 v_2 \cdots v_k v_1$,不妨设 $v_1 \in X$,则点 v_1,$v_3, \cdots, v_1$ 都在 X 中,点 $v_2, v_4, \cdots, v_k$ 都在 Y 中,由此可知 k 是偶数,即 C 是偶圈,故 G 中无奇圈。

若 G 是一个不含奇圈的图,则 G 是二部图。为此,在 G 上任取一个顶点 v_0,并以此把顶点集划分成 $V(G) = X \bigcup Y$,其中

$$X = \{\omega \mid \omega \in V(G), d(v_0, \omega) \text{ 是偶数}\}$$
$$Y = \{\omega \mid \omega \in V(G), d(v_0, \omega) \text{ 是奇数}\}$$

任取 $u, v \in X$,设 $P_1(v_0, u)$ 是从 v_0 到 u 的最短路,$P_2(v_0, v)$ 是从 v_0 到 v 的最短路,u_1 是 P_1 与 P_2 的最后一个公共顶点。由于 $P_1(v_0, u)$ 与 $P_2(v_0, v)$ 都是最短路,故 P_1 上的一段 $P_{11}(v_0, u_1)$ 与 P_2 上的一段 $P_{21}(v_0, u_1)$ 长度相等,且是从 v_0 到 u_1 的最短路。由于 $v_0, u, v \in X$,P_1 与 P_2 的长度都是偶数,因此 P_1 上的另一节 $P_{12}(u_1, u)$ 与 P_2 上的另一节 $P_{22}(u_1, v)$ 必有相同的奇偶性。若 u 与 v 相邻,则 $P_{12} \bigcup P_{22} \bigcup uv$ 就构成一个奇圈,与 G 中不含奇圈相矛盾,故 X 中的点两两不相邻。同理可以证明 Y 中的点也两两不相邻。由二部图定义可知,G 是二部图。

4.2 树

树是图论中一类基本的图,也是极其重要的一类图。树有很多重要的性质。对于其他类型的图,很多时候都可以从该图与树的关系方面入手进行研究。树广泛应用于计算机科学的数据结构中,如二叉树、堆以及数据压缩中的霍夫曼树等。

4.2.1 树的概念与性质

不含圈的连通图叫作树(tree)。图 4.2.1 给出了三个树,从左到右依次表示为 T_1,T_2 和 T_3。在树中,通常把度为 1 的顶点叫作叶子(leaf)。可以把任意一个点作为根(root),从而把树画成一棵真正的树的样子。例如,图 4.2.1 中的树 T_1 有 4 片叶子。

从上面的定义可知,既然树是连通的,那么树中的任意两个顶点之间存在一条路。一般来说,两点之间的路不一定唯一,但是在树上是唯一的。我们不加证明地给出下面几个定理,读者可以通过观察来理解,对证明有兴趣的读者可参考章后的有关文献。

定理 4.2.1 一个图 G 是树,当且仅当图 G 中的任意两点之间都有唯一的路相连。

定理 4.2.2 每个非平凡(至少有两个顶点)的树至少有 2 片叶子。

定理 4.2.3 n 个顶点的树有 $n-1$ 条边。

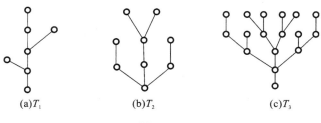

(a)T_1 (b)T_2 (c)T_3

图 4.2.1

4.2.2 最小生成树

要在 n 个城市之间铺设光缆，基本的要求是要使这 n 个城市中的任意两个之间都可以通信。由于铺设光缆的费用很高，且各个城市铺设光缆的费用不同，因此另一个要求是要使铺设光缆的总费用最低。这样的实际问题就涉及最小生成树（minimum spanning tree）。

加权图是通过对图的每一条边赋一个权值而得到的，这个权值在现实中可以表示两点之间的距离、运费、流量等。

如果图 G 是一个连通的加权图，图 H 是图 G 的一个子图，那么定义子图 H 的权是 H 中所有边的权之和。上面的实际问题就是，去寻找图 G 的一个权最小的连通生成子图。容易看出，权最小的连通生成子图必然是一棵树，因此也称为图 G 的最小生成树或最小支撑树。寻找最小生成树的问题就叫作最小生成树问题。

寻找最小生成树最著名的有效算法是克鲁斯卡（Kruskal）算法。

克鲁斯卡算法的原理如下。设图 G 是一个 n 阶连通的加权图，G 的一个最小生成树 T 可以这样构造：首先选取 G 中有最小权的一条边 e_1，接着在图 $G-e_1$ 中选取一条具有最小权的边 e_2。一般情况下，若已经选取了 k 条边 $e_1,e_1,\cdots,e_k(2\leqslant k\leqslant n-2)$ 则下一步选取 e_{k+1} 的标准是 e_{k+1} 的加入不会形成圈而且 e_{k+1} 的权尽可能小。

克鲁斯卡算法是一种很容易理解的贪心算法。可以证明，利用克鲁斯卡算法，总能产生一棵最小生成树。我们略去该算法的证明，有兴趣的读者可以参考章后的有关参考文献。

实例 4.2.1 确定图 4.2.2 所示连通加权图 G 的最小生成树。

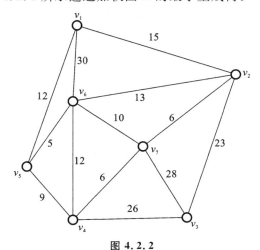

图 4.2.2

解：利用克鲁斯卡算法，我们构造 G 的一棵最小生成树 T 如下。首先，G 中权最小的边是 $e_1 = v_5 v_6$，它的权为 5；与 e_1 不构成圈的边的最小权为 6，有两条，我们任选一条，如 $e_2 = v_4 v_7$；与 $\{e_1, e_2\}$ 不构成圈的边的最小权为 6，$e_3 = v_2 v_7$；与 $\{e_1, e_2, e_3\}$ 不构成圈的边的最小权为 9，为 $e_4 = v_4 v_5$；与 $\{e_1, e_2, e_3, e_4\}$ 不构成圈的边的最小权为 12，为 $e_5 = v_1 v_5$；最后一个满足条件的边为 $v_2 v_3$。根据克鲁斯卡算法，T 是一棵最小生成树（见图 4.2.3）。此时的最小权为 $w(T) = 61$。

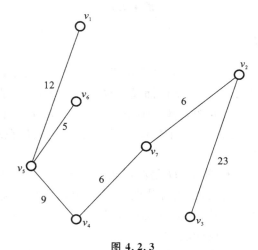

图 4.2.3

4.3　*最短路问题*

最短路问题是图论和组合优化中的一个经典问题，具有很强的现实意义。最短路不仅仅指一般意义上的距离最短，还可以是其他角度上的最短或最小，如时间、费用、线路容量等。

最短路问题是在一个加权图 G（也可以是有向图）中，找到两个点之间的一条路，使得这条路上所有边（或弧）权的总和最小，这个最小的和称为该两点之间的距离。

寻找加权图中两点之间最短路的第一个算法——Dijkstra 算法是由荷兰著名计算机专家 Dijkstra 在 1959 年提出的，这也是目前解决最短路问题最广为流传的算法。但这种算法有一个缺点：它不能解决含有负权的图的最短路问题。此后 Ford 提出了 Ford 算法。该算法能有效地解决含有负权的最短路问题，这就圆满地解决了最短路问题。本书只介绍 Dijkstra 算法。

无向图的每条边都是双向的，因此就相当于有相反方向的两条边，因此无向图也可以看作有向图，所以下面的 Dijkstra 算法就针对有向图进行叙述。

为方便 Dijkstra 算法的叙述，对任一加权有向图 D，如果任意指定两个点分别为起点（或发点）v_s 和收点 v_t，则算法可以看作是寻找从 v_s 到 v_t 的一条最短路，其实算法同时也找到了从 v_s 到所有其他顶点的最短路。

Dijkstra 算法适用于每条弧的权值非负的情况，它是一种双标号法。所谓双标号，是指对图中的每个点 v_j 赋予两个标号 (l_j, k_j)，第一个标号 l_j 表示从起点 v_s 到 v_j 最短路的长度，第二个标号 k_j 表示在 v_s 到 v_j 的最短路上 v_j 前面的那个点的下标，这样根据第二个标号就可以回溯最短路上的点。

现在给出此算法的基本步骤。

（1）以 v_1 为起点，给 v_1 以标号 $(0,\varnothing)$，表示从 v_1 到 v_1 的距离为 0，v_1 前面没有点。

（2）记录已标号的点的集合 I，未标号的点的集合 J，以及 I 和 J 之间的弧的集合 $\{(v_i,v_j)\mid v_i\in I,v_j\in J\}$。

（3）如果上述弧的集合是空集，则算法停止。这时，如果作为收点的 v_t 已标号 (l_t,k_t)，则 v_1 到 v_t 的距离即为 l_t，而从 v_1 到 v_t 的最短路径可以从 v_t 反向追踪到起点 v_1 而得到；如果 v_t 未标号，则不存在从 v_1 到 v_t 的有向路。

如果上述弧的集合不是空集，则转下一步。

（4）对上述弧的集合中的每条弧，计算 $s_{ij}=l_i+c_{ij}$，其中 c_{ij} 表示弧 (v_i,v_j) 的权。

在所有的 s_{ij} 中，找到值最小的一条弧，不妨设此弧为 (v_c,v_d)，给此弧的终点 v_d 标号 (s_{cd},c)，返回步骤（2）。

若在步骤（4）中，使得 s_{ij} 值最小的弧有多条，或这多条弧的终点不止一个，则既可以任选一条弧并据此标定这条弧的终点，也可选取所有这些弧并标定所有相应的终点，这样对应的是多条最短路。

实例 4.3.1 图 4.3.1 表示某个网络，弧上的数值表示从弧的起点到弧的终点的费用，求从 v_1 到 v_6 费用最少的运输线路。

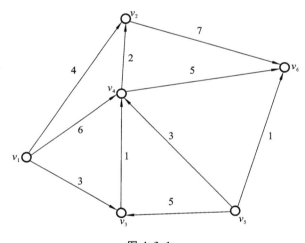

图 4.3.1

解：（1）以 v_1 为起点，并将点 v_1 标号为 $(0,\varnothing)$，表示从 v_1 到 v_1 距离为 0，v_1 为起点。

（2）这时已标定点的集合为 $I=\{v_1\}$，未标定点的集合为 $J=\{v_2,v_3,v_4,v_5,v_6\}$，$I$ 和 J 之间的弧的集合 $\{(v_i,v_j)\mid v_i\in I,v_j\in J\}=\{(v_1,v_2),(v_1,v_3),(v_1,v_4)\}$，并有

$$s_{12}=l_1+c_{12}=0+4=4$$
$$s_{13}=l_1+c_{13}=0+3=3$$
$$s_{14}=l_1+c_{14}=0+6=6$$
$$s_{13}=\min\{s_{12},s_{13},s_{14}\}=3$$

因此，我们将弧 (v_1,v_3) 的终点 v_3 标号为 $(3,1)$，表示从 v_1 到 v_3 的距离为 3，并且在 v_1 到 v_3 的最短路上 v_3 前面的一个点是 v_1。

（3）这时 $I = \{v_1, v_3\}$，$J = \{v_2, v_4, v_5, v_6\}$，$I$ 和 J 之间的弧的集合 $\{(v_i, v_j) \mid v_i \in I, v_j \in J\} = \{(v_1, v_2), (v_1, v_4), (v_3, v_4)\}$，并有

$$s_{34} = l_3 + c_{34} = 3 + 1 = 4$$
$$\min\{s_{12}, s_{14}, s_{34}\} = 4 = s_{12} = s_{34}$$

因此，我们将弧 (v_1, v_2) 的终点 v_2 标号为 $(4, 1)$，表示从 v_1 到 v_2 的距离为 4，并且在 v_1 到 v_2 的最短路上 v_2 前面的一个点是 v_1；将弧 (v_3, v_4) 的终点 v_4 标号为 $(4, 3)$，表示从 v_1 到 v_4 的距离为 4，并且在 v_1 到 v_4 的最短路上 v_4 前面的一个点是 v_3。

（4）这时 $I = \{v_1, v_2, v_3, v_4\}$，$J = \{v_5, v_6\}$，$I$ 和 J 之间的弧的集合 $\{(v_i, v_j) \mid v_i \in I, v_j \in J\} = \{(v_2, v_6), (v_4, v_6)\}$，并有

$$s_{26} = l_2 + c_{26} = 4 + 7 = 11$$
$$s_{46} = l_4 + c_{46} = 4 + 5 = 9$$
$$\min\{s_{26}, s_{46}\} = 9 = s_{46}$$

因此，将点 v_6 标号为 $(9, 4)$，表示从 v_1 到 v_6 的距离是 9，并且在 v_1 到 v_6 的最短路上 v_6 前面的一个点是 v_4。

（5）这时 $I = \{v_1, v_2, v_3, v_4, v_6\}$，$J = \{v_5\}$，$I$ 和 J 之间的弧的集合 $\{(v_i, v_j) \mid v_i \in I, v_j \in J\} = \varnothing$，算法停止。此时 $J = \{v_5\}$，也即 v_5 还未标号，这说明没有从 v_1 到 v_5 的路。

根据终点 v_6 的标号 $(9, 4)$ 可知，从 v_1 到 v_6 的距离是 9，并根据标号追溯最短路上的点如下。从 v_6 的标号 $(9, 4)$ 可知最短路上 v_6 的前面是 v_4，从 v_4 的标号 $(4, 3)$ 可知 v_4 的前面是 v_3，从 v_3 的标号 $(3, 1)$ 可知 v_3 的前面是 v_1。因此，从 v_1 到 v_6 的最短路为 $v_1 \rightarrow v_3 \rightarrow v_4 \rightarrow v_6$。

类似地，我们可以从各点 v_i 的标号得到 v_1 至 v_i 的最短路。对于没有被标号的点，说明不存在从 v_1 到该点的最短路（当然也不存在从 v_1 到该点的路），本例中的 v_5 就是这样的点。

4.4　最大流问题

流量问题常见于许多实际的网络系统，如公交系统中有顾客流，运输物流系统中有货物流，商业系统中有信息流和资金流，等等。这些网络都可以看作有发点、收点及中间点的有向图，每条弧上都有容量的限制，如何使整个网络传输的流量达到最大，就是网络的最大流问题（maximum flow problem）。这一问题显然具有重要的实际意义。

4.4.1　概念与性质

定义 4.4.1　弧容量与容量网络：

在图 4.4.1 所示的有向图 $D = (V, A)$ 中，V 是顶点的集合，A 是弧的集合。任一弧 $(v_i, v_j) \in A$，对应一个权 $c_{ij} \geqslant 0$，它表示弧 (v_i, v_j) 的最大流通能力，称为该弧的容量。

指定 V 中的任意一点为发点（记为 v_s），另一点为收点（记为 v_t），则其余点叫作中间点。这样的赋权有向图也称为一个容量网络，记 $N = (V, A, B)$。

定义 4.4.2　弧的流量与可行流：

弧 (v_i, v_j) 的实际通过量 x_{ij} 称为该弧的流量，这是网络中的决策变量。

弧集 A 上的流量集合 $f = \{x_{ij}\}$ 称为整个网络上的一个流。

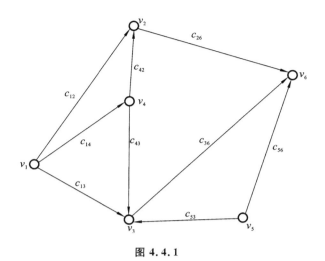

图 4.4.1

随便给每条弧分配一个流量显然是不现实的。事实上,一个可行流 f 需要满足下列两个条件。

(1) 容量限制: $0 \leqslant x_{ij} \leqslant c_{ij}$。

(2) 平衡条件:任一中间点的流出量等于流入量。这是因为中间点只起中转作用。

定义 4.4.3 前向弧与后向弧:

在网络 $N=(V, A, B)$ 中,设 μ 是从发点 v_s 到收点 v_t 的一条链,规定链的方向是从 v_s 到 v_t,则链 μ 上的弧可分为以下两类。

若弧的方向与链 μ 的方向一致,则称弧为前向弧。前向弧的集合记为 μ^{+}。

若弧的方向与链 μ 的方向不一致,则称弧为后向弧。后向弧的集合记为 μ^{-}。

例如,在图 4.4.1 中,令发点为 v_1、收点为 v_6,则 $\mu=(v_1, v_2, v_4, v_3, v_6)$ 是一条链,而且 $\mu^{+}=\{(v_1, v_2), (v_4, v_3), (v_3, v_6)\}$,$\mu^{-}=\{(v_4, v_2)\}$。

定义 4.4.4 饱和弧与非饱和弧:

设网络 N 中的一个可行流 $f=\{x_{ij}\}$。根据弧 (v_i, v_j) 的流量 x_{ij} 与容量 c_{ij} 的比较,满足 $x_{ij}=c_{ij}$ 的弧称为饱和弧,满足 $x_{ij}<c_{ij}$ 的弧称为非饱和弧。非饱和弧的流量可以增大。

定义 4.4.5 零弧与非零弧:

设网络 N 中的一个可行流 $f=\{x_{ij}\}$,满足 $x_{ij}=0$ 的弧称为零弧,满足 $x_{ij}>0$ 的弧称为非零弧。零弧的流量不能减少。非零弧的流量可以减少,但不能为负。

定义 4.4.6 可扩充流量的路:

设 $f=\{x_{ij}\}$ 是一可行流,μ 是从 v_s 到 v_t 的一条链,若链 μ 满足下面两个条件之一,则称 μ 是一条关于可行流 f 的可扩充流量的路,亦称可增广链。

(1) μ 上的所有前向弧为非饱和弧,即满足 $x_{ij}<c_{ij}$。

(2) μ 上的所有后向弧为非零弧,即满足 $x_{ij}>0$。

事实上,沿着一条可增广链可以增大现有的可行流。

定义 4.4.7 网络流量与最大流:

在一个可行流 f 中,发点的流出量(或收点的流入量)叫作 f 的流量,记作 $v(f)$。

一个容量网络 $N=(V, A, B)$ 的诸可行流中,流量 $v(f)$ 最大的可行流,称为最大流,记

作 f^*。

解决最大流问题可采用数学规划方法。

最大流问题的数学规划模型为

$$\max v(f)$$

$$\text{s. t.} \begin{cases} \sum_{(v_i,v_j)\in A} x_{ij} = \sum_{(v_j,v_i)\in A} x_{ji} = 0 \quad (i\neq s,t) \\ \sum_{(v_s,v_j)\in A} x_{sj} - \sum_{(v_j,v_s)\in A} x_{js} = v(f) \\ \sum_{(v_i,v_j)\in A} x_{tj} - \sum_{(v_j,v_i)\in A} x_{jt} = -v(f) \\ 0 \leqslant x_{ij} \leqslant c_{ij} \\ (v_i,v_j)\in A \end{cases}$$

尽管采用数学规划方法可以解决最大流问题,但下文的标号方法更简单、更常用。

网络最大流定理:可行流 $f=\{x_{ij}\}$ 是网络 N 的一个最大流的充要条件是不存在从 v_s 到 v_t 的增广链。

4.4.2 求最大流的标号算法

根据网络最大流定理,1956 年,福特(Ford)和富尔克森(Fulkerson)提出了寻求网络最大流的福特-富尔克森算法(Ford-Fulkerson algorithm)。该算法的基本思路是,从任一可行流开始,寻求关于这个可行流的可增广链,若存在,则调整该可行流,得到一个新的可行流,新可行流的流量比原来的可行流要大。重复这个过程,直到不存在关于该流的可增广链时就得到了最大流。

该算法可分为两步:第一步是标号过程,通过标号来寻找可增广链;第二步是调整过程,沿可增广链调整现有的可行流,以增加流量。

1. 标号过程

标号过程从一个可行流 f 开始,若网络中没有给定可行流 f,则一般从零流 $f=\{0\}$ 开始。

在标号过程中,将网络中的点区分为标号点和未标号点。标号由路标和增减量两个部分组成。路标表明可增广链的来龙去脉,路标前的"+""-"号表示是前向弧还是后向弧;增减量是前向弧可以增加的流量,或者是后向弧可以减少的流量。具体的标号过程如下。

(1)给发点 v_s 标上$(+v_s,\theta_s)$,v_s 成为已标号但尚未检查的点,此时其余点都未标号。

(2)取一个已标号而未检查的点 v_i,依次检查与 v_i 相接且未标号的所有点 v_j,并按下列规则处理。

若有以 v_i 为起点的弧(v_i,v_j)且满足 $x_{ij}<c_{ij}$,则给 v_j 标号$(+v_i,\theta_j)$,这里 $\theta_j=\min\{\theta_i,c_{ij}-x_{ij}\}$。于是,$v_j$ 成为已标号但尚未检查的点;若 $x_{ij}=c_{ij}$,则不能给点 v_j 标号。

若有以 v_i 为终点的弧(v_j,v_i)且满足 $x_{ji}>0$,则给 v_j 标号$(-v_i,\theta_j)$,这里 $\theta_j=\min\{\theta_i,x_{ji}\}$,$v_j$ 成为已标号但尚未检查的点;若 $x_{ji}=0$,则不能给点 v_j 标号。

此时,v_i 成为已标号而且已检查的点,可在它的标号处做个适当标记表示已检查。

重复(2),直到收点 v_t 被标号或不再有顶点可被标号为止。

(3)若 v_t 有了标号,则意味着存在一条可增广链,转入调整过程;若 v_t 未标号,则表明此网络已不存在可增广链,算法停止,此时的可行流就是最大流。

2. 调整过程

(1) 根据路标,反向追踪找出 v_s 到 v_t 的可增广链 μ;调整量 $\theta=\theta_t$。

(2) 调整可行流的流量,得新的可行流 $f'=\{x'_{ij}\}$。调整方法如下:对于可增广链上的前向弧 μ^+,弧的流量加上 θ;对于可增广链上的后向弧 μ^-,弧的流量减去 θ;不属于可增广链上的其余弧的流量不变,即

$$x'_{ij}=\begin{cases} x_{ij}, & (v_i,v_j)\notin\mu \\ x_{ij}+\theta, & (v_i,v_j)\in\mu^+ \\ x_{ij}-\theta, & (v_i,v_j)\in\mu^- \end{cases}$$

(3) 抹去所有标号,对新的可行流 $f'=\{x'_{ij}\}$,重新进入标号过程。

实例 4.4.1　图 4.4.2 表示一个由供货、配送和销售三个环节组成的流通网络的流量分布,各弧上括号里的前一个数字表示弧的容量,后一个数字是目前的实际流量。其中,v_1,v_2 为两家供货商,供货商 v_1 的最大供货能力为 30,供货商 v_2 的最大供货能力为 24。v_3,v_4 是两个配送中心的仓库。v_5,v_6,v_7 代表三个销售市场,市场 v_5 的容量为 10 而现有需求量为 8,市场 v_6 的容量为 20 而现有需求量为 16,市场 v_7 的容量为 16 而现有需求量为 12。试求这个配送网络的最大流方案。

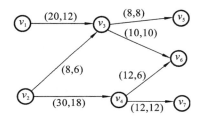

图 4.4.2

解:为了便于寻求网络最大流,增加一个虚拟的发点 v_s 作为总的供货源;增加弧 (v_s,v_1) 与 (v_s,v_2) 表示两条虚拟的供货路径,它们的容量分别为供应商 v_1 和 v_2 的最大供货能力,流量分别为它们的现有流出量,即图 4.4.3(配送网络的可行流)左边虚线上的数字。

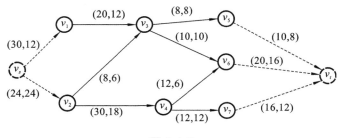

图 4.4.3

再添加一个虚拟的收点 v_t;添加弧 (v_5,v_t)、(v_6,v_t) 与 (v_7,v_t),这三条弧表示三条虚拟的收货路径,它们的容量分别不低于目标市场 v_5、v_6 和 v_7 的最大市场容量,流量分别为它们的现有流入量,即图 4.4.3 右边虚线上的数字。

由于图 4.4.2 中的流量是目前的实际流量,并经过合理的添加,由图 4.4.2 得到了图

4.4.3，因此这时的图 4.4.3 中的流量分布就是一个可行流。事实上，首先，各条弧的流量显然都没有超过其容量，因此满足容量限制；其次，中间点 $v_1, v_2, \cdots, v_7$ 的流入量都等于其流出量，且发点 v_s 的流出量为 36（即 $12+24$），等于收点 v_t 的流入量 36（即 $8+16+12$），因此也满足平衡条件。这说明图 4.4.3 所示是配送网络的可行流。

（1）标号过程。

①给 v_s 标上（$+v_s, \infty$）。

②检查 v_s。前向弧（v_s, v_1）上，$x_{s1} < c_{s1}$，$\theta_1 = \min\{\theta_s, c_{s1} - x_{s1}\} = \min\{\infty, 30-12\} = 18$，$v_1$ 的标号为（$+v_s, 18$）；前向弧（v_s, v_2）上，由于 $x_{s2} = c_{s2}$，故为饱和弧，不满足标号条件，不能给 v_2 标号。v_s 已被检查，在它的标号旁标记一个小三角符号（见图 4.4.4）。

③ v_1 是已标号但未被检查的点，故检查 v_1。前向弧（v_1, v_3）上，$x_{13} < c_{13}$，$\theta_3 = \min\{\theta_1, c_{13} - x_{13}\} = \min\{18, 20-12\} = 8$，故给 v_3 标号（$+v_1, 8$）。v_1 已被检查，在它的标号旁标记小三角符号。

④ v_3 是已标号但未被检查的点，故检查 v_3。前向弧（v_3, v_5）和（v_3, v_6）都是饱和弧，故不满足标号条件；后向弧（v_2, v_3）上，因为 $x_{23} > 0$，$\theta_2 = \min\{\theta_3, x_{23}\} = \min\{8, 6\} = 6$，故将 v_2 标号（$-v_3, 6$）。v_3 已被检查，故在它的标号旁标记小三角符号。

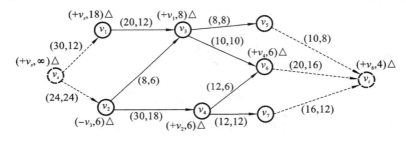

图 4.4.4

⑤现在 v_2 是已标号但未被检查的点，故检查 v_2。前向弧（v_2, v_4）上，$x_{24} < c_{24}$，$\theta_4 = \min\{\theta_2, c_{24} - x_{24}\} = \min\{6, 30-18\} = 6$，故给 v_4 标号（$+v_2, 6$）；虽然前向弧（v_2, v_3）是非饱和弧，但 v_3 是已标号的点，它的标号不再改变。

⑥同理，检查 v_4 后，给 v_6 标号（$+v_4, 6$）；检查 v_6 后，给 v_t 标号（$+v_6, 4$）。

⑦由于收点 v_t 已有标号，根据算法转入调整过程。

（2）调整过程。

从收点 v_t 开始，根据每个点的第一个标号，反向追踪找出 v_s 到 v_t 的可增广链 μ，$\mu = \{v_s, v_1, v_3, v_2, v_4, v_6, v_t\}$。其中，前向弧的集合 $\mu^+ = \{(v_s, v_1), (v_1, v_3), (v_2, v_4), (v_4, v_6), (v_6, v_t)\}$，后向弧的集合 $\mu^- = \{(v_2, v_3)\}$。由收点 v_t 的第二个标号知，调整量 $\theta = 4$。进行流量调整，每个前向弧的流量都加上 4，后向弧（v_2, v_3）的流量减去 4，其余弧的流量不变，调整后的可行流如图 4.4.5 所示。

（3）二次迭代。

再对图 4.4.5 进行标号。先给 v_s 标上（$+v_s, \infty$）；检查 v_s，弧（v_s, v_1）上，$x_{s1} < c_{s1}$，$\theta_1 = \min\{\theta_s, c_{s1} - x_{s1}\} = \min\{\infty, 30-16\} = 14$，故给 v_1 标号（$+v_s, 14$）；检查 v_1，前向弧（v_1, v_3）上，$x_{13} < c_{13}$，$\theta_3 = \min\{\theta_1, c_{13} - x_{13}\} = \min\{14, 20-16\} = 4$，故给 v_3 标号（$+v_1, 4$）；检查

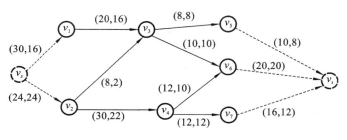

图 4.4.5

v_3，前向弧（v_3，v_5）和（v_3，v_6）都是饱和弧，但后向弧（v_2，v_3）是非零弧，$\theta_2 = \min\{\theta_3, x_{23}\} = \min\{4, 2\} = 2$，故给 v_2 标号（$-v_3$，2）；检查 v_2，前向弧（v_2，v_1）上，$x_{24} < c_{24}$，$\theta_1 = \min\{\theta_2, c_{24} - x_{24}\} = \min\{2, 30-22\} = 2$，故给 v_1 标号（$+v_2$，2）；检查 v_4，前向弧（v_4，v_6）上，$x_{46} < c_{46}$，$\theta_6 = \min\{\theta_4, c_{46} - x_{46}\} = \min\{2, 12-10\} = 2$，故给 v_6 标号（$+v_4$，2）；检查 v_6，不满足标号条件。所有已标号的点都被检查过了，但收点 v_t 仍没被标号，说明图 4.4.5中的可行流已是最大流。最大流量为：$f^* = x_{s1} + x_{s2} = x_{5t} + x_{6t} + x_{7t} = 40$。

4.4.3　最大流与最小截

最大流问题能够帮助我们最大限度地使用网络容量，具有重要的实际意义。那么，影响整个网络的流量的原因或根源在什么地方呢？通过下面最大流与最小截的关系，能更深刻地理解其中的原因。

1. 截集、截量与最小截集

对于网络 $N=(V, A, B)$，如果将 V 分为两个子集 S 和 $\overline{S}$，使得发点 $v_s \in S$，收点 $v_t \in \overline{S}$，则起点属于 S 而终点属于 $\overline{S}$ 的所有弧的集合称为截集，记为 $(S, \overline{S})$。

截集 $(S, \overline{S})$ 中所有弧的容量之和，称为这个截集的容量，简称截量，记为 $C(S, \overline{S})$。

截量最小的截集称为最小截集。

2. 最大流-最小截定理

网络中任一可行流的流量恒不超过任一截集的截量，称为流量-截量定理。

网络 N 中，从发点 v_s 到收点 v_t 的最大流量等于分离 v_s 和 v_t 的最小截集的截量，称为最大流-最小截定理。

在图 4.4.5 中，由于弧（v_3，v_5），（v_6，v_t），（v_4，v_7）都是饱和弧，我们据此截开，$S = \{v_s, v_1, v_2, v_3, v_4, v_6\}$，$\overline{S} = \{v_5, v_7, v_t\}$，得到截集 $(S, \overline{S}) = \{(v_3, v_5), (v_6, v_t), (v_4, v_7)\}$，它的截量为 20（即 $4+10+6$）。这其实是一个最小截集，也就是制约整个网络的流量的根源所在。

由于最小截量的大小制约着总流量的提高，因此，为了提高总流量，可以考虑提高最小截量中各弧的流量；另一方面，若我们想减小整个网络的流量，则可以考虑减小最小截集中弧的容量。

4.5　有趣的一笔画

回想 4.1 节中的哥尼斯堡七桥问题，欧拉将此问题成功转化成图论中的一笔画问题，即能否一笔画出一个图,使每条边都被无遗漏且无重复地画到? 当然,哥尼斯堡七桥问题要求一笔画之后还要回到原来的出发点,而一般意义上的一笔画对此并不做要求。

如果图 G 是一条从 v_1 到 v_{n+1} 的链,那么这条链上除了 v_1 和 v_{n+1} 之外的顶点 $v_i(i=2,3,\cdots,n)$ 都是度数为偶数的点,这是因为对任一中间点 v_i 来说,有一条进入 v_i 的边就有一条离开 v_i 的边,v_i 关联的边总是成对出现的,故图 G 至多有两个奇点,即 v_1 与 v_{n+1}。如果 G 是一个闭链,则 v_1 与 v_{n+1} 重合,那么 v_1 与 v_{n+1} 也是偶点。因此,如果图 G 是一条链,那么 G 的奇点的个数等于 2 或 0,换句话说,如果一个图的奇点个数大于 2,那么这个图就肯定不是一条链,从而不能一笔画。

定理 4.5.1 图 G 能够一笔画,即 G 是一条链的充要条件是 G 是连通图且奇点个数等于 0 或 2。

证明:必要性上面实际已经证明,下面证明充分性。

设 G 连通,且奇点的个数为 0,下面证明 G 一定是一个闭链。

从 G 中任一顶点 v_0 出发,经关联的边 e_1 进入 v_1,因为 v_1 的度数是偶数,必存在由 v_1 关联的另一边 e_2,则由 e_2 可进入下一个点 v_2,如此继续下去,每条边恰好经过一次,经过若干步后必可回到 v_0,于是得到一个闭链 μ_1——$v_0 v_1 \cdots v_0$,此处的写法中,我们略去了链中的边。

如果 μ_1 恰好是图 G,则命题得证。否则,在 G 中去掉 μ_1 的边后得到子图 G_1,显然 G_1 中每个顶点也都是偶度点。因为 G 是连通的,所以 G_1 和 μ_1 必定存在一个公共顶点 u。同理于上面的分析,在 G_1 中存在一个从 u 出发到 u 的一个闭链 μ_2。于是,μ_1 和 μ_2 合起来仍是一个闭链。重复上述过程,因为 G 的边是有限的,这个过程总会完成,最后得到的圈恰好就是图 G。

如果 G 连通,奇点个数为 2,下面证明 G 一定是一个链。

设 u、v 是两个奇点,在 u、v 之间添加一条新的边 e 得到图 G'。于是,G' 中奇点个数为 0。根据上面的分析,G' 是一个闭链。从 G' 中去掉 e 后又回到图 G 便是一条链。证毕。

进一步会提出如下问题:若一个连通图的奇点个数不是 0 和 2,那么要多少笔才能画成呢? 由于一个图中的奇点个数是偶数(因为所有点的度数和为偶数),于是有下面的结论。

定理 4.5.2 如果连通图 G 有 $2k$ 个奇点,则图 G 恰好可以用 k 笔画成。

证明:把这 $2k$ 个奇点任意分成 k 对——$v_1, v'_1; v_2, v'_2; \cdots; v_k, v'_k$。在每对点 v_i, v'_i 之间添加一条新的边 e_i,记所得的图为 G',则 G' 没有奇点,所以 G' 是一个闭链。把这 k 条新添的边去掉。易知,每次去掉边 e_i,就会从现有的链中分离出一条从 v_i 到 v'_i 的链,因此最终得到 k 条链。这说明图 G 是可以用 k 笔画成的。

设图 G 可以分成 h 条链,由定理 4.5.1 可知,每条链上至多有两个奇点,所以 $2h \geqslant 2k$,即 $h \geqslant k$。图 G 至少要用 k 笔才能画成。证毕。

实例 4.5.1 在图 4.5.1 中,甲、乙两只蚂蚁分别从 A、B 两点出发比赛,看谁先把这个图中的九条边都爬遍后,最后到达 D 点。假设两只蚂蚁爬行的速度相同且同时开始,那么,哪只蚂蚁会先到达 D 点呢?

解:不难发现,图 4.5.1 是连通图,且有 2 个奇点。根据定理 4.5.1 可知,它是一条链,可以一笔画。

由于 B 点是奇点,D 点也是奇点,所以从 B 点到 D 点可以完成一笔画,如 $BAFEDAEBCD$。因此,对蚂蚁乙来说,它可以从 B 点出发,恰好经过每条边一次,最后到达 D 点。

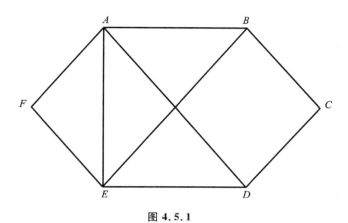

图 4.5.1

但顶点 A 是偶顶点,根据定理 4.5.1,从 A 点出发不能完成一笔画,故从 A 点出发到达 D 点要重复经过至少一条边。因此,蚂蚁乙比蚂蚁甲先爬到 D 点。

一笔画可以解决许多实际问题。例如著名的中国邮递员问题,一个邮递员从邮局出发,要走完他所管辖范围内的每一条街道再返回邮局,如何选择一条尽可能短的路线?该问题的命名源于中国数学家管梅谷在 1962 年首先提出了这个问题。

如果用顶点表示交叉路口,用边表示街道,那么邮递员所管辖的范围就可以用一个加权图来表示,其中边的权重表示对应街道的长度。那么,中国邮递员问题就可用图论语言叙述为:在一个具有非负权的加权连通图 G 中,找出一条权最小的闭链(环游),这种环游称为最优环游。若 G 本身是一个闭链,则从任意一点出发都可完成一笔画后回到起点,都是最优环游。若 G 本身不是一个闭链,则 G 的任意一个环游必定通过某些边不止一次,这时的最优环游就比较复杂了,此处不过多叙述,有兴趣的读者可查阅章后参考文献中的图论书籍。

另外,在诸如电子布线、网络通信和分子生物学等领域中,都可能涉及一笔画的原理。

4.6 哈密顿路与哈密顿圈

一笔画问题解决的是经过每条边恰好一次的问题,下面探讨经过每个顶点恰好一次的路的问题。

定义 4.6.1 经过图中每个顶点恰好一次的路称为哈密顿路,若哈密顿路的起点和终点是同一个点,则称为哈密顿圈。也就是说,在图 $G=(V,E)$ 中,若 $V=\{x_0,x_1,\cdots,x_{n-1},x_n\}$ 并且对 $0 \leqslant i < j \leqslant n$ 来说有 $x_i \neq x_j$,则路 $x_0,x_1,\cdots,x_{n-1},x_n$ 称为哈密顿路,而圈 $x_0,x_1,\cdots,x_{n-1},x_n$ 称为哈密顿圈。

哈密顿路和哈密顿圈来自英国数学家哈密顿提出的一个智力题。如图 4.6.1(a)所示,十二面体有 20 个顶点和 12 个正五边形的表面。在哈密顿的智力题中,20 个顶点表示世界上的 20 个城市。智力题要求从一个城市开始,沿十二面体的边旅行,访问其他 19 个城市,每个城市恰好被访问一次,最后回到出发的城市结束。

若把图 4.6.1(a)压扁,则这个智力题的一个等价问题如图 4.6.1(b)所示:是否具有恰好经过每个顶点一次的回路(圈)?

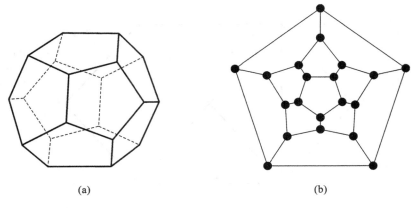

(a)　　　　　　　　　　(b)

图 4.6.1

这个问题已由哈密顿本人解决。他的答案如图 4.6.2 所示。图 4.6.2(b)中按照标号从小到大的自然顺序 1 到 20 再回到 1,就形成了一个哈密顿圈,也就达到了哈密顿本人所说的周游世界的目的。

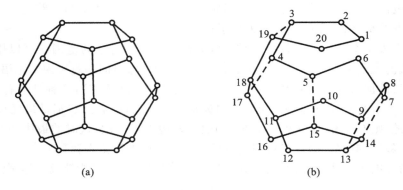

(a)　　　　　　　　　　(b)

图 4.6.2

若将哈密顿圈标注在压扁的平面图上,则一种标注方式如图 4.6.3 所示。

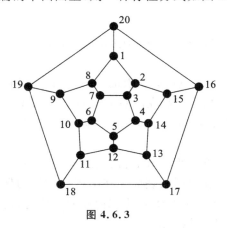

图 4.6.3

中国著名数学家苏步青(1902—2003)也对该问题进行了深入的研究,并得到了一个有趣的解法。苏步青从图 4.6.1(b)中 12 个大大小小的五边形中,挑出了 6 个,再把这 6 个五边形按照它们在图 4.6.1(a)所在的位置进行所谓的"摊平",就得到了一个有 20 个顶点的二十边形。那么,哈密顿圈问题就转化成了从二十边形的某点出发,沿着二十边形的边界走一圈的问题了。苏步青的详细方法,读者可参阅章后有关文献。

判定一个图是否具有哈密顿圈,是图论中著名的难题之一。对于个别特殊的图形,哈密顿问题有解;对于一般的图形,迄今为止还没有找到哈密顿问题的有效算法。

哈密顿问题引人入胜而且与许多其他有趣的问题都有关系。例如货郎问题,就是货郎必须到每个村庄售货,怎样走才能使路程最短?这个问题可以经过某些顶点不止一次,但要求总的行程最短。货郎问题可以看作哈密顿问题的一个扩展,因此也就比哈密顿圈问题更难解决。

这类问题的研究,促进了图论和组合优化问题的研究,也促进了运筹学和拓扑学等学科的发展 。

实例 4.6.1　在图 4.6.4 中,哪些图具有哈密顿圈,或者虽然没有哈密顿圈但是有哈密顿路?

解:左边的图有哈密顿圈 $ABCDEA$;中间的图没有哈密顿圈,但是有哈密顿路 $EABCD$;右边的图既无哈密顿圈也无哈密顿路。

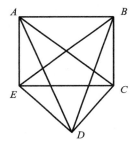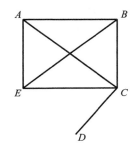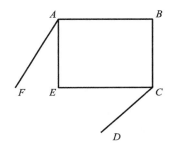

图 4.6.4

是否存在简单的方式判定一个图有无哈密顿圈或哈密顿路?

令人吃惊的是,迄今为止还没有人能发现判定哈密顿圈简单的办法,也就是充要条件。但在一些特殊的情况下,人们还是能回答存在或不存在,如有一些定理给出了存在哈密顿圈的充分条件,也可根据某些特性来否定一个图中存在哈密顿圈。例如,含有 1 度点的图不存在哈密顿圈,这是因为在哈密顿圈中显然每个顶点都关联圈中的两条边。另外,若图中有 2 度点,则关联这个顶点的两条边属于任意一条哈密顿圈。再例如,一个哈密顿圈不能包含更小的圈。

实例 4.6.2　当 $n \geqslant 3$ 时,完全图 K_n 有哈密顿圈。

解:事实上,从 K_n 中的任意一个顶点开始,并以任意顺序来访问下一个顶点,总能够经过所有的点并返回起点,从而形成哈密顿圈。这样做是可能的,因为在 K_n 中任意两个顶点之间都有边。

一个直观的认识很有意思:一般来说,一个图的边越多,这个图似乎就越有可能存在哈密顿圈;另外,如果一个图有哈密顿圈,那么加入边后仍然有哈密顿圈,但若去掉边后就可能没有了哈密顿圈。事实上,若我们对一个图不断地加边,则它就可以变成一个完全图,根据实例 4.6.3 的结论,完全图就有哈密顿圈。因此,我们有充分的理由相信,如果一个图的各个顶点的度足够大,则这个图就一定存在哈密顿圈。这就是下面分别由狄拉克和欧尔证明的两个定理。

定理 4.6.1　设 G 是有 n 个顶点的简单图,其中 $n \geqslant 3$。若 G 中每个顶点的度都大于或等

于 $n/2$，则 G 中存在哈密顿圈。

定理 4.6.2 设 G 是有 n 个顶点的简单图，其中 $n \geqslant 3$。若对于 G 中每一对不相邻的顶点 u 和 v，都有 $d(u) + d(v) \geqslant n$，则 G 中存在哈密顿圈。

4.7 网络计划方法

作为一个管理者，常常面临着一些复杂、大型的工程项目，即使在日常生活中，某个事项也可能比较复杂。这些项目一般涉及大量的独立的工作、工序或活动，这就需要编制计划、安排进度，才能以最优的方式完成整个项目，这是管理的重要内容。

网络计划方法起源于美国，是项目计划管理的一个重要方法。早在 20 世纪 50 年代，美国就有一些工程师和数学家开始了对这方面的探索和研究。1957 年，美国杜邦化学公司首次采用关键路线法（critical path method，CPM），第一年就节省了 100 多万美元。1958 年，美国海军武器局下面的一个特别规划室在研制北极星导弹潜艇时，运用了被称为计划审评技术（program evaluation and review technique，PERT）的一种计划方法，使北极星导弹潜艇比预定计划提前两年完成，不仅提高了效率和进度，还节约了 $10\% \sim 15\%$ 的成本。20 世纪 60 年代，我国开始引入网络计划方法，并将它运用于我国各类大型工程项目的计划和管理中。

网络计划方法特别适用于生产技术复杂、项目繁多且又联系紧密的一些需要跨部门协作的工作计划。例如，大楼、工厂、机场和高速公路等大型工程项目的建设，大型复杂设备的维修，以及复杂系统的设计、安装与调试等。

这种网络计划方法，根据统筹安排的特点，也被称为统筹方法。它大致包括绘制计划网络图、进度安排、网络优化等环节。下面我们分别讨论这些内容。

4.7.1 建筑工序网络计划

一个大型建筑的建设包含大大小小的各种工序，所以可以采用网络计划方法。首先绘制网络图，用以描述具体的施工计划，以及各工序之间的先后顺序。然后找出其中的关键路线，明了影响施工进度的关键因素。在此基础上，就可以协调安排，确保整个建筑项目能够顺畅地完成。

现在有某个建筑施工项目的工序表，如表 4.7.1 所示。

表 4.7.1

工序	工序代码	持续时间/天	紧前工序
挖地基	A	25	/
打地基	B	12	A
主体施工	C	80	B
封顶	D	10	C
线路安装	E	18	C
管道安装	F	20	C
室内装修	G	35	D,E,F

绘制一个项目的网络图时,从起点开始,根据各道工序的紧前工作或紧后工作绘制网络,直到整个项目的终点。表 4.7.1 中所说的工序 B 的紧前工序是工序 A,是指工序 A 结束后,紧接着就可以进行工序 B,工序 B 也称为工序 A 的紧后工序。在表 4.7.1 中,只给出了各道工序的紧前工序,可以根据表中的信息得到各道工序的紧后工序如下:工序 A 的紧后工序是工序 B,工序 B 的紧后工序是工序 C,工序 C 的紧后工序是工序 D、工序 E、工序 F,工序 D、工序 E、工序 F 的紧后工序是工序 G,工序 G 没有紧后工序。

根据上述信息,就可以绘制这个建筑工程的网络图了,绘制结果如图 4.7.1 所示。网络图中的点表示一个事件,是一个或若干个工序的开始或结束,点用圆圈表示,圆圈里面的数字表示点的编号。弧表示一个工序。弧的方向是从工序的开始指向工序的结束,在弧的上面标注各工序的代号,在弧的下面可标注该工序所需的时间(或消耗的资源等)等数据(也可以看作是这条弧的权值)。

需要注意的是,图中的虚线表示一个虚工序,虚工序是实际上并不存在而虚设的工序,只是为了用来表示相邻工序之间的先后顺序,虚工序不需要人力、物力等资源与时间,在本例中虚工序持续时间为零。

读者可能会问:既然工序 D、工序 E、工序 F 的紧后工序是工序 G,那么是否可以从点 5、6、7 分别向点 8 引一条弧,共三条弧? 事实上,这样是不可以的。这是因为,不同的弧表示不同的工序,这三条弧不可能都对应工序 H。例如,序号 5 和序号 6 之间的虚线表示工序 D(封顶)的紧后工序是工序 G(室内装修)。同样的,序号 6 和序号 7 之间的虚线表示工序 F(管道安装)的紧后工序也是工序 G(室内装修)。

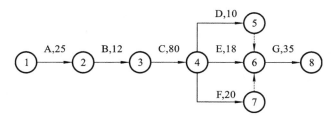

图 4.7.1

接下来寻找关键路线。关键路线的作用是求得完成工程所需的最少时间。在网络图上从发点开始,连续不断地到达收点的一条路称为一条路线。一条路线既可以用这条路上的点表示,也可以用这条路上的弧或弧上的工序表示,例如,在图 4.7.1 中,路 A—B—C—F—G 就是一条路线,要走完这条路线,也就是完成这条路线上的五个工序需要的时间为$(25+12+80+20+35)$天$=172$ 天,称这个数值为路线的长。我们要干完整个工程就必须走完所有这样的线路,由于某些工序可以同时进行,所以网络中最长的路线就决定了完成整个工程所需的最少时间,因此我们把这条路线称为关键路线,其他的路线称为非关键路线。关键路线的意义就在于,如果我们设法缩短了关键路线的长度,我们就缩短了整个工程的完成时间;同样,如果我们延长了这个长度,那么我们也就延长了整个工程的完工时间。

不难发现,图 4.7.1 中的 A—B—C—F—G 就是一条关键线路,由它的长度可以知道,整个工程需要的时间为 172 天。

4.7.2 网络时间

由 4.7.1 小节可以看出,在绘制出网络图之后,网络时间的计算是很重要的一项工作,尤其是在工序复杂的大型项目中,没有相关的网络时间的计算,就得不到关键路线,或者不能掌握和优化整个工程的进度。

事实上,在一个复杂的工程项目中,我们需要计算下面的几个数据。

(1) 每个工序的最早开始时间与最早结束时间。

(2) 每个工序的最迟开始时间与最迟结束时间。

(3) 完成整个项目的最少时间。

(4) 关键路线及其相应的关键工序。

(5) 非关键工序的优化,即在不影响整个工程的完成时间的前提下,非关键工序的开始时间与结束时间可以延后多久。

仍以图 4.7.1 所示的建筑施工项目网络图为例。

每道工序的最早开始时间就是这道工序能够开始的最早时间,最早结束时间就是这道工序能够干完的最早时间;最迟开始时间就是这道工序能够开始的最晚时间,最迟结束时间就是这道工序能够干完的最晚时间。

1. 最早时间的计算(自起点向终点计算)

网络图中各道工序的最早开始时间和最早结束时间,从前往后依次计算。第一道工序的最早开始时间和最迟开始时间都是 0,这也是整个项目的起点。接着,我们根据网络图中的箭头所指示的各道工序之间的衔接关系和各项工作的持续时间,从整个图的发点开始计算,就能够得到每道工序的最早开始时间和最早结束时间。这里注意,一道工序的最早开始时间应该等于它的所有紧前工序的最早完成时间的最大值;一道工序的最早结束时间等于它的最早开始时间加上它的持续时间,可表示为下面的公式:

ES(最早开始时间)= 各紧前工序 EF(最早结束时间)的最大值。

EF(最早结束时间)= 当前工序的 ES(最早开始时间)+ T(当前工序的持续时间)

按照上面的计算方法,可将图 4.7.1 所示网络图中各道工序的最早开始时间和最早结束时间列成表,如表 4.7.2 所示。

表 4.7.2

工序	工序代码	紧后工序代码	持续时间/天	最早开始时间 ES	最早结束时间 EF
挖地基	A	B	25	0	0+25=25
打地基	B	C	12	25	25+12=37
主体施工	C	D,E,F	80	37	37+80=117
封顶	D	G	10	117	117+10=127
线路安装	E	G	18	117	117+18=135
管道安装	F	G	20	117	117+20=137
室内装修	G	\	35	137	137+35=172

我们也可以将最早开始时间和最早结束时间等数据直接标在网络图上,得到图 4.7.2。在

每道工序下方的括号中,左边数字表示这道工序的最早开始时间,右边数字表示这道工序的最早结束时间。

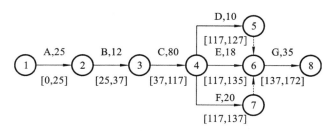

图 4.7.2

2. 最晚时间的计算(自终点向起点计算)

如何计算网络图中各道工序的最迟开始时间和最迟结束时间? 这里主要的方法是从后往前计算。在网络图中,整个项目有一个确切的结束时间。如图 4.7.1 所示的建筑施工项目,它的结束时间为 172 天,这个数值是不能变的,因此我们就从这个数值从后往前计算。显然,最后一道工序是 G,它的最迟结束时间就是 172,用最迟结束时间减去 G 的持续时间 35 天,就得到了 G 的最迟开始时间为 $172-35=137$。

另外,每道工序的最迟开始时间同样是它的紧前工序的最迟结束时间,这就可以使得我们从后往前计算,依次得到每道工序的最迟结束时间和最迟开始时间,用公式表示如下:

LF(最迟结束时间)=各紧后工序 LS(最迟开始时间)的最小值(默认:尾道工序的 LF =尾道工序的 EF)

LS(最迟开始时间)=当前工序的 LF(最迟结束时间)$-T$(当前工序的持续时间)

将图 4.7.1 中各道工序的最迟完成时间和最迟开始时间计算结果列成表,得到表 4.7.3。

表 4.7.3

工序	工序代码	紧前工序代码	持续时间/天	最迟结束时间 LF	最迟开始时间 LS
挖地基	A	\	25	25	$25-25=0$
打地基	B	A	12	37	$37-12=25$
主体施工	C	B	80	117	$117-80=37$
封顶	D	C	10	137	$137-10=127$
线路安装	E	C	18	137	$137-18=119$
管道安装	F	C	20	137	$137-20=117$
室内装修	G	D、E、F	35	172	$172-35=137$

当然,也可以将最迟结束时间和最迟开始时间标注在网络图上,如图 4.7.3 所示。其中,在每道工序下方的括号中,左边数字表示这道工序的最迟开始时间,右边数字表示这道工序的最迟结束时间。

下面的几个参数也属于网络时间,对于它们的计算方法,我们列出来供读者阅读,不做详细阐述,有兴趣的读者可参阅有关文献。

T_d(总工期)=LF_n(尾道工序的 LF)

T_F(总时差)=当前工序的 LS-当前工序的 ES=当前工序的 LF-当前工序的 EF

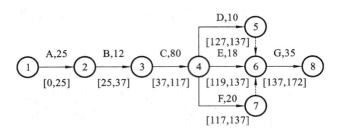

图 4.7.3

FF(自由时差)＝各紧后工序 ES 的最小值－当前工序的 EF(默认:尾道工序的 FF＝0)

确定关键线路(关键工序):所有 T_F＝0 的工序为关键工序。

在计算出网络时间的基础上,我们就可以根据工期、成本对工程安排进行调整,以使工程安排达到优化。在实际生产中,工期和成本是确定最优安排最常见的技术经济指标,在一定约束条件下综合考虑成本与工期两者的相互关系,通过对比每道工序的计划进度与实际进度、计划成本与实际成本,以期得到成本低、工期短这样的最优结合点。

4.8 图论应用及某些前沿问题简介

20 世纪中叶以后,随着计算机的发展,图论在解决实际问题方面得到了广泛的应用,如应用于交通运输、军事作战、电子、物理、化学、天文、地理、生物等许多领域。事实上,大量的实际问题都涉及组合优化问题,而这就必然要用到图的各种知识和方法。

网络神经科学是一个较新的正在蓬勃发展的领域。大脑网络的经验数据具有很大的规模和复杂性,并且还在不断增加,这就需要寻找到合适的工具和方法进行建模并分析大脑网络数据。一名美国学者在《图论方法:在脑网络中的应用》一书中,指出图论方法对研究和理解大脑网络的结构、发展和进化的重要意义。由于人脑连接是复杂的,基于图论的分析已成为分析脑成像数据的一种强大而流行的方法。

化学图论主要研究化学分子图的拓扑不变量和拓扑性质及其与化合物的理化性质之间的相关性。它在预测、合成新的化合物、新的药品方面有很重要的应用。化学分子是标准的图结构,可以用一个图 $G＝(V,E)$ 的每个顶点代表分子中的原子,这时每条边就代表原子之间形成的化学键。这种图就叫作分子图。分子拓扑指数以及分子图的不变量是现代化学图论中相当前沿和活跃的研究领域,它们能够被用来描述有机化合物的很多理化特性,尤其是药理特性。1947 年,Winener 提出了第一个分子拓扑指数(称为 Winener 指数),此后数百种分子拓扑指数在数学和化学领域中被广泛研究。

信息通信网是现代信息社会的重要基础设施之一。人们对信息化网络所提供的服务的需求促进了信息通信技术及网络的快速发展。在通信网中,通过建立网络的图论数学模型进行网络规划和流量优化,是提高和确保网络通信质量的重要手段之一。同时,图论作为一种迅速的组合优化研究工具,在计算机通信系统传递信息时间方面有着广泛的应用。图论中有关网络的一些算法,可以很好地解决通信网的最短路径问题。最经典的有 Dijkstra 算法及其改进算法、Ford-Moore-Bellman 算法、Yen 算法、Ford-Fulkerson 算法、Floyd-Warshall 算法等。

自 20 世纪 80 年代来,组合矩阵论作为数学的一个分支,快速地兴起和发展起来。组合矩阵论是组合学、图论和线性代数的有机结合体。它利用矩阵论和线性代数对组合定理进行证明及分析,描述了一些定性组合性质。同时,它运用组合方法分析和证明了一些代数问题,如经典的 Hamilton-Cayley 定理。许多科学领域所建立的模型系统中的很多定性性质与数学模型是一致的,所以组合矩阵论不但与众多的数学领域有密切的联系,而且在信息科学、社会学、经济学、生物学、化学、计算机科学理论和控制论等领域都有具体而实际的应用背景,因此组合矩阵论是一个非常活跃、重要的研究领域。组合矩阵论是研究智能系统和机械器件性能及其设计的强有力的数学工具。例如,利用图形的拓扑与几何特性,运用定性与定量的分析方法,可以在机械器件中设计出变节距滚子链,从而达到对多边形效应的补偿作用。再例如,将智能系统与通信系统中各元件之间的相互联系与影响程度抽象为图模型,利用图论与符号模型矩阵的相关知识对图形进行研究,可以判断智能系统的稳定性。

图论已经渗透组合学、矩阵学、计算机学、管理学、分析学、系统工程学等领域。在信息科学与网络技术迅猛发展的时代,图论的方法已经作为一个有力的工具而被广泛运用。

图的控制参数问题是目前图论中十分活跃的一类前沿问题。虽然图的控制数理论始于 20 世纪 60 年代,但它的研究历史可以追溯到一百多年前。1862 年,De Jaenisch 研究了这样一个问题:在一个国际象棋棋盘上,最少放置几个皇后就可控制(攻击)或占据所有的方格? 这个最小的数目就叫作国际象棋棋盘这个图的控制数(domination number)。这可以看作图的控制数问题的最早形式。

再看一个更有实际意义的例子。如图 4.8.1 所示,用图 $G=(V,E)$ 表示一个通信网络。点集 $V(G)$ 表示该通信网络的所有节点,边集 $E(G)$ 中的边表示连接两个网络节点的通信线路。为了监视网络中所有节点的运行状态,需要在网络中的某些节点上放置一种监视设备,如果在某个节点上放置了监视设备,则该节点和所有与之相邻的节点都被监视到了。但放置每个这样的监视设备往往需要一定的费用。基于费用最小化的考虑,在保证所有节点(整个网络)被监视的条件下,应该选择尽可能少的监视设备。能够监视整个网络的被选择节点的集合就是图 G 的控制集,最小的一个控制集中的点的个数就是图 G 的控制数。

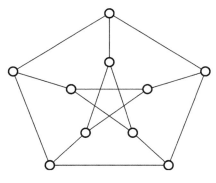

图 4.8.1

到了 1960 年前后,学者们开始对图的控制数进行系统、深入的数学研究。所公认的图的控制数理论是由 Berge 和 Ore 共同建立的。自此后的 20 多年中,这一理论开始引起人们的广泛关注并得到迅速发展。据 1990 年 *Discrete Mathematics* 出版的一期控制集专刊的统计,截至当时,关于控制数问题的文献就已经有 400 多篇。1998 年,美国学者 Haynes,Hedetniemi 等人在进行系统总结后,首次出版了两本关于图的控制数理论的专著 *Fundamentals of Domination in Graphs* 和 *Domination in Graphs —Advanced Topics*。其中,*Fundamentals of Domination in Graphs* 中引用了 1 200 多个关于控制参数的文献。此后,有关控制数的文献还在大量涌现,并方兴未艾,目前控制数仍然是学术研究的一个热点和前沿问题。

▌▌➡ 思考题

1. 题图 4.1 所示是 10 个收货点间的一张交通图,某快递公司的揽货车需要去这些地点收件。请找出从 v_1 到 v_{10} 的最短线路。

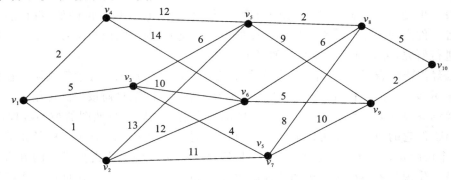

题图 **4.1**

2. 求题图 4.2 所示加权图的一颗最小生成树,其中每条边旁的数字表示这条边的权。

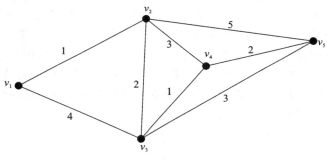

题图 **4.2**

3. 题图 4.3 表示连接产地 v_s 与销地 v_t 之间的交通网络,每条弧旁的数字表示这条运输线路的最大运输能力,请设计一个运输方案,使得从 v_s 到 v_t 能够运送尽可能多的产品。

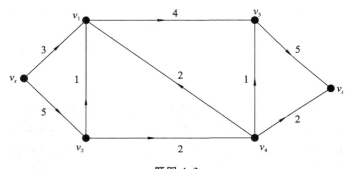

题图 **4.3**

4. 某公司需要确定使用期为五年的一种设备的更换方案。已知各年购买设备和维修设备的价格。购买设备的费用如题表 4.1 所示。试求最优的设备更换方案。

题表 4.1

年	1	2	3	4	5
价格	11	11	12	12	13
维修费	5	6	8	11	18

5. 请根据题表 4.2 绘制计划网络图,并计算出每道工序的最早开始时间、最早结束时间、最迟开始时间、最迟结束时间,然后找出关键工序并确定关键路线,最后计算出完成整个工程的最少时间。

题表 4.2

工序	紧前工序	持续时间/天
A	/	4
B	/	8
C	A,B	10
D	A,B	8
E	B	6
F	C	4
G	D,E	8

6. 请根据题表 4.3 绘制计划网络图,计算每道工序的最早开始时间、最早结束时间、最迟开始时间、最迟结束时间,找出关键路线,并计算完成整个工程所需的最少时间。

题表 4.3

工序	紧前工序	持续时间/天
A	/	31
B	/	19
C	A	7
D	B	11
E	B,C	24
F	D	11
G	F	15
H	E	16
I	G,H	15

参 考 文 献

[1] 罗森(Kenneth H. Rosen). 离散数学及其应用(原书第 6 版)[M]. 袁宗义,等,译。北京:机械工业出版社,2011.

［2］ 亚瑟·本杰明(Arthur Benjamin),加里·查特兰(Gary Chartrand),张萍.图论———一个
迷人的世界[M].程晓亮,等,译.北京:机械工业出版社,2016.

［3］ 王树禾.图论[M].北京:科学出版社,2004.

［4］ 韩伯棠.管理运筹学[M].3 版.北京:高等教育出版社,2010.

［5］ 韩伯棠,艾凤义.管理运筹学习题集[M].3 版.北京:高等教育出版社,2010.

［6］ 《数学辞海》编辑委员会.数学辞海(第二卷)[M].太原:山西教育出版社,2002.

［7］ 李慕南,姜忠喆.有滋有味读科学[M].长春:北方妇女儿童出版社,2012.

［8］ Fressard M,Cossart E. A graph theory tool for assessing structural sediment
connectivity:development and application in the Mercurey vineyards[J].Science of the
Total Environment,2019,651:2566-2584.

第5章

博弈论

JIANMING YINGYONG

YUNCHOUXUE

5.1 博弈论概述

5.1.1 有趣的博弈论

博弈论广泛存在。从广义上来说,只要涉及人的互动,就有博弈。通俗地讲,博弈就是指在游戏中选择一种策略。博弈的英文为"game",我们一般将它翻译成"游戏"。而在西方语言中,"game"的意义与汉语中的"游戏"略有不同。在英语中,"game"是指人们遵循一定规则的活动,进行活动的人的目的是让自己取胜(赢)。而自己在和对手竞赛或游戏的时候怎样使自己取胜呢? 这不但要考虑自己的策略,还要分析对手的选择,所以博弈论又是一门学问,不是随意地胡乱选择。

我们所熟知的下棋,不论是中国象棋、围棋,还是国际象棋等,都是博弈;司机在拥挤的道路上开车时也在与其他车辆的司机进行博弈;在拍卖会中,文物爱好者为了得到一件文物要与其他竞拍者进行博弈;企业和工会之间的工资谈判是一种讨价还价式的博弈;在法庭上,控辩双方律师也在进行博弈,等等。

由上述广泛的博弈论例子可知,博弈论的重要性当然是不言而喻的,不过博弈理论家并不认为自己对世上的所有问题都有答案,严格的博弈理论研究的主要是人们之间相互理性作用的结果,因此无法预测生活中大量的非理性行为。作为严格的理论,博弈论有两个基本的假设:人的自私性和理性。这一假设也是基本合理的,因此研究人们深思熟虑的行为不是在浪费时间,而是确有必要。

即使人们并没有事先经过认真思考,也并不意味着他们的行为就是非理性的。博弈论在解释昆虫和植物的行为方面也取得了引人注目的成就,但昆虫和植物显然是不会思考的。对这一现象的一个合理的解释是:因为带非理性行为基因的昆虫和植物灭绝了,因此现存昆虫和植物的行为看起来都是理性的。在人类社会中也有相似的现象:企业并不总是掌握在聪明人的手里,但是因为市场往往会像大自然一样无情地淘汰适应性差的企业,因此现存的企业看起来都是优秀的。

5.1.2 博弈论的历史与发展

对博弈问题的研究可上溯到 18 世纪初甚至更早,但博弈论真正得到发展——或者说形成系统的理论——是在 20 世纪,而且时至今日,博弈论总体上仍然是在不断发展的学科。

我国古代的"田忌赛马"就是一个著名的博弈论经典事例。春秋战国时期,齐国的大将田忌和齐王约定,要进行一场赛马比赛。各自将自己的马都分为上、中、下三等,分三组进行比赛,三局两胜。由于齐王每个等级的马都比田忌的马强一些,所以在正常情况下,田忌必败。当时齐国一个著名的谋臣孙膑给田忌出了一个主意:先以田忌的下等马对齐王的上等马,第一局田忌输了;接着进行第二场比赛,以田忌的上等马对齐王的中等马,田忌扳回一局;第三局比赛,以田忌的中等马对齐王的下等马,田忌又胜一局。比赛的结果是三局两胜,田忌赢了齐王。还是同样的马匹,由于调换了比赛的出场顺序,就得到转败为胜的结果。

除了上面的田忌赛马,在博弈论的发展过程中还有许多其他著名的代表性案例。例如:

1500 年前巴比伦犹太教法典中的"婚姻合同问题",被认为是最早使用现代合作博弈理论的案例;1838 年古诺提出古诺模型(也称古诺双寡头模型),它是纳什均衡(Nash equilibrium)应用的最早版本;1913 年齐默罗提出象棋博弈定理和逆推归纳法,其中逆推归纳法是研究动态博弈的经典方法;1921—1927 年波雷尔提出"混合策略"的第一个现代表述,并给出有数种策略的两人博弈的极小化极大解;1928 年冯·诺伊曼和摩根斯坦(Oskar Morgenstern)提出用扩展式定义博弈,并证明有限策略两人零和博弈有确定结果。

冯·诺伊曼和摩根斯坦所著的《博弈论和经济行为》(*Theory of Games and Economic Behavior*,1944)一书的出版标志着现代博弈论的正式形成。该书引进了博弈的扩展式表示和规范式表示,提出了稳定集(stable sets)的概念,并给出了博弈论研究的概念术语、一般框架和研究方法。该书的出版意味着博弈论作为一种系统理论的开始,奠定了现代经济博弈论的基础,构建了博弈论这一学科的理论框架。正是通过冯·诺伊曼和摩根斯坦对经济行为主体行为特征的分析,才使经济学家们了解到博弈论这一分析和研究经济问题的新工具。

博弈论的第一个发展高潮出现在 20 世纪 40 年代末到 50 年代初。1950 年约翰·纳什(John Nash)提出"纳什均衡"概念,并证明纳什定理,建立和发展出了非合作博弈的理论基础。1950 年梅尔文·德雷希尔(Melvin Dresher)和梅里尔·弗勒德(Merrill Flood)在兰德公司(美国空军)提出"囚徒困境"(prisoner's dilemma)博弈实验,霍华德·拉法(Howard Raiffa)也独立进行这个博弈实验。1952—1953 年期间,罗伊德·沙普利(Lloyd Shapley)和吉尔斯(D. B. Gillies)提出"核"(core)作为合作博弈的一般解概念,同时沙普利提出了合作博弈的"沙普利值"(Shapley value)等概念。罗伯特·奥曼(Robert Aumann)对这一时期的发展进行了概括:"20世纪 40 年代末 50 年代初是博弈论历史上令人振奋的时期,原理已经破茧而出,正在试飞它们的双翅,活跃着一批巨人。"

博弈论的第二个研究高潮出现在 20 世纪 50 年代中后期到 70 年代,有人称这一时期为博弈论发展的青年期。这个时期的主要代表性成果如下。1954—1955 年,"微分博弈"(differential games)概念出现。罗伯特·奥曼在 1959 年提出了"强均衡"(strong equilibrium)概念。20 世纪 50 年代末的重复博弈(repeated game)引起人们的研究兴趣,并引出了关于重复博弈的"民间定理"(folk theorem)。博弈论在演化生物学(evolutionary biology)中的公开应用出现在 20 世纪 60 年代初。赖因哈德·泽尔滕(Reinhard Selten)于 1965 年提出"子博弈完美纳什均衡"(subgame perfect Nash equilibrium),并在 1975 年提出"颤抖手完美均衡"(trembling hand perfect equilibrium)。约翰·海萨尼(John Harsanyi)在 1967—1968 年发表了三篇构造不完全信息博弈理论的系列论文,提出了"贝叶斯纳什均衡"(Bayesian Nash equilibrium)等概念,并在 1973 年提出关于"混合策略"的不完全信息解释。20 世纪 70 年代演化博弈论,或称进化博弈论(evolutionary game theory),取得了重要发展,约翰·梅纳德·史密斯(John Maynard Smith)于 1972 年引进"演化稳定策略"(evolutionarily stable strategy)等。奥曼于 1976 年发表的一篇文章让人们认识了"共同知识"(common knowledge)的重要性。

总而言之,20 世纪 40 年代末到 70 年代末是博弈论取得重大发展的时期,但这个时期的博弈论仍然没有成熟,理论体系还比较散乱,概念和分析方法还不规范、不统一,因此在经济学中的作用和影响还比较有限。但正是因为有了这一阶段博弈论研究的蓬勃发展,才有 20 世纪八九十年代博弈论的成熟以及博弈论对经济学的革命性贡献。

20 世纪 80、90 年代是博弈论走向成熟的时期,这个时期的博弈论因与主流经济学融合而得到显著发展。埃隆·科尔伯格(Elon Kohlberg)于 1981 年提出了顺推归纳法(forward induction)。戴维·克瑞普斯(David Kreps)和罗伯特·威尔逊(Robert Wilson)在 1982 年提出了"序列均衡"(sequential equilibrium)的概念。1982 年史密斯(Smith)出版了《进化和博弈论》(*Evolution and the Theory of Games*)。1984 年伯恩海姆(Bernheim)和皮尔斯(Pearce)提出"可理性化性"(rationalizability)。1988 年海萨尼和泽尔滕提出了在合作和非合作博弈中均衡选择的一般理论和标准。1991 年弗登伯格(Fudenberg)和泰勒尔(Jean Tirole)提出了"完美贝叶斯均衡"(perfect Bayesian equilibrium)的概念。

博弈论和主流经济学的结合结出了丰硕的成果,并展示了博弈论在现代社会和经济中的巨大作用。从 1994 年到 2014 年,共有 8 届 18 位学者由于博弈论领域的贡献获得诺贝尔经济学奖。他们分别是:

1994 年:非合作博弈,纳什、海萨尼、泽尔滕。

1996 年:不对称信息激励理论,莫里斯(Mirrlees)和维克里(Vickrey)。

2001 年:不完全信息市场博弈,阿克洛夫(Akerlof)(商品市场)、斯彭斯(Spence)(教育市场)、斯蒂格利茨(Stiglitz)(保险市场)。

2002 年:实验经济学,史密斯。

2002 年:心理经济学,卡尼曼(Kahneman)。

2005 年:博弈论,奥曼和谢林(Schelling),通过博弈论分析促进了对冲突与合作的理解。

2007 年:经济机制设计,赫维奇(Hurwicz)、马斯金(Maskin)、迈尔森(Myerson)。

2012 年:稳定配置和市场设计实践理论,罗斯(Roth)和沙普利。

2014 年:对市场力量和管制的研究,泰勒尔(Tirole)。

5.1.3 博弈的分类

博弈可以从三个角度进行分类。第一个角度是按照参与人行动或决策的先后顺序进行分类。从这个角度,博弈可以划分为静态博弈和动态博弈。静态博弈是指在博弈中,参与人同时选择(或虽非同时选择,但互相不知对方选择)。动态博弈是指在博弈中,参与人的行动有先后顺序且后行动者能够观察到先行动者所选择的行动。

第二个角度是按照参与人之间信息掌握的程度进行分类。从这个角度,博弈可以划分为完全信息博弈和不完全信息博弈。完全信息博弈是指在博弈过程中,每一位参与人对其他参与人的特征策略空间及收益函数有准确的信息。不完全信息博弈是指参与人对其他参与人的特征和收益函数信息了解得不完全准确,或者不是对所有参与人的特征和收益函数都有准确的信息。

第三个角度是按照参与人之间有无合作进行分类。从这个角度,博弈可以划分为合作博弈和非合作博弈。合作博弈是指所有参与人都遵从某个协议,在协议范围内进行的博弈。反之,就是非合作博弈。典型的合作博弈是寡头企业之间的串谋。串谋是指企业之间通过公开或暗地里签订协议,对各自的价格或产量进行限制,以达到获取更多垄断利润目的的行为。根据非合作博弈在现代经济学中的地位和应用的普遍性,本章主要讨论非合作博弈。

根据上述分类,非合作博弈可以分为四种不同的类型:完全信息静态博弈、完全信息动态博弈、不完全信息静态博弈、不完全信息动态博弈。与这四种博弈相对应有四种主要的均衡概念,即"纳什均衡""子博弈精炼纳什均衡""贝叶斯纳什均衡""精炼贝叶斯纳什均衡"。非合作博弈及对应的均衡概念如表 5.1.1 所示。

表 5.1.1

信息　　　行动顺序	静态	动态
完全信息	完全信息静态博弈 纳什均衡	完全信息动态博弈 子博弈精炼纳什均衡
不完全信息	不完全信息静态博弈 贝叶斯纳什均衡	不完全信息动态博弈 精炼贝叶斯纳什均衡

5.2　从几个博弈论模型初识纳什均衡

　　纳什均衡是运筹学中关于博弈的一个重要理论。纳什均衡并没有什么高深之处,在我们的日常生活中,在许多博弈中,人们都是为了自己的利益,尽可能采取对自己有利的策略,最后,双方会达成一种均衡。纳什均衡可以帮助人们理解和分析经济社会和人际交往中的许多现象。

　　纳什均衡是双方的一种稳定的策略组合,它的稳定性体现在:当双方策略形成纳什均衡时,任何一方单独改变自己的决策都不会使自己得到更大的好处。本节通过讲述几个著名的静态博弈论模型,用通俗的方式阐述纳什均衡的基本思想以及寻找纳什均衡的一般方法。

5.2.1　从囚徒困境中认识纳什均衡

　　在博弈论中,有一个广为流传,也算是博弈论的起源的经典问题,叫作囚徒困境。囚徒困境的模型不仅仅在运筹学、博弈论中非常重要,而且广泛应用于经济学和社会学等领域。虽然囚徒困境本身只属模型性质,但在现实中的价格竞争、环境保护、人际关系等方面,也会频繁出现类似情况。囚徒困境的模型如下。

　　有两个同伙抢劫犯甲和乙被抓,他们被分别关押在不同的两间屋子中,两个人无法进行任何信息交流。警察对二人隔离审讯,并且规定:如果两人都保持沉默(即抵赖),则由于证据不确定,两人皆被判刑一年;若一人沉默,而另一人揭发他,则沉默者因不合作被判刑十年,而揭发者因为立功而被释放;若两人互相揭发对方,则因两人都被证实有罪而都被判刑八年。那么,这两个囚犯会怎么做呢?

　　首先,我们来分析这个模型的场景,分析双方的博弈过程。有以下四点需要明确。

　　第一,对于两个囚犯而言,他们无法进行信息交流,完全不知道对方会做出怎样的决策,当然更谈不上什么合作了。因此,对于甲、乙双方来说,这是一场非合作博弈。

　　第二,对每个人来说,在最有利的情形下能够无罪释放,这一点极具诱惑性。

　　第三,两个囚犯都只考虑自己的利益,不会顾及伙伴的利益,这也是所有非合作博弈中的基本假设。通俗地说,每个人在博弈中都是自私自利的,只为自己考虑。

　　第四,两个囚犯都是理性的,也就是经济学中常使用的假设性前提,每个人都是"理性人"。通俗地说,博弈的双方都是会计算分析的,不会做出让自己吃亏的决定。

我们可以将甲和乙可以选择的策略和对应的刑期列成策略和利益表,如表 5.2.1 所示。其中,第一列表示甲所能选择的策略,第一行表示乙所能选择的策略,中间的数字表示双方在相应策略组合下各自的刑期。在表示双方刑期的每一格中,逗号左边的数字表示甲所要判的刑期,逗号右边的数字表示乙所要判的刑期。

表 5. 2. 1

乙 甲	沉默	揭发
沉默	1,1	10,0
揭发	0,10	8,8

现在,根据表 5.2.1,我们再来对甲和乙在这场博弈过程中会出现的心理活动进行逻辑分析。

对于甲,他会根据乙的不同选择分两种情况分别考虑如下:假设乙选择沉默,若我选择揭发,那么我会被无罪释放,而我若选择沉默就会获得 1 年的刑期,因此,在这种情形下我的最佳策略是选择揭发乙,对应的刑期是表 5.2.1 中 (0,10) 的第一个坐标 0;假设乙选择揭发,若我也选择揭发,那么我就会被判 8 年,而我选择沉默就会获得 10 年的刑期,因此,在这种情形下我的最佳策略仍然是选择揭发乙,对应的刑期是表 5.2.1 中 (8,8) 的第一个坐标 8。因此,无论乙采取什么行动,只要我选择揭发乙,就一定能够取得相对较好的结果,这是甲的最优策略。

对于乙,由于乙同样是一个理性的人,所以他也像甲一样进行分析。因此,经过类似于上面甲的分析,乙也会发现,无论甲采取怎样的策略,揭发甲总比保持沉默要划算,乙最优的选择也是揭发甲,对应表 5.2.1 里 (10,0) 的第二个坐标 0 和 (8,8) 的第二个坐标 8。

从甲和乙的心理活动中可以看出,无论对方做出哪个决策,甲和乙都会从理性出发,做出对自己最有利的决策,即揭发对方。这就导致最后的结局是表 5.2.1 中的 (8,8),即最后双方都要承受 8 年的刑期。

在整个博弈过程中,你所想的,对方也能够考虑到,渐渐地,博弈中可能出现的多种结果就会经过双方不断演化,最终只变成一种结果,那就是甲、乙都选择揭发,各自被判 8 年。显然,这个结果是在整个博弈过程中最后稳定下来的一个策略组合,这就是非合作博弈中的纳什均衡状态。

囚徒困境所反映出的深刻问题是,人类的个人理性有时能导致集体的非理性,聪明的人会因自己的聪明而作茧自缚,导致损害集体的利益或导致对双方都不利的结局。

经过看似情况复杂的博弈过程,到最后因为人自私自利的本性,双方会不约而同地揭发对方并达到一种稳定的平衡状态。这个例子可以帮助我们深刻理解纳什均衡的基本思想。

5.2.2 纳什均衡不一定对整体有利

从上面的囚徒困境中可以看出,甲、乙双方进行非合作博弈,自做出最优决策之后,得到的最终结果是双方都选择揭发对方,从而每个人都要面临 8 年的刑期,加起来就是 16 年。显然,这对于这两个人所组成的整体来说,并不是最优的决策组合。从表 5.2.1 中可以看出,无论是对整体来说还是对个人来说,甲、乙双方最优的决策组合应该是都保持沉默,这样,每个人只要承受 1 年的刑期,总刑期只有 2 年。

事实上,双方都保持沉默意味着甲与乙合作,这时就存在所谓的"帕累托改进"。帕累托改进是指这样一种改进:在所有人的收益都不变坏的前提下,使得至少一个人变得更好。帕累托改进的结果就是帕累托最优。因此,囚徒困境中的双方都保持沉默就是一个帕累托最优,对应的刑期为(1,1)。

那么,为什么两人不敢合作呢?或者说,为什么达到纳什均衡后,双方的决策是稳定的,不会轻易改变呢?这是因为单独改变策略会让自己的利益遭到进一步的损失。由囚徒困境来看,对于甲来说,一旦选择揭发对方,如果再改变自己的决策,那么他不得不担心可能出现的对自己最不利的情形,即对方揭发自己,而自己保持沉默,这会导致自己被判 10 年。显然,这个担心使得甲会坚持自己得到的最优决策,即揭发对方,这样即使在不利的情形下,也只会被判 8 年。所以,在囚徒困境这个模型当中,从个人的理性出发,推导不出帕累托最优。

囚徒困境的例子或许让我们更深刻地理解了这样一种无奈的现象:即便参与博弈的双方都绞尽脑汁做出了对自己最有利的决策,他们最后得到的结果也不一定是对自己最优的,反而往往会出现两败俱伤的结局。在现实生活中,人与人之间不可能是完全信任的合作状态,绝大多数时候往往是彼此防备、争夺利益。因此,现实生活中的非合作博弈大量存在,我们不得不面对这一现实。

5.2.3　用划线法寻找纳什均衡

划线法是确定一个博弈的纳什均衡最常见、最重要的方法之一,我们在上面的囚徒困境中实际上已经运用了划线法,下面我们再以婆媳博弈为例详细说明划线法的使用。由于婆婆和媳妇之间缺乏深入的沟通和了解,而且双方在生活习惯、性格脾气等方面都可能存在较大的差异,所以她们之间就容易发生大大小小的冲突。婆媳之间的这种争斗就可以看作一种静态博弈。在这场博弈中,无论是婆婆还是媳妇,都不知道对方的底细和对方会采用怎样的策略。

现在,我们假设在婆媳博弈中,婆婆和媳妇采取的策略是强势或退让。当两人都选择强势时,两败俱伤,她们的收益都是 −2,也就是双方都会受到损失;当一方选择强势而另一方选择退让时,强势一方的收益是 2,而退让一方的收益是 −3;当两人都选择退让时,由于她们都没有从对方那里争得利益但也没有互相伤害,故她们都有较小的收益,假设各自的收益是 1。

下面我们通过此例说明寻找纳什均衡的一般方法和步骤。

第一步:列出策略和收益表。此步也可以看作是建立模型,通过上述描述,我们可以将媳妇和婆婆的策略和收益量化成表 5.2.2。

表 5.2.2

婆婆＼媳妇	强势	退让
强势	−2, −2	2, −3
退让	−3, 2	1, 1

第二步:在表格中标记任一方(不妨从婆婆一方开始)在各种情形下的最佳策略。婆婆的分析如下:如果媳妇采取的策略是强势,那么这时婆婆也采取强势的收益是 −2,选择退让的收益是 −3,显然,婆婆的最佳策略是采取强势,用下划线标记表中(−2, −2)中婆婆的收益,也就

是左边的数字－2;如果媳妇采取的策略是退让,那么这时婆婆采取强势的收益是2,选择退让的收益是1,显然,婆婆的最佳策略是采取强势,用下划线标记表中(2,－3)中婆婆的收益,也就是左边的数字2。经过这两次标记,可以找到婆婆在各个情形下的最佳策略,得到表5.2.3。

表 5.2.3

媳妇 婆婆	强势	退让
强势	<u>－2</u>, －2	<u>2</u>, －3
退让	－3, 2	1, 1

第三步:在表格中继续标记另一方(即媳妇)在各种情形下的最佳策略。在表5.2.2中,媳妇的分析如下:如果婆婆采取的策略是强势,那么这时媳妇也采取强势的收益是－2,选择退让的收益是－3,显然,媳妇的最佳策略是采取强势,故用下划线标记表中(－2,－2)中媳妇的收益,也就是右边的数字－2;如果婆婆选择忍让,那么这时媳妇采取强势的收益是2,选择忍让的收益是1,显然,媳妇的最佳策略是采取强势,用下划线标记表中(－3,2)中媳妇的收益,也就是右边的数字2。经过两次标记后,得到表5.2.4。

表 5.2.4

媳妇 婆婆	强势	退让
强势	<u>－2</u>, <u>－2</u>	<u>2</u>, －3
退让	－3, <u>2</u>	1, 1

第四步:在表格中寻找两个数字均被标记下划线的策略组合。从表5.2.4中可以看出,两个数字均被下划线标记的是(－2,－2),对应的策略组合是婆婆和媳妇都采取强势,这个策略组合就是这个博弈过程的纳什均衡。

运用纳什均衡我们可以帮助人们深刻认识政治、经济、社会、国防乃至日常生活中的各种博弈现象。下面给出公司价格战和污染治理问题两个例子。

5.2.4 公司价格战

设有甲,乙两公司,它们都生产同一种产品,乙公司的生产成本比甲公司要低一些,因此在价格上也就有更多的利润空间。设有下面的情形:

若甲降价而乙不降价,则甲获利15,乙损失5,整体获利10;

若甲不降价且乙也不降价,则甲获利5,乙获利10,整体获利15;

若甲不降价而乙降价,则甲损失10,乙获利20,整体获利10;

若甲降价且乙也降价,则甲损失5,乙损失10,整体损失15。

首先,对于上述问题,将甲公司和乙公司各自的策略和相应的收益列表,得到表5.2.5。

表 5.2.5

甲 ＼ 乙	不降价	降价
不降价	5,10	−10,20
降价	15,−5	−5,−10

然后用划线法分析如下。对于甲公司而言:若乙公司不降价,则从表 5.2.5 中可以看出,甲公司的最优策略是降价,从而能获得更大的收益;若乙公司降价,则甲公司的最优策略仍然是降价,因为若甲公司不跟随降价,它的损失就会扩大为 10。事实上,甲公司始终选择降价的策略可以理解为,只有降价(不论是主动还是被动)才能确保自己不会在市场竞争中让乙公司占了上风。

同样的道理适用于乙公司。乙公司也会毫不犹豫地选择降价策略。最后,根据最佳策略找到纳什均衡,这时双方的策略都是选择降价,如表 5.2.6 所示,最终每家公司都承受一定的损失。

表 5.2.6

甲 ＼ 乙	不降价	降价
不降价	5, 10	−10,<u>20</u>
降价	<u>15</u>, −5	−5, <u>−10</u>

5.2.5　污染治理问题

人类社会发展过程中的经验教训使我们逐渐认识到一个事实:生态环境的自我净化能力是有限的,不可能无限承载环境污染。

假如一个地区有两家污染企业,大自然只能承受一家企业的污染,那么两家企业在如何处理污染物的问题上就是一个相互博弈的过程。

当然,每家企业都希望别的企业治理污染而自己的污染由大自然免费承担。

首先,我们将两家企业的不同决策组合中的收益列成表,如表 5.2.7 所示。易于理解此表中的数据与实际情况的一致性。

表 5.2.7

甲 ＼ 乙	治污	不治污
治污	5,5	2,8
不治污	8,2	3,3

用划线法进行分析得到表 5.2.8。从表 5.2.8 中可以看出,两个坐标均被标记的是(3,3),表示双方的策略都是不治污。因此,最终甲、乙双方都会采取不治污的策略,这时候双方的收益都是 3。这就是两个企业在治污博弈中的纳什均衡。

表 5.2.8

甲　乙	治污	不治污
治污	5，5	2，8
不治污	8，2	3，3

下面我们探讨如何利用纳什均衡的原理来达成有利于环境治理的局面。由纳什均衡的结果来看，如果不借助外力，那么每家企业都会从自身的利益出发，不可能有丝毫参与治污的积极性，这会对当地的环境产生很坏的影响。因此，这时候需要政府想办法打破企业之间原有的纳什均衡。那么政府可以采取哪些措施改变这种现状呢？

第一种措施：惩治污染企业。

政府可以加强相关法规的制定和执行，惩治企业不治污的行为，让企业不治污时的收益比治污时减少 4（读者思考这个数字还可以是多少？）。这时候，甲企业和乙企业的策略如表 5.2.9 所示。这时候甲企业和乙企业此时各自的最佳策略均是选择治污（见表 5.2.10），因此纳什均衡就会变成双方都治污，它们的收益都是 5。这是一个对生态环境有利的纳什均衡，形成正向的良性循环。

表 5.2.9

甲　乙	治污	不治污
治污	5，5	2，4
不治污	4，2	−1，−1

表 5.2.10

甲　乙	治污	不治污
治污	5，5	2，4
不治污	4，2	−1，−1

第二种措施：奖励治污企业。

政府可以奖励或补助主动治污的企业，如给予治污企业 4 个单位的补助。这时候，甲企业和乙企业都治污时，它们的收益都会变为 9；只有一方不治污时，治污的一方的收益会变为 4（读者思考这个数字还可以是多少？）。两家企业的收益及策略就会变为表 5.2.11，这时候两家企业各自的最佳策略都是选择治污（见表 5.2.12），因此纳什均衡就会变成双方都治污，此时它们的收益都是 9。这也是一个对生态环境有利的纳什均衡，形成正向的良性循环。

表 5.2.11

甲　乙	治污	不治污
治污	9，9	4，8
不治污	8，4	3，3

表 5.2.12

乙 甲	治污	不治污
治污	9，9	4，8
不治污	8，4	3，3

5.3　混合策略纳什均衡

前面介绍的纳什均衡分析可以圆满地解决许多简单的博弈问题,但这种纯策略纳什均衡有其局限性。我们来看下面的例子。

5.3.1　监督博弈不存在纯策略纳什均衡

我们看下面的老板与工人的博弈。

如表 5.3.1 所示,在工人偷懒的情形下,老板的最优策略是监督;在老板监督的情形下,工人的最优策略是不偷懒;在工人不偷懒的情形下,老板的最优策略是不监督;在老板不监督的情形下,工人的最优选择是偷懒。如此形成无限循环,因此显然不存在纳什均衡。

表 5.3.1

工人 老板	偷懒	不偷懒
监督	1，−1	−1，2
不监督	−2，3	2，2

在这种没有纳什均衡存在的情况下,又应该如何分析呢?

5.3.2　斗鸡博弈中的纯策略纳什均衡不唯一

著名的斗鸡博弈也叫懦夫博弈。两只公鸡狭路相逢,即将展开一场厮杀。结果有四种可能:两只公鸡对峙,互不相让,或者两只公鸡都退让,这两种情形的结局实质是一样的,即两败俱伤,不是好的结局;另两种可能是一退一进,但退者显然有损失,问题的关键是双方都不愿选择退,都希望在对方退的同时自己选择进。表 5.3.2 所示是对斗鸡博弈的一个比较合理的数字描述。

表 5.3.2

B A	进	退
进	−2，−2	1，−1
退	−1，1	−1，−1

用前面介绍的划线法得到表 5.3.3。从表 5.3.3 中可以找到两个纳什均衡:A 进 B 退,A

退 B 进。

由上面的例子可以看到,到目前为止介绍的纳什均衡分析方法,还不能完全满足完全信息静态博弈分析的需要。上面的例子促使人们引进了非常重要的"混合策略"和"混合策略纳什均衡"概念。

表 5.3.3

B A	进	退
进	−2,−2	1,−1
退	−1,1	−1,−1

这样,我们对纳什均衡就有了一个较为完整的认识:不是所有的博弈都存在纯策略纳什均衡,但这时会存在一个混合策略纳什均衡。

顾名思义,所谓混合策略,就是指参与人采取的不是唯一不变的一个策略,而是按照一定概率分布随机选择策略集上的某几个策略。这就是纳什于 1950 年证明的著名的纳什定理。下面通过警察与小偷的例子进一步理解混合策略。

5.3.3 警察与小偷博弈的解决方法

某个小镇上只有一名警察负责整个镇的治安。小镇的一头有一家酒馆,另一头有一家银行。小镇上有一个小偷,伺机偷盗酒馆或银行。因为分身乏术,警察每次只能巡逻一个地方,小偷每次也只能偷盗一个地方。假设银行需要保护的财产价值为 5 万元,酒馆需要保护的财产价值为 3 万元。若警察在某地巡逻,而小偷恰好也选择去该地偷盗,则小偷就会被警察抓住;若警察在某地巡逻而小偷去另一地偷盗,则小偷偷盗成功。当然假设警察和小偷是在互不知情的情况下同时选择,那么警察怎么巡逻才能使效果最好呢?

我们容易想到的一个通常的做法是,保护重点,警察对银行进行蹲点巡逻。这样,警察可以保住 5 万元的财产不被偷窃。但是这样的话,假如小偷去酒馆偷盗,则他会一定成功。而且,多次下来后,小偷掌握了规律,也一定会去酒馆偷盗。那么,这种做法是警察的最好策略吗?有没有更优的策略呢?

容易看出,这个博弈不存在纯策略纳什均衡,而实际上存在一个更优的策略——或称策略组合——混合策略纳什均衡。

对纯策略和混合策略的概念做进一步明晰。策略实际上是指博弈方在给定信息集的情况下选择行动的规则,它规定博弈方在什么情况下选择什么行动。如果一个策略规定博弈方在所有情况下只选择一种特定的行动,该策略即为纯策略;如果策略规定博弈方以某种概率分布随机地选择不同的行动,则该策略即为混合策略。由此可见,纯策略可视为混合策略的一种特殊情况,即以概率 1 选择某个行动而以概率 0 选择其他行动。零和博弈是一种重要的博弈类型,是指一方所得恰好等于另一方所失。零和博弈只存在混合策略均衡,其中的任何一方都不可能有纯策略的最优策略。

按照什么概率分布确定混合策略呢? 在上面的警察与小偷博弈的例子中,警察的一个朴素的最优做法是:抽签决定是去银行还是去酒馆。放置 8 个签,其中 5 个银行签和 3 个酒馆签,每次行动的选择靠抽签决定(而且要让小偷知道这样的做法,这涉及共同知识,后面会讲到),这样警察有 5/8 的机会去银行巡逻,有 3/8 的机会去酒馆巡逻。而小偷的最优选择也同样是以抽签方法决定每次的行动,也是 5 个银行签和 3 个酒馆签,只是,抽到银行签要去酒馆,抽到酒馆签要去银行。因此,小偷就有 3/8 的机会去银行,5/8 的机会去酒馆。这种朴素的方法正体现了混合策略的思想。

这种思想也体现在诸如石头剪刀布的游戏中。正如每个人都深有体会的,在石头剪刀布游戏中不存在纯策略均衡,对于每个人来说,自己采取出剪刀、布或石头的策略应当是随机的且可能性一样大,都是 1/3 的概率。这是因为,如果让对方知道你出其中一个的可能性大,那么你在游戏中输的可能性就大。每个人都采取这样的策略,这就构成了该博弈的混合策略纳什均衡。

总结起来,关于混合策略有两点需要明确:其一,混合策略可以优于任何某个特定的纯策略,因为混合策略能"虚张声势";第二,一个博弈没有纯策略,并不表示它不存在纳什均衡——此时存在混合策略纳什均衡。

5.3.4　混合策略纳什均衡求解方法

下面通过两个例子说明求混合策略纳什均衡的通常方法。

1. 等值法(无机可乘法)

我们以手心手背游戏为例。甲、乙二人玩手心手背游戏,规则如表 5.3.4 所示。显然在该例中,两人都有采取混合策略,设甲选取手心向上和向下的概率分别为 $P,1-P$,乙选取手心向上和向下的概率分别为 $Q,1-Q$。

收益矩阵如表 5.3.4 所示。

表 5.3.4

甲＼乙	上(Q)	下($1-Q$)
上(P)	1, -1	-1, 1
下($1-P$)	-1, 1	1, -1

分析如下。

假定最优混合策略存在,给定乙选择混合策略($Q,1-Q$)。

若甲选择手心向上,则甲的收益期望值为:$Q+[-(1-Q)]=2Q-1$。

若甲选择手心向下,则甲的收益期望值为:$-Q+(1-Q)=1-2Q$。

如果一个混合策略(不是纯策略)是甲的最优策略,则甲选择手心向上和手心向下的收益必定是无差异的,即 $2Q-1=1-2Q$,解得 $Q=1/2$,即乙的最优混合策略为($1/2,1/2$),即乙各以 1/2 为概率随机选取纯策略向上和向下。

同理,站在乙的角度分析,可得出甲的最优混合策略也是($1/2,1/2$)。

2. 收益最大法(最佳反应法)

以政府和流浪汉博弈为例。假设政府和流浪汉博弈的收益矩阵如表 5.3.5 所示。

表 5.3.5

流浪汉 政府	找工作(Q)	不找工作($1-Q$)
救济(P)	3，2	-1，3
不救济($1-P$)	-1，1	0，0

显然,该博弈不存在一个纯策略纳什均衡,故求混合策略纳什均衡。

假定政府的混合策略是$\sigma_1=(P,1-P)$;流浪汉的混合策略是$\sigma_2=(Q,1-Q)$。政府的期望收益函数为$v(P,Q)=P[(3Q-(1-Q)]+(1-P)[-Q+0(1-Q)]=P(5Q-1)-Q$。由高等数学中的相关知识可知,政府收益取得最大值的条件为:$\frac{\partial v(P,Q)}{\partial P}=5Q-1=0$,得$Q=1/5$。

同样,当流浪汉的期望收益函数取最大值时,得到政府的最优混合策略$P=1/2$。

对上面的概率值$P=1/2$的一个解释为:如果政府救济的概率大于$1/2$,则流浪汉的最优选择是流浪;如果政府救济的概率小于$1/2$,则流浪汉的最优选择是寻找工作。只有当政府救济的概率恰好等于$1/2$时,流浪汉才会选择混合策略。

对$Q=1/5$可解释为:如是流浪汉找工作的概率小于$1/5$,则政府选择不救济;如果流浪汉找工作的概率大于$1/5$,则政府选择救济。只有当流浪汉找工作的概率恰好等于$1/5$时,政府才会选择混合策略。

5.3.5 小偷和守卫的博弈

小偷和守卫博弈的例子来自著名博弈论学者泽尔滕教授。他因在博弈论领域的突出贡献而获得 1994 年的诺贝尔经济学奖。这个例子是这样的:守卫看守一个仓库,一个小偷欲偷盗仓库。如果守卫睡觉时小偷偷盗,则小偷就获得成功,从而守卫受到$-A$的损失,小偷获得正的收益C;如果守卫睡觉时小偷没有偷盗,则守卫因没有丢失物品且又得到了休息而获得正的收益B;如果守卫不睡觉时小偷偷盗,则小偷就会被抓住,并因此受到$-D$的惩罚;而如果小偷不偷且守卫不睡,则双方均无收获也无损失,故收益都为 0。根据上述假设,得到收益矩阵,如表 5.3.6所示。

表 5.3.6

小偷 守卫	偷	不偷
睡	$-A,C$	$B,0$
不睡	$0,-D$	0,0

我们先讨论这两个概率的确定。设小偷选择偷和不偷两种策略的概率分别为P_t和$1-P_t$。若守卫不睡,则守卫的收益的期望值为 0;若守卫睡觉,则守卫的收益的期望值为$-AP_t+B(1-P_t)=-(A+B)P_t+B$。根据等值法,有$-AP_t+B(1-P_t)=-(A+B)P_t+B=0$,得$P_t^*=\frac{B}{A+B}$。

假设守卫睡和不睡的概率分别为P_s和$1-P_s$。若小偷不偷,则小偷的收益期望值为 0;若小偷选择偷盗,则小偷的收益期望值为 $CP_s - D(1 - P_s) = (C + D)P_s - D$。由等值法,有
$CP_s - D(1 - P_s) = (C + D)P_s - D = 0$,故 $P_s^* = \dfrac{D}{C + D}$。

由上面的分析结果可以看出:在小偷和守卫的博弈中,双方的最佳选择是,小偷分别以概率 P_t^* 和 $1 - P_t^*$ 随机选择偷和不偷,同时守卫分别以概率 P_s^* 和 $1 - P_s^*$ 随机选择睡和不睡。有意思的是,或者从某种角度来说令人无奈的是,每一方都不能通过单独改变自己的概率分布以达到改善自己的期望收益的目的,因此上面各自的策略构成了混合策略解,或混合策略纳什均衡。

通过对小偷与守卫博弈的混合策略纳什均衡的分析,我们进一步思考一些很有意思的问题。显然,政府为了抑制盗窃现象可以加大对小偷的惩罚。那么,加重对小偷的惩罚意味着使得 D 增大为 D'。但如果守卫混合策略中的概率分布不变,此时小偷偷窃的期望收益 $(C + D')P_s - D'$ 就会变为负值,因此小偷就会停止偷窃。但是另一方面,小偷长期减少偷窃(其实小偷的混合策略发生改变)会使守卫更多地选择睡觉,因为随着 P_t 的减小,守卫选择睡觉策略的期望收益 $-(A + B)P_t + B$ 就会变大。最终守卫会将睡觉的概率提高到 P_s' 而达到一个新的均衡,而此时小偷偷的期望收益又恢复到 0。由于小偷的混合策略概率分布是由 A 和 B 决定的,与 D 无关,因此政府单纯加大对小偷的惩罚并不能从根本上抑制盗窃,至多是短期抑制盗窃发生。换个说法,如果政府加大对小偷的惩罚的本意是减少偷窃,那么结果会适得其反,不仅不能减少偷窃,反而会使得守卫可以更多地偷懒。真正减少偷窃,应该通过改变 C 和 D 的值来达到,这可能会使我们有些惊讶并促使我们深入思考一些社会问题。进一步的具体分析我们略去。

5.3.6　混合策略纳什均衡的应用

使用混合策略的一个好处是通过自身的不确定性,给对方产生一定的震慑。这个原理被广泛运用在经济社会生活的管理中,如环境抽查,检查则不排污,不检查则排污。但检查就有成本,检查太多造成成本加大,检查太少又起不到震慑作用,企业知道在执法部门可能检查的情况下,排污会有风险。此时,一个混合策略的纳什均衡就是解决该问题的一个最好的办法。下面再介绍一个著名的例子——麦琪的礼物,并思考混合策略纳什均衡的应用。

麦琪的礼物博弈改编自欧·亨利的同名小说。《麦琪的礼物》讲述的是一个圣诞节里发生在社会下层的小家庭中的故事。男主人公杰姆是一位薪金仅够维持生活的小职员,女主人公德拉是一位善良贤惠的家庭主妇。虽然他们的生活贫穷,但两人相敬如宾、夫妻恩爱。两人各自拥有一样珍贵的物品:杰姆有祖传的一块金表,德拉有一头美丽的瀑布般的秀发。为了能在圣诞节送给对方一件礼物,杰姆卖掉了他的金表,为德拉买了一把精致的梳子。同时德拉卖掉了自己的长发,为杰姆买了一条金色表链。为了给对方买礼物,他们都舍弃了自己最宝贵的东西,但令人遗憾的是,他们为对方精心准备的礼物因此都变得毫无作用了。

我们从博弈论角度分析如下。事实上他们应该意识到,为了给对方买一份礼物,两人都有可能卖掉自己的心爱之物,这就会导致一个悲剧性的错误。当然,假如他们两人都不送礼物,又会变成另外一种坏的结果。为了具体说明,设在坏结果下双方的收益都为 0,在一方送礼物而另一方不送礼物的情况下,假设各方均认为送出胜过接受,故设送出的收益为 2 而接受的收益为 1。列出收益矩阵,如表 5.3.7 所示。

表 5.3.7

杰姆＼德拉	卖发	不卖发
卖表	0，0	2，1
不卖表	1，2	0，0

使用划线法得到表5.3.8。由表5.3.8可知该博弈有两个纳什均衡,即杰姆卖表且德拉不卖发和杰姆不卖表且德拉卖发。他们两个都没有最优纯策略。由于给对方惊喜是送礼物的一个重要特点,因此若假设他们不会提前商量以达成共识,那么该问题可以用混合策略来分析解决。设杰姆卖表的概率为 P,德拉卖发的概率为 Q,则参与人在各策略下的预期收益如下。

杰姆卖表的预期收益为 $0\times Q+2\times(1-Q)=2-2Q$,不卖表的预期收益为 $1\times Q+0\times(1-Q)=Q$。

德拉卖发的预期收益为 $0\times P+2\times(1-P)=2-2P$,不卖发的预期收益为 $1\times P+0\times(1-P)=P$。

在混合纳什均衡状态下,由等值法有 $2-2Q=Q$,可解出 $Q=2/3$;$2-2P=P$,可解出 $P=2/3$。

由此,纳什均衡状态下丈夫和妻子的混合策略都是 $(2/3,1/3)$。

表 5.3.8

杰姆＼德拉	卖发	不卖发
卖表	0，0	<u>2</u>，<u>1</u>
不卖表	<u>1</u>，<u>2</u>	0，0

在这一混合策略下,德拉有 $1/3$ 的机会保住自己的头发,$2/3$ 的机会卖掉自己的头发,平均收益为 $2/3$;同样,杰姆有 $1/3$ 的机会保住自己的手表,$2/3$ 的机会卖掉自己的手表,平均收益也是 $2/3$。此时两人获得的总收益是 $2/3+2/3=4/3$。而若是纯策略纳什均衡中的任一个,他们获得的总收益是 $1+2=3$。所以混合策略比不上纯策略,但问题是,要选择哪一个最优纯策略呢?这就引出了合作博弈的话题。

实际上,在这个故事里,夫妻两人的利益是结合在一起的,因此他们可以通过合作来达成更好的结果。例如,可以通过抛硬币或石头剪刀布的方式来解决。抛掷一枚硬币,按照硬币翻出的结果决定谁该送礼物,谁该收礼物。由于抛硬币的随机性,各人的平均收益就都会变成 $3/2$。当然,此时夫妻之间送礼物的惊喜也就不存在了。但对于给对方惊喜这一点,其实也可以这样解决:改由一个局外人抛硬币,并将结果暂时向两人保密,按照结果卖出一件买入相应礼物,并在生日当天揭晓,也会出现惊喜。

5.4 动态博弈

前面我们讲的博弈都是静态的,即决策没有先后之分。但是,在现实生活中,许多博弈过程往往就如同下棋一样,有先后之别,这就是动态博弈。动态博弈是一个讲究先后顺序的博弈过程,后手可以根据先手的行动,做出自己的选择。分析动态博弈,主要的方法是逆向归纳法,后面我们会举例说明。

动态博弈的第一个显著特点就是多阶段性。动态博弈要经过多个阶段的决策才能出现最终的结果,某个阶段出现的结果只是暂时的,又会成为下一阶段决策的起点。

动态博弈的第二个特点就是顺序性。决策的先后顺序可能会对最后结果产生影响,先手做完决策之后,后手的决策条件已经发生了变化。例如,在象棋和围棋比赛中,红方先手与黑方先手往往会影响最后的结局。

动态博弈的第三个特点是当前的最优不一定必然带来最终的最优。下面的例子可以生动地体现这一特点。甲、乙两人打赌喝酒看谁喝得多。桌上共有九杯鸡尾酒,每个人一次最多只能拿两杯,而且必须喝光手中现有的酒以后才可以再拿新的。不妨假设两人喝酒的速度相同。比赛开始后,甲毫不犹豫地拿起两杯迅速喝了起来,而乙在一开始只拿了一杯。乙喝完手中的一杯后,急忙又拿起两杯喝了起来。

接下来,甲喝完了最开始的两杯酒(此时乙手中还有一杯未喝),再拿起两杯,这时候桌上只剩下两杯鸡尾酒没人喝了。显然,甲新拿起的两杯鸡尾酒还没喝完,乙手中剩余的一杯鸡尾酒就会喝完,这样乙就可以拿起桌上最后的两杯鸡尾酒,不急不忙地喝起来。最后的输赢一目了然,乙最初只拿一杯,显然不是当时的最优决策,但是最后乙共喝了五杯;甲先拿了两杯,是当时的最优决策,但是最后总共喝了四杯。

5.4.1　逆向归纳法

动态博弈比静态博弈要复杂得多,前面每一步的最优决策不一定保证得到最后一步的最优结局,这是动态博弈的一个奇妙之处,同时也是分析动态博弈的最大难点所在。那么,怎样才能确保最后出现的结果是最优的呢?

由于在动态博弈中当前的最优决策并不能保证最后的结果是优的,因此全局思维在动态博弈中是很重要的。既然是全局思维,就需要预判对方的决策,并据此做出自己的决策,而且环环相扣,需要思考每一步决策,直到博弈的最后一个阶段。

由于博弈的目的是最后一步的最优决策,那么就从最后一步开始,逐步倒推,以此找出自己在每一步中的最优决策,这就是逆向归纳法。下面我们通过著名的海盗分金问题来说明如何用逆向归纳法求动态博弈中的纳什均衡。

5.4.2　海盗分金问题

海盗分金问题曾经发表在著名的国际顶尖学术期刊 *Science*(《科学》)上,由此足见该问题的重要意义。后来该问题广为流传,曾经被微软公司和其他一些公司作为面试题。这个问题是说,5 个海盗抢得 100 枚金币,对于如何分配这些金币,他们决定先抽签确定每个人的顺序,然后按抽签的顺序依次提出自己的方案。首先由 1 号提出分配方案,然后 5 人表决,若超过半数同意,1 号提出的方案就会被通过并按照 1 号提出的方案分配,否则 1 号将被丢入大海喂鲨鱼;接下来在剩下的 4 人中,再由 2 号提出分配方案,然后 4 人表决,仍然遵从超过半数同意才能通过的规则,否则 2 号也会被丢入大海喂鲨鱼;依此类推,最后如果只剩下 5 号,则显然所有金币归 5 号所有。

海盗分金其实是一个高度简化和抽象的模型,是动态博弈的一个典型例子,关键是它的解决方法体现了解决动态博弈的核心思想。在海盗分金博弈中,任何一个分配者要想让自己的方案获得通过,他首先要弄清楚下一个分配者的分配方案是什么,这样他就可以用最小的代价争取到某些人的支持从而获得通过,并因此获取自己的最大收益。

那么,开始时 1 号应该提出什么样的方案,才能让自己的方案获得通过并使自己的利益最大化呢?

用逆向归纳法分析推理如下。从后向前推。

首先,如果只剩 4 号和 5 号,那么 4 号明白,不论 4 号提出什么方案,5 号都一定会投反对票,因为这样就不会让 4 号的方案获得通过,从而 5 号就可以独吞全部金币。所以,在表决 3 号的方案时,4 号就一定会无条件支持 3 号,促成 3 号的方案获得通过,因为只有这样,4 号才能保命。

现在轮到 3 号提方案。3 号也清楚上面的道理,他知道 4 号会无条件支持自己的任何方案。因此,3 号会提出对自己最有利的分配方案(100,0,0),4 号的一票,再加上自己的一票,他的这一方案即可获得通过。

轮到 2 号提方案。2 号知道,3 号一定会反对自己的方案,因为只要 2 号的方案不被通过,3 号就可以在下一轮中获得 100 枚金币。因此,2 号必然会放弃 3 号,而去拉拢 4 号和 5 号两张支持票,以使自己的方案获得通过。这样,他就会提出(98,0,1,1)的方案,即自己得 98 枚金币,给予 4 号和 5 号各 1 枚金币,3 号一无所获。由于该方案对于 4 号和 5 号来说比 3 号分配时对自己更为有利,他们将会支持 2 号的这一方案。

现在来到最初 1 号提方案。1 号知道后面每个人的方案,当然也包括 2 号的方案。为争取至少 3 个人的赞成又使自己的利益最大化,1 号必将提出(97,0,1,2,0)或(97,0,1,0,2)的方案,即放弃 2 号,而给 3 号 1 枚金币,同时给 4 号(或 5 号)2 枚金币。由于 1 号的这一方案对于 3 号和 4 号(或 5 号)来说,相比 2 号的分配方案得到的更多,因此 3 号和 4 号(或 5 号)将投 1 号赞成票,再加上 1 号自己的票,1 号的方案可获通过,自己可轻松获得 97 枚金币。

我们用图 5.4.1 所示的树形图来演示海盗分金的动态博弈过程。

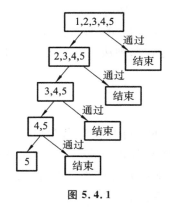

图 5.4.1

由上面的海盗分金问题可以看出,动态博弈中一般也会出现纳什均衡现象,这里有一个基本的假设前提,那就是参与博弈的双方都足够理智。这样,在动态博弈中采用逆向归纳的方法就可以找到一种稳定的策略组合。这就是动态博弈中的纳什均衡。

5.4.3 开金矿问题

甲发现一个价值 100 万元的金矿,但开采金矿需要 10 万元启动金,而乙正好有 10 万元资金可以投资。甲想让乙把 10 万元资金借给自己用于开金矿,并许诺在采到金子后与乙对半分成。那么,乙是否应该将钱借给甲呢?

上述博弈也是一个典型的动态博弈。第一阶段,甲向乙提出借钱的请求,然后乙需要做出是否借钱的决策。第二阶段,如果乙借钱给甲,那么甲也需要进一步做出自己的决策,是否将利润分给乙。在这个博弈过程中,甲、乙两人的决策是按照先后顺序进行的,可用树形图表示,如图 5.4.2 所示。

用逆向归纳法分析开金矿博弈如下。首先在第二阶段,在乙借钱给甲的情况下,由于甲是理智的人,且只会考虑自己的利益,因此甲采到金子后不但不会将借乙的钱还给乙而且也不会将利润与乙平分。

回到第一阶段,因为乙也是理智的人,而且也只会考虑自己的利益,所以他会预见到第二阶段甲的决策,因此,乙当前的最佳策略就是不借钱给甲。

从另一角度来说,在这个博弈过程中,在没有充分保障的情况下,对乙来说,甲的诺言是不可信的,无论甲把许诺给乙的利益说得多么诱人,乙的理智的决策仍然是不借钱给甲。

乙的策略是不借钱给甲,这就是开金矿博弈中的纳什均衡。

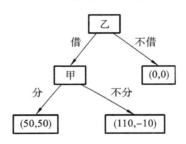

图 5.4.2

那么,在怎样的情形下,甲的诺言才是可信的,乙才会答应借钱给甲呢? 要想使甲的许诺是可信的,就需要有切实的保障,如法律的强制力:甲和乙可以签订合约,如果甲不履行协议,那么乙可以将甲告上法庭,用法律的强制手段来确保甲遵守自己的诺言。而且,甲还要承担一定的诉讼费或罚款,如 10 万元。这时,甲和乙之间的动态博弈过程就会变成图 5.4.3。

从图 5.4.3 中也可以看出,若甲履行诺言,那么,甲将有 50 万元的收益;若甲不履行诺言,那么乙可以将甲告上法庭,通过法律手段同样可以获得自己应得的 50 万元利润另加 10 万元借款,此时甲的收益就只有 40 万元。因此,甲会履行诺言。

对于乙来说,他知道甲会履行诺言,因此若借钱给甲,乙的收益就是 50 万元;若不借钱给甲,乙的收益就是 0。因此,乙会借钱给甲。

每个人都仍然是都出于自身利益的考量,但此时的纳什均衡就是一个整体最优的结局,即乙会借钱给甲,甲接下来也会遵守诺言。在有充分的法律保障的情况下,甲的诺言是可信的。

更进一步,如果法治环境不足,虽然甲和乙签订了合约,但是甲违约之后,乙很难胜诉,或乙虽然能胜诉但额外的损失或花费太高,如时间成本等高达 50 万元。此种情况下,在乙起诉之后,虽然能够拿回协议中属于自己的利益,但是额外的花费太高,最后的收益为 0,这时候,甲和

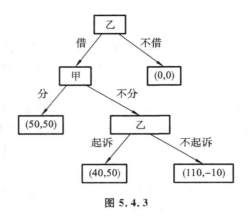

图 5.4.3

乙之间的动态博弈就会变成图 5.4.4。

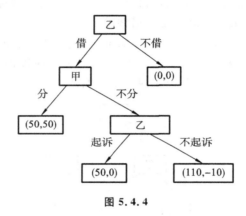

图 5.4.4

根据图 5.4.4，仍然利用逆向归纳法来寻找纳什均衡。最后一个阶段，乙起诉的收益是 0，而不起诉的收益是−10 万元，因此乙会选择起诉。前推一个阶段，若甲遵守协议，则甲的收益是 50 万元；若甲不遵守协议，则由于后面一个阶段乙会起诉，故甲的收益仍是 50 万元，因此甲是否遵守协议都有可能。第一个阶段，若乙借钱给甲，则经过后面的两个阶段后，乙最终的收益是0；若乙不借钱给甲，则后面的情况不会发生，乙的收益也是 0，乙当然不会冒险将钱借给甲了。

由上面的分析可以看出，一旦现实的法律体系使乙有这种担忧，这时候乙的最优决策就是最开始就不借钱给甲。事实上，在这个博弈过程中，虽然有法律保障，但是法律保障不足，在此种情况下的诺言其实是不可信的。博弈论中对可信性有专门的探讨，此处不详述。

由三种情况下开金矿博弈的不同的纳什均衡我们看到，有效的法律保障对于维护经济社会中的正常秩序、保障经济活动和社会活动的开展是至关重要的。如果法治环境不好，那么有法律和没有法律在某些情况下并不会有多大区别，都会让人产生不安全感，从而导致无法进行正常的合作。合作要建立在有法律保障的基础上，而不能仅仅依靠人们的道德和自觉。

5.4.4 逆向归纳法导致的悖论

蜈蚣博弈是由罗森塞尔（Rosenthal）提出的，因该博弈的示意图形似蜈蚣而得名，如图

5.4.5所示:两个参与者甲和乙轮流进行策略选择,可供选择的策略有 R(right) 和 D(down) 两种,每个参与人各有至多99步决策(有些文献上的说法是100步,但道理相同)。

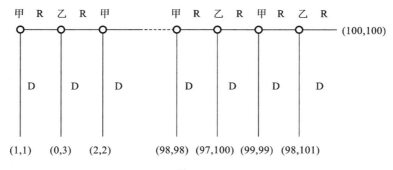

图 5.4.5

这个博弈的奇特之处是:当一开始甲决策时,他考虑博弈的最后一步,乙在 R 和 D 之间做出选择时,因乙选择 R(这代表合作)给乙带来 100 的收益,而选择 D(这代表背叛)能给自己带来 101 的收益,根据理性人的假定,乙会选择 D,即背叛。但是,要经过甲的第99步才能到达乙的第99步。在甲的第99步决策时,甲要做如下对比:若甲选择合作,则甲的收益是98(因为乙在第99步时会选择 D);若甲选择背叛,则甲的收益是99,因此在第99步时,甲的最优策略是背叛(即选择 D)。如此逆推下去,最后的结论是:在第1步甲将选择不合作(即选择 D),此时双方的收益都是1,远远小于大家都采取合作(即选择 R)策略时的收益。

在这一很多步数的博弈中,根据逆向归纳法理论所推得的结果有些令人困惑。从逻辑推理来看,逆向归纳法是严密的,但这个结论违反我们的一个显而易见的直观判断:直觉告诉我们采取合作策略是好的,因此在开始的阶段,双方应该都会选择合作。

我们不禁要问:是逆向归纳法错了,还是直觉和经验错了? 这就是蜈蚣博弈的悖论。

对于蜈蚣博弈悖论,许多博弈论专家都在思考。在西方有研究博弈论的专家做过实验,目前通过实验验证集体的交互行为已成为一个重要的科学研究动向。实验的结果与人们的直觉和经验也是一致的,那就是,不会出现一开始就选择不合作策略从而导致双方获得收益都只有1的情况,双方会自动选择合作。然而,这种合作又不会坚持到最后一步。理性的人出于自身利益的考虑,肯定会在某一步采取不合作策略。

这个悖论在现实中的对应情形似乎是:参与者不会在开始时做出不合作的决定,但他自己也难以确定,自己应该在哪一步采取不合作策略。

针对由蜈蚣博弈引出的悖论,一些学者提出了一些新的理论。弗登伯格(Fudenberg)、克瑞普斯(Kreps)和莱文(Levine)将偏离行为解释为是由有关收益函数信息的不确定性造成的。泽尔滕将偏离行为解释为参与人在博弈过程中的所犯错误,或者形象地称为均衡的"颤抖"(tremble)。意思大致是:在图 5.4.5 所示的蜈蚣博弈中,若参与人甲一开始选择了 R,参与人乙应该将甲的这一行为解释为参与人甲的一个失误呢? 还是参与人甲下一步还将继续选择 R 呢?

这些解释其实涉及不完全信息博弈的理论。关于不完全信息博弈的理论,以及博弈论其他方面的深入研究,请读者阅读章后有关文献。

5.5 合作博弈简介

已知囚徒困境博弈的收益表如表5.5.1所示。

表 5.5.1

乙 甲	沉默	揭发
沉默	5，5	20，0
揭发	0，20	10，10

在囚徒困境中，策略组合（沉默，沉默）为参与人带来的收益是（5,5）。由（10,10）到（5,5），每个参与人的收益都增加了（注意：这里的数字是刑期，刑期越大，表示收益越小），这是一个帕累托改进，但基于参与人的个人自私和理性，我们知道（沉默，沉默）不是囚徒困境的纳什均衡。如果两个参与人在博弈之前，签署了一个协议：两个人都承诺选择沉默，为保证承诺的实现，参与人双方都向第三方支付足够多的保证金，如果谁违背了协议，则罚没他的保证金。有了这样一个协议，（沉默，沉默）就可以达到，从而成为一个均衡，每个人的收益也就都能得到改善。

上述分析表明，通过一个有约束力的协议，原来不能实现的策略组合就可以实现，这就是合作博弈。合作博弈与非合作博弈的主要区别在于，人们的行为相互作用时，是否达成一个具有约束力的协议。如果有，就是合作博弈，反之就是非合作博弈。

5.5.1 合作博弈的基本知识

由于合作博弈会使得双方的收益都有所增加，或者至少是一方的收益增加，同时另一方的收益不减少，因此合作博弈自然要涉及一个重要的问题，即合作达成后如何分配收益的问题。合作博弈采取的是一种合作的方式，或者说是一种妥协的方式。事实上，合作能够达成的一个基本前提就是合作能够产生合作剩余。至于合作剩余在博弈各方之间如何分配，则取决于博弈各方的力量对比和技巧运用等很多因素，因此合作剩余的分配既是讨价还价妥协的结果，又是达成合作的条件。

合作博弈一般存在于多人博弈场合中。在多人博弈中，所有参与人集合的任意一个子集都称为一个联盟，联盟存在需满足以下两个条件：第一，对于联盟来说，整体收益大于其所有成员单独博弈时的收益之和；第二，在联盟内部，应存在具有帕累托改进性质的分配规则，即每个成员都能获得比不加入该联盟时多一些的收益。

由上面的叙述不难发现，合作博弈的一个重要研究任务是：研究什么样的分配原则才能够使得合作存在、巩固和发展，研究如何分配才能在联盟内部的参与者之间更有效地配置资源或分配利益，实现帕累托改进。

5.5.2 合作博弈的例子

1. 哑巴和瘸子

有一对夫妻，丈夫是个哑巴不会说话，妻子下半身残疾不能走路。丈夫因为不会说话所以虽然能外出但买东西时不能与人沟通,而妻子虽然能说会道,但由于不能走路故不能单独外出,单独一个人都不能完成外出买东西的任务。每次外出时丈夫总是背着妻子,与人沟通的时候就让妻子说话,逛街时就由丈夫完成,通过合作解决了两个人的烦恼。

2. 鳄鱼和牙签鸟

在非洲热带和亚热带地区的一些地方,有一种被称为牙签鸟的小鸟——也被形象地称为鳄鱼的哨兵。就是这样一种体形娇小的鸟,却是凶猛残暴的鳄鱼的好朋友。原来鳄鱼每当饱餐之后,就会懒洋洋地躺在沙滩上晒太阳,这时候成群的牙签鸟就在它的身上啄食小虫,还会钻进鳄鱼的大嘴里啄食鳄鱼牙缝里的食物残渣和寄生虫,这就如同牙签与人的关系一样,使鳄鱼感到非常舒服。在这个合作过程中,鳄鱼免费享受了保健服务,而牙签鸟在鳄鱼的牙缝里获取了食物。

牙签鸟还担当了鳄鱼的警卫员。牙签鸟的感觉很灵敏,只要周围有什么异常,它们就会惊觉地一飞而散。这样,反应迟钝的鳄鱼就会惊醒,及时应对危险情况。

牙签鸟和鳄鱼的这种互惠互利的合作行为,就是生物学上常说的共生或共栖现象。事实上,博弈论可以深入研究生物界的很多现象。

从个体自私理性的角度分析,鳄鱼会吃掉飞到嘴里的牙签鸟,牙签鸟也不敢飞到鳄鱼的嘴里。但是,由于它们的合作会产生帕累托改进,使双方都得到更多的收益,因而使合作博弈得以成为可能并一直延续下去。

5.5.3 合作收益的分配

收益分配问题是多人合作博弈的主要研究内容之一,对于经济社会活动具有重要的现实意义。

1953 年,美国运筹学家沙普利提出了几个著名的分配原则,这些原则也可称为公理。这样,就可以用严格的公理化方法来定义分配的收益值,称为沙普利值。沙普利进一步证明了满足这些原则的合作博弈的分配值是唯一存在的,并给出了沙普利值的计算公式,从而很好地解决了合作收益的分配问题。此处,我们不做精确定义和叙述,只进行通俗的解释说明,有兴趣的读者可进一步参阅章后相关文献。下面只给出一个形象的描述。

关于沙普利值的引入,有这样一个有趣的故事:约克和汤姆结伴旅游,约克带了 3 块饼,汤姆带了 5 块饼。这时,有个饥饿的路人路过,希望能从他们那里得到一些食物充饥,于是约克和汤姆邀请他一起吃饭,三人将 8 块饼全部吃完了。吃完饭后,路人为感谢他们提供的午餐,留下了 8 个金币,然后继续赶路走了。

约克和汤姆为这 8 个金币的分配起了争执。汤姆认为,自己提供了 5 块饼,理应得 5 个金币,约克提供了 3 块饼,理应得 3 个金币。约克认为,理应平分这 8 个金币,每人各得 4 个金币。于是,约克找到了沙普利评理。沙普利对约克说:"孩子,汤姆给你 3 个金币,你应该愉快接受并感激你的朋友汤姆,如果你要公正的话,那么我告诉你,公正的分法是,你只能得到 1 个金币,而汤姆应当得到 7 个金币。"约克对此当然不理解了。

沙普利接着解释说:"是这样的,孩子,你们 3 人共吃了 8 块饼,其中,你的 3 块,汤姆的 5 块。每个人都吃了其中的 1/3,即 8/3 块。你带的 3 块饼,你自己已经吃掉了 8/3 块,那么路人就只吃了你的剩下的(3−8/3)块 = 1/3 块。路人吃了你朋友汤姆带的饼中的(5−8/3)块 = 7/3 块。这样,路人所吃的 8/3 块饼中,属于汤姆的份额是属于你的份额的 7 倍。因此,按照这个比例,这 8 个金币的公平分法是,你得 1 个金币,汤姆得 7 个金币。"

约克听了沙普利的分析后,认为很有道理,于是愉快地提出自己拿 1 个金币,而让汤姆拿 7 个金币。

这个故事中沙普利所提出的对金币的"公平的"分法,遵循的原则其实是一个朴素且公认的原则:按照贡献分配收益。合作博弈中的沙普利值正是按照这一原则计算出来的。

5.6　博弈中的共同知识

"共同知识"的概念由逻辑学家刘易斯提出,由经济学家奥曼等用于博弈分析。博弈论中"共同知识"的概念与人们通常的理解有所不同。举个例子。学生认识老师,但老师不一定认识学生,路上碰在一块了,学生应不应该向老师打招呼呢? 也许学生会担心,老师不认识他,打招呼会把老师弄得莫名其妙,这个例子就涉及共同知识的问题。在博弈论中,"每个参与者都是理性的"是共同知识,因为这是博弈论的基本假定。它的含义是:参与者知道对方是理性的,同时知道对方知道自己知道对方是理性的,等等。

共同知识是指满足下面要求的知识,这些要求是递进的。

(1) 所有参与人都知道。

(2) 所有参与人知道所有参与人知道。

(3) 所有参与人知道所有参与人知道所有参与人知道。

上述要求无限进行下去,这是一个由己及人、由人及己的无限推理过程。

例如,虽然甲、乙二人都各自知道 $a+b=c$ 这一公式,但互相不清楚对方是否知道这一公式,那么公式 $a+b=c$ 便不会成为二人的共同知识。

几个著名的案例如下。

1. 协同攻击难题

两个将军各自带着自己的部队埋伏在相距一段距离的两座山头上布防。将军 A 得到一个情报,敌人即将到达,如果趁敌人立足未稳没有防备,两股部队同时出击,就能打败敌人获得胜利,而如果只有一方进攻,将会失败。

将军 A 遇到了一个难题:如何与将军 B 协同进攻呢? 那时没有电话、电报之类的现代化通信工具,就只好派情报员去将军 B 那里,约定黎明共同出击,并告诉将军 B,只有同时出击才能获胜。

在情报员返回之前,将军 A 担心,情报员有可能被敌人抓获或者失踪,故他不能确定将军 B 是否收到了他的信息。

而如果情报员回到将军 A 处,将军 B 又担心了,万一情报员返回的途中被敌人抓获或者失踪,将军 A 就不能确定是否将信息送达,那么将军 A 就不会贸然进攻,当然自己也就不会贸然进攻。

将军 A 也知道将军 B 有这个担心,于是将军 A 又将该情报员派遣到将军 B 那里。然而,在情报员返回之前,他再次不能保证这次情报员肯定到了将军 B 那里;若情报员返回将军 A 处,将军 B 的担心又来了……

这就是由格莱第一次提出的著名的协同攻击难题。后来有学者证明,不论这个情报员来回成功地跑多少次,上面的窘境都不能消除,从而有可能导致两个将军不能一起进攻。在协同攻击难题中,A、B 两个将军都分别单独知道了"于黎明一起进攻",但有意思的是,无论情报员跑多少次,都不能使这个知识成为 A、B 的共同知识。

2. 脏脸博弈

三个人在屋子里,他们的脸上都有灰。每个人都不能看到自己的脸是否干净,但可以看到别人的脸是否干净,相互之间不许通过说话、使眼色等方式告知。有位美女进来说:"你们当中至少一个人的脸是脏的,那你们能说出自己的脸是脏的还是干净的吗?"三人互相看了看,都没有反应过来,但过了一会,三个人突然顿悟,几乎同时意识到自己的脸是脏的,脸都红了。

这是为什么呢? 事实上,如果没有美女的那句看似废话的话而让他们判断自己的脸是干净的还是脏的,三个人永远都说不出来。

美女的那句话"你们之中至少有一个脸是脏的"为什么就能"点破天机"呢? 为了便于理解,不妨为这三个人假定一个顺序,先问第一个人 A,他的脸是脏的还是干净的,他应该答不出来;再问第二个人 B,他也答不出来;但是当问第三个人 C 的时候,他就在想,为什么 A 和 B 都判断不出来自己的脸上是否有灰呢?

A 判断不出来的原因肯定是因为 B 和 C 中至少一个的脸上有灰,因为否则,假设 B 和 C 的脸都是干净的,由于 A 又知道"你们之中至少有一个脸是脏的",那 A 就能推断出自己的脸肯定就是脏的。

B 是怎么推理的呢? 首先,B 当然知道 A 是如何推理的,A 回答不上来就意味着,B 和 C 至少一个脸上有灰。如果这时 B 看到 C 的脸是干净的,那就可以迅速判断自己的脸是脏的。既然 B 也回答不出来,那必然是因为 C 的脸是脏的。

现在轮到 C 回答,C 当然知道 B 的推理,那 C 就会知道自己的脸肯定是脏的了。根据理性人的假设,A 和 B 与 C 同样聪明,那么 A 和 B 也能根据另外两个人的表现而推理出自己的脸上有灰。因此,三个人会几乎同时顿悟!

上面的推理之所以能够进行,就是基于"你们之中至少有一个脸是脏的"这一共同知识,每个人都知道这句话,而且每个人也知道每个人都知道这句话……,循环进行,知识共同化。

3. 老师的生日

小 M 和小 D 都是老师的学生,有一天,老师告诉小 M 他生日的月份(month),告诉小 D 生日的日期(date),并告诉二人,自己的生日是以下 10 组中的一个:3 月 4 日,3 月 5 日,3 月 8 日;7 月 4 日,7 月 20 日;9 月 1 日,9 月 5 日;12 月 1 日,12 月 21 日,12 月 8 日。

老师问他们:他的生日是哪个?

小 D 说:我不知道。

小 M 接着就说了:我本来也不知道,但你这么一说,我就知道了。

小 D 于是说:哦,那我也知道了。

请问老师的生日是哪个?

我们从小 M 和小 D 关于老师生日的共同知识的变化角度来分析这个推理过程。

第 1 阶段:小 D 说不知道之前的共同知识是,老师的生日是 10 组中的一个,小 M 知道月份,小 D 知道日期。

第 2 阶段:小 D 说不知道之后的共同知识是,老师的生日不是 7 月 20 日,也不是 12 月 21 日。因为日期是 20 和 21 的生日只有 7 月 20 日和 12 月 21 日,若小 D 拿到的日期是 20 和 21

这两个数中的一个,那么小 D 一定就会说知道了。因此,排除 7 月 20 日和 12 月 21 日,那么剩下的可能的生日就是 3 月 4 日,3 月 5 日,3 月 8 日,7 月 4 日,9 月 1 日,9 月 5 日,12 月 1 日,12 月 8 日。

第 3 阶段:小 M 说现在知道了之后的共同知识是,小 D 和小 M 的话以及两句话背后的逻辑推理。

小 M 说现在知道了,背后的逻辑必然是,在排除了 7 月 20 日和 12 月 21 日之后,小 M 所知道的月份只对应一个日期。满足该条件的月份只有 7 月,即为 7 月 4 日。此时实际上已经推断出了老师的生日。

第 4 阶段:小 D 最后说他也知道了之后的共同知识是老师的生日是 7 月 4 日。小 D 的这句话本身当然就表示小 D 知道了老师的生日是 7 月 4 日,而且由上一阶段的共同知识,小 D 还知道小 M 也知道了老师的生日是 7 月 4 日这件事;小 M 在上个阶段已经知道了老师的生日是 7 月 4 日,小 M 听到小 D 说他也知道了,所以小 M 知道小 D 也知道了老师的生日是 7 月 4 日。

4. 黑白帽子问题

下面的黑白帽子问题也是很著名的一个关于共同知识的问题,这里的叙述可能比通常的说法有所扩展,更一般化。这个问题也可看作前面的脏脸博弈问题的一个扩展。

一群人开舞会,每人头上都戴着一顶帽子。帽子只有黑、白两种颜色,每个人都能看到(但不允许说出)其他人帽子的颜色,但看不到自己帽子的颜色。主持人首先透露一个事实,大家戴的帽子至少有一顶是黑色的。第一次让大家互相观察一下,如果有人认为自己戴的帽子是黑色的,就报告一声并领奖,结果无人报告;于是进行第二轮,大家再看一遍后,结果仍然无人报告;如此进行下去,问什么时候才能有人报告自己的帽子是黑色的? 这时共有多少顶黑帽子?

分析如下。第一轮时,若某个人没看到黑帽子,那他就知道自己戴的帽子是黑色的了,因此也就报告了,但是没有人报告,说明每个人都看到了至少 1 顶黑帽子,因此可以推断共至少有 2 顶黑帽子。

第二轮时,若某个人只看到了 1 顶黑帽子,那他就知道是他看到的那个人和他自己,恰好 2 个人戴了黑帽子,因此也就报告了。若没有人报告,说明每个人都看到了至少 2 顶黑帽子,因此可以推断共至少有 3 顶黑帽子。

第三轮时,若某个人看到了恰好 2 顶黑帽子,那他就知道是他看到的那两个人和他自己,恰好 3 个人戴了黑帽子,因此也就报告了。若没有人报告,说明每个人都看到了至少 3 顶黑帽子,因此可以推断共至少有 4 顶黑帽子。

其实以此类推,不难发现,到了第几次有人报告,就有几个人戴了黑帽子;反之亦然。

▊▶ 思考题 ▊

1. 大猪小猪博弈。

猪圈里有两头聪明的猪,1 头大猪和 1 头小猪。猪圈的一端有食槽,另一端安装着 1 个开关按钮,按一下开关,就会有 10 个单位的食物进入食槽,但跑到另一端按开关,必然会晚些时间赶回食槽吃食,故不妨假设按开关的猪需要付出 2 个单位的成本。若大猪先吃,则大猪可吃到 9 个单位的食物,小猪只能吃到 1 个单位;若小猪先吃,则小猪可吃到 4 个单位,大猪能吃到 6 个单位的食物;若两猪同时吃(即同时去按开关),则大猪吃到 7 个单位,小猪吃到 3 个单位。请分析该博弈中,大猪和小猪的最佳选择是什么?并请思考这种博弈现象在现实生活中带给我们的启发。

智猪博弈收益矩阵如题表 5.1 所示。

题表 5.1

小猪　　　大猪	按	等待
按	5，1	4，4
等待	9，−1	0，0

2. 旅行者困境。

两个旅行者从国外的同一个地方旅行回来,他们在该国的同一家店铺都买了同一种工艺品,自然两人的价格也是一样的。但在提取行李的时候,发现工艺品被摔坏了,于是他们向航空公司索赔。航空公司知道工艺品的价格为八九十美元,但是不知道当时的确切标价是多少,为了评估出工艺品的真实价格,公司经理将两位乘客分开以避免两人合谋,分别让他们写下工艺品的价格,价格的金额要不低于 5 美元,并且不高于 100 美元,当然还要是一个整数值。

另外,规则如下。如果两人写的一样,航空公司将认为他们都讲真话,就按照他们写的数额赔偿;如果两人写的不一样,航空公司就有理由相信写得低的旅客讲的是真的,就按这个低的数值赔偿,同时,航空公司对讲真话的旅客给予额外奖励 5 美元,且对讲假话(报价高)的旅客罚款 5 美元。请分析,这两位旅客会怎么写?

3. 部落中妻子的忠贞问题。

故事发生在一个部落。部落有 100 对夫妻。每天晚上,部落里的男人们都将点起篝火,绕圈围坐在一起开会。在篝火会议开始时,如果一个男人认为他的妻子对他总是忠贞的,那他就在会议上当众赞扬妻子的美德。但如果在会议之前的任何时间,他发现妻子对自己不贞,那他就会在会议上公布妻子的不贞,并企求神灵惩罚她。而且,如果一个妻子曾有对自己丈夫的不贞,那她和她的情人会立即告知村里除她丈夫之外所有的男人。上面这些奇特的风俗都是历史沿袭下来的部落每个人的共同知识。

实际情况是,每个妻子都已经对自己的丈夫不贞。于是每个男人都知道其他人的妻子不贞,但都不知道自己妻子不贞,因而每天晚上的篝火会议上每个男人都赞美着自己的妻子。这种状况一直持续着,直到有一天来了一位传教士。传教士了解了情况后参加了篝火会议,他站起来向所有的人宣布:这个部落里至少有一个妻子已经不贞了。第二天,传教士就离开了这个部落。在此后的 99 个晚上,丈夫们继续赞美各自的妻子,但在第 100 个晚上,他们全都揭露了自己妻子的不贞,并企求神灵严惩自己的妻子。

请从共同知识的角度分析这个故事。

参 考 文 献

[1]　常金华,陈梅.博弈论通识十八讲[M].北京:北京大学出版社,2017.

[2]　韩红梅.生活中的运筹学[M].北京:电子工业出版社,2017.

[3]　刘华,李莹,赵建立,葛美侠.沉默策略对囚徒困境博弈合作水平的影响[J].数学的实践与认识, 2016, 46 (20): 240-247.

[4]　谢识予.经济博弈论[M].3 版.上海:复旦大学出版社,2002.

[5]　张维迎. 博弈论与信息经济学[M]. 上海：上海人民出版社，1996.

[6]　Cheng D Z. On finite potential games[J]. Automatica，2014，50（7）：1793-1801.

[7]　Guo P L，Wang Y Z，Li H T. Algebraic formulation and strategy optimization for a class of evolutionary network games via semi-tensor product method[J]. Automatica，2013，49（11）：3384-3389.

[8]　Gibbons R. A primer in game theory[M]. 3rd. New Jersey：Prentical Hall，1992.

[9]　 Watson J. Strategy：an introduction to game theory[M]. 3rd ed. New York：W. W. Norton & Company，2013.

[10]　Wang X J，Lv S J. The roles of particle swarm intelligence in the prisoner's dilemma based on continuous and mixed strategy systems on scale-free networks[J]. Applied Mathematics and Computation，2019，355：213-220.

[11]　Zeng W J，AI H F，Zhao M. Asymmetrical expectations of future interaction and cooperation in the iterated prisoner's dilemma game ［J］. Applied Mathematics and Computation，2019，359：148-164.

第6章

预测与决策

JIANMING YINGYONG

YUNCHOUXUE

6.1 预测与决策理论概述

军事领域里有两句名言:"千军易得,一将难求","将失一令,军破身死"。

与一些影视作品中所演绎的大不相同的是,即使在冷兵器时代的战斗中,基本上也不会出现两方军队摆好阵势,然后敌我双方将领骑马提刀在阵前生死对决,而手下士兵在后面擂鼓呐喊助威的情况。上阵厮杀并不是身为将领的主要工作,将领的主要工作是根据收集到的信息做出各种决策,以指挥军队的行动。将领的决策关系到战斗的胜败、军队的生死、国家的存亡,是极其重要的事情。

不仅在军事领域,在其他任何一个领域以至每个人,每天都要做出各种各样的决策。这些决策有大有小,小到早餐吃什么食物,大到价值千百亿元工程项目的施行,小到无关紧要,大到关系到国家兴衰,决策关系到国计民生的几乎所有层面。

决策的基础是预测,只有对事物的演化预先做出准确的预测,才能做出合理、有利的决策。

《孙子兵法》中说:"夫未战而庙算胜者,得算多也;未战而庙算不胜者,得算少也。多算胜,少算不胜,而况于无算乎!"预测的重要性怎样评价都不为过。军事领域中的预测关系到胜败,经济领域中的预测关系到盈亏,政治领域中的预测关系到兴衰。古人把对未来的预测称为天机,可见它的重要性之强和难度之高。

6.1.1 预测理论概述

6.1.1.1 预测模式的演变

从古代开始,人们就对预测极其重视。在古人使用的预测方法中,占卜具有很重要的地位。这与当时的生产力与科技水平低下是分不开的。随着社会的发展进步,预测模式逐渐经历了从迷信到科学的演变。古代流传下来的占星术、塔罗牌、易经八卦等预测方法,虽然现在仍有很多人乐此不疲,但大多情况下只是作为一种历史文化学习或者娱乐消遣,不再作为可以用作决策参考的预测方法。

预测方法经历了从主观到客观的演变。从认识论的角度说,完全的客观性可能是永远也达不到的,因为一切对客观事物的认识,都离不开人类思想的参与,更何况人本身也是客观世界的组分之一。例如,对预测模型的选择,是选择线性回归模型,还是选择灰色模型,取决于预测者对事物本身性质的判断,而这种判断往往并无充分的依据,往往是预测者主观决定的。虽然如此,预测理论的发展中,人们一直想方设法尽量消除或减少个体主观因素对预测的影响,增强预测的客观性。

预测方法经历了从简单到系统的演变。随着预测理论以及系统科学理论的发展进步,预测内容从某一简单事件逐渐过渡到复杂事件以及系统事件。实际上,有些看似单一的事件预测,如天气预报,本身就是非常复杂的系统预测。

预测方法经历了从定性到定量的演变。如果使用"阈值"这一概念来解释,则定性与定量本质上是一样的,定性相当于取值较少的定量,或者说以阈值以准则把定量划分为几个区域。就以天气预报来说,可以粗略地定性为"雨,晴",也可以细分一下,定性为"雨,阴,多云,晴",还可以进一步详细地表述为"降雨概率",降雨概率是用具体数字表示的,就相当于定量了,实际上是更加精细的预测结果。以概率统计等为代表的数学分支,极大地促进了预测方法从定量向定性的演进。本章内容只涉及定量分析。

预测方法经历了从硬性计算到软性计算的演化。传统计算方法(相对地称作硬计算)的主要特征是严格性、确定性和精确性——这也是传统数学的基础与核心特征。但是随着研究领域的拓展,人们发现现实中的许多问题难以用硬计算方法来处理,如种群演化、汽车驾驶等。对这类问题的研究使得软计算应运而生。软计算通过对不确定性、不精确性及不完全性问题的深入研究,通过一定的容错率,以一定的代价获得问题的解决方案。软计算包括的一些常见理论方法有模糊理论、粗糙集理论、混沌理论、灰色理论、遗传算法理论等。本章对软计算理论中的灰色理论做简要的介绍。

6.1.1.2 常用的预测方法

预测方法分为定性与定量两大类。

在定性预测中,专家会议法以及由此发展的德尔菲法,主要通过组织有关专家以会议商讨的形式,对事物发展做出定性预测,进一步通过专家匿名以获得意见的真实性,通过多轮会议和取均值等方法获得预测结果的稳定性。

类推预测法是另一种常见的定性预测方法,以相类似的事物发展的历史经验作为借鉴,对待预测事物做出相似性的预估。例如,农产品中,玉米、大豆等商品具有较强的相似性和相关性,可以使用类推的方法做定性预测。

在定量预测中,涉及的方法就更多了。回归法就是一种常用的方法,又细分为线性回归法和非线性回归法。二者都通过建立因变量与自变量之间的回归函数进行预测。

移动平滑法和指数平滑法都通过对一段时间的历史数据取(加权)均值,以降低历史数据的波动性,增强历史数据的稳定性,以此对下阶段数据做出预测。

灰色预测法和以上两种方法在思想上并没有本质区别,但是它通过累加算子的方法,大幅消除了历史数据的波动性,增强了历史数据趋势稳定性,通过建立函数模型进行预测。

还有很多定量预测方法。从本质上说,这些方法都试图通过对历史数据的研究,寻找数据所隐含的内在发展规律,由此构建模型,对下阶段情况做出预测。虽然这些方法都是定量方法,并且具有较强的客观性,但完全脱离主观性也是做不到的——这与经典物理方法的确切决定性是很不同的。因此,在数据内在属性并不明确的情况下,综合考虑多种方法,进行互相比较印证是很有必要的。

6.1.1.3 一般预测流程

预测并没有一定的流程,但是一般情况下,都有以下几个步骤。

1. 确定目标

明确将要进行预测的目标并具体化。例如,对农产品产量的预测,就明确到具体哪个地区、哪个时间段、哪种农产品的产量,是亩产还是总产。

2. 数据准备

确定目标后,就要做数据准备。数据准备包括明确收集数据的范围,数据结构的确定,具体数据的收集、筛选和清洗。

3．选择方法并建模分析

根据具体问题的特点和获得的数据,对使用哪些具体的预测方法做出选择,使用合适的预测方法能够得到更加理想的结果。若是不能确定适用哪种预测方法,就应就多种预测方法做出尝试,互相比较。

4．检验并评价预测结果

对于预测来说,预测模型的好坏主要由两个因素评价:一是响应性,也就是模型对时间变化是否有及时、快速的反应,若是模型预测结果与实际情况相比有较为严重的延后等情况,则响应性较差;二是稳定性,事物变化往往受到随机因素的影响,好的模型应该可以很好地过滤随机因素的影响而反映事物本质的变化规律。

评价预测模型优劣的指标一般是模型精度,具体通过误差来进行表述。常见的误差指标有:绝对误差 $e = |X - \hat{X}|$,其中 X 与 $\hat{X}$ 分别表示数据真值和预测值;相对误差 e/X,也就是把绝对误差与真值做比值;平均误差;平均相对误差等。这些误差指标虽然形式不同,但本质上都是从不同的角度刻画预测值与真实值之间的差异,这与统计学中的各种误差的定义是一样的。本章涉及的常用误差指标和具体算法将在后文中具体介绍。

5．提交预测报告

经过以上步骤,可以提交预测报告。在预测报告中,不仅要包含量化的预测结果,还应包含对问题的分析和假设,所用的预测方法与结果及多种预测方法之间的比较,还有对结果的评价等内容。

6.1.2　决策理论概述

6.1.2.1　决策理论的发展

预测是决策的前提,决策是预测的目的。决策理论的发展过程与预测理论的发展过程是密切相关的,决策理论主要经历了从经验决策到科学决策的过程。早先的决策,往往取决于决策者个人的智慧与经验,缺少一般性、系统性、科学性的意义,难以作为可以借鉴的方法推广。

从 20 世纪 50 年代前后,由于数学、管理学、经济学、心理学等方面的发展,在越来越多的领域,经验型决策逐渐为科学决策所取代,由此发展的决策理论逐渐形成为系统化的理论体系。在此过程中,赫伯特·西蒙(Herbert A. Simon,1916—2001)提出的决策理论,可以说是决策理论发展史的里程碑。

西蒙决策理论的核心思想大致包括以下几点。

(1) 管理的本质与核心就是决策,组织、领导、控制都是决策的具体体现。

(2) 决策过程的系统性。西蒙的决策理论提出决策是一个系统的活动,包括收集信息、拟定备选计划、选定计划、评价计划四个阶段。

(3) 建立了"满意原则"的标准。西蒙的决策理论对传统理论的理想化假设做出批驳,认为"理性人"和"最优原则"其实是不具有实际意义的,代之以"管理人"和"满意原则"。这一理念切实体现了决策理论是一种实际应用理论而非"学院派"理论这一本质特征。

西蒙的决策理论虽然也有很多的局限性,但是是决策理论从经验决策向科学决策,以及决策向系统化方向发展的里程碑。

6.1.2.2　常用的决策方法

决策方法的发展主要在两个理论体系框架下进行。

一是统计学理论。在此框架下发展的决策理论和方法,包括现代效用理论、贝叶斯决策理论和序贯决策、多目标决策、群决策等。虽然这些决策方法各有不同,但它们的理论主线都建立在统计学原理之上。

二是管理学理论。在西蒙之后,美国经济学家肯尼斯·约瑟夫·阿罗(Kenneth J. Arrow,1921—2017)提出的"不可能定理"使决策理论迈上了一个新台阶,推动了社会选择理论、群决策理论的新发展。

统计学理论与管理学理论两个框架并非彼此独立,而是相互交织、互相促进。

6.2　时序预测法

6.2.1　概述

时间序列也叫动态数列,是将某特征数据按照时间顺序排列所形成的数列。例如,商场某种商品的销售量按照日期排列得到的销售序列,加油站销售汽油的价格按照日期排列得到的价格序列等。

时序预测法是时间序列预测法的简称,通过对时间序列进行分析加工,根据时间序列反映的发展变化过程和趋势,进行类推及顺延,进而预测下一个时间段的数据。

若用 Y_t 表示一个时间序列在 t 时间点的数值,则 Y_t 一般由以下 4 项组成。

(1)长期性趋势 L_t。长期性趋势描述在较长时间段内的整体趋势。例如,在稳定发展的社会环境下,一般会有长期稳定的通货膨胀,这使得物价指数长期来看会稳定增长。

(2)周期性趋势 C_t。周期性趋势描述的是某些波动反复重现的情况。例如,中央银行常常会通过银根紧缩和银根放松的方法调整市场的金融秩序。一般来说,这种情况会以不定长的周期形式出现。

(3)季节性趋势 S_t。季节性趋势本质上属于周期性趋势,但是相对于其他的周期性趋势,季节性趋势具有更强的规律性和稳定性。例如,蔬菜价格的变化呈现非常强的季节性,商场礼品类商品的销售与节日密切相关。

(4)偶然性趋势 R_t。偶然性趋势大体上又可分为两种:一种是波动幅度很小的随机因素导致的变动,这种波动在统计意义下可以处理;另一种是突发事件导致的剧烈变动,如突发泥石流灾害导致蔬菜大规模减产,则短时间内市场蔬菜价格大幅度上涨,这种变动对数据的影响很大,往往也难以事先预测,基本上属于"不可抗力",一般不纳入时序预测模型的考虑范畴。

针对以上常见的 4 种类型的趋势,一般把 Y_t 表示为加法模型: $Y_t = L_t + C_t + S_t + R_t$。加法模型是最常见的一种模型。除此之外,还有乘法模型 $Y_t = L_t \cdot C_t \cdot S_t \cdot R_t$ 和各种混合模型。使用哪种模型,取决于时间序列本身各个因素之间的关系:若各自无关,就使用加法模型;若具有较强的交互作用,就使用乘法模型或混合模型。

以下介绍几种基本的时序预测法。

6.2.2　移动平滑法

移动平滑法的思想是对序列中临近数据取平均值,以削弱数据的波动性,增强数据的稳定性,以此作为对下一期数据的预测。

简单移动平滑法也称简单移动平均法,是移动平滑法中最简单、最基础的方法。简单移动平均法适合对较为平稳的时间序列进行预测。平稳时间序列是指时间序列基本上围绕一条水平线上下波动,长期来看增长或减少的趋势不明显。

对于时序$Y_t=\{y_1,y_2,\cdots,y_n\}$,其中,每个$y_t(t\in\{1,2,\cdots,n\})$表示$t$时间点的观察值,定义$N$期移动平滑公式

$$M_t=\frac{1}{N}\sum_{k=t-N+1}^{t}y_t$$

并令预测值$\hat{y}_{t+1}=M_t$,含义为以从当前时间点开始向前连续N个数据的平均值作为下一时间点的估计值。称$e_t=\dfrac{|y_t-\hat{y}_t|}{y_t}$为$t$时点相对误差,$\bar{e}=\dfrac{1}{S}\sum_{k=1}^{S}e_t$为$S$项预测的平均相对误差。

实例 6.2.1　对江苏省连续 10 年农产品生产价格指数做移动平均法预测分析,数据如表 6.2.1所示。

表 6.2.1

年度	农产品生产价格指数(上年＝100)	3 年移动平均	相对误差	5 年移动平均	相对误差
2009 年	99.9				
2010 年	108.8				
2011 年	112.1				
2012 年	103.7	106.9	3.12%		
2013 年	103.4	108.2	4.64%		
2014 年	101.3	106.4	5.03%	105.6	4.23%
2015 年	102.3	102.8	0.49%	105.9	3.48%
2016 年	104.0	102.3	1.60%	104.6	0.54%
2017 年	97.9	102.5	4.73%	102.9	5.15%
2018 年	100.9	101.4	0.50%	101.8	0.87%
2019 年		100.9		101.3	
$\bar{e}$			2.87%		2.85%

注:表中相对误差是保留了表中相关数据更多小数位的计算结果,其余表数据有出入,也是这个原因。

分别取 $N=3$ 和 $N=5$,做 3 年移动平均和 5 年移动平均,可见估计值平均误差大体相当。两者的区别在于:与 5 年移动平均相比,3 年移动平均对近期变化趋势的响应更为灵敏一些,也就是说更强调了临近值对预测数据的影响,无论 N 取怎样的值,这种方法都只适合做 1 期预测,本例中做了 2019 年的预测,预测效果如图 6.2.1所示。从图 6.2.1中可以明显看出,5 年移动平均更加平稳,而 3 年移动平均响应性更强一些。

以上介绍的简单移动平滑法仅针对较为平稳的序列(没有递增或递减的趋势),如果序列有

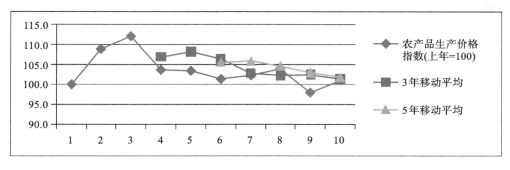

图 6.2.1

递增或递减的趋势,就不适合使用这种方法了。对于有递增或递减趋势的序列,可以对使用简单移动平滑法得到的序列再做一次移动平滑,构建线性关系后加以预测,这称作趋势平滑预测,具体方法如下。

记一次移动平均数

$$M^{(1)}{}_t = M_t = \frac{1}{N} \sum_{k=t-N+1}^{t} y_t$$

定义二次移动平均数

$$M^{(2)}{}_t = \frac{1}{N} \sum_{k=t-N+1}^{t} M^{(1)}{}_k$$

二次移动平均数显然是在一次移动平均数的基础上,再做一次移动平均而得到的。二次移动平均数也可以用来做预测,相比一次移动平均数,二次移动平均数引用了序列中更多项数据,具有更强的稳定性,但同时也具有更强的滞后性。

以 $N=3$ 的移动平均预测为例,分别取预测值

$$\hat{y}^{(1)}{}_{t+1} = M^{(1)}{}_t$$

$$\hat{y}^{(2)}{}_{t+1} = M^{(2)}{}_t$$

当 $t=5$ 时,$\hat{y}^{(1)}{}_6 = \frac{y_3 + y_4 + y_5}{3}$,$\hat{y}^{(2)}{}_6 = \frac{y_1 + 2y_2 + 3y_3 + 2y_4 + y_5}{9}$。可见,对序列中第 6 项做预测时,一次移动平滑引用 3 项数据,它的中心值是序列中第 4 项,各项平权;二次移动平滑引用 5 项数据,它的中心值是第 3 项,并且中心项具有更大的权值,向两端权值依次降低,因此相对一次移动平滑,二次移动平滑具有更强的滞后性,对临近数据(比如此处的第 5 项数据)的响应更不敏感。

假如时序 $Y_t = \{y_1, y_2, \cdots, y_n\}$ 在后期具有拟线性趋势(不具有线性趋势的序列不适合使用这种方法),并且这种线性趋势得以延续到远期,则可以做如下线性模型。这称为趋势移动平均法。

$$\hat{y}_{t+T} = a_t + b_t \cdot T$$

其中,

$$a_t = 2M^{(1)}{}_t - M^{(2)}{}_t$$

$$b_t = \frac{2(M^{(1)}{}_t - M^{(2)}{}_t)}{N-1}$$

在以上各式中,t 表示当前期时间,T 表示后续将预测的期数。

实例 6.2.2 表 6.2.2 所示是我国 1999 年至 2018 年国内生产总值（单位：万亿元），使用趋势平滑预测方法，得到各年度 $T=1$ 时的预测值（表中最右下角数据为平均误差）。

表 6.2.2

年度	国内生产总值	一次移动平均数	二次移动平均数	a_t	b_t	趋势平滑预测值	相对误差
1999 年	9.1						
2000 年	10.0						
2001 年	11.1	10.1					
2002 年	12.2	11.1					
2003 年	13.7	12.3	11.2	13.5	1.2		
2004 年	16.2	14.0	12.5	15.6	1.5	14.7	9.3%
2005 年	18.7	16.2	14.2	18.2	2.0	17.1	8.6%
2006 年	21.9	19.0	16.4	21.5	2.6	20.3	7.6%
2007 年	27.0	22.6	19.2	25.9	3.3	24.1	10.9%
2008 年	31.9	27.0	22.8	31.1	4.1	29.2	8.5%
2009 年	34.9	31.3	26.9	35.6	4.3	35.2	1.1%
2010 年	41.2	36.0	31.4	40.6	4.6	39.9	3.1%
2011 年	48.8	41.6	36.3	46.9	5.3	45.2	7.4%
2012 年	53.9	48.0	41.9	54.1	6.1	52.3	2.9%
2013 年	59.3	54.0	47.9	60.1	6.1	60.2	1.4%
2014 年	64.1	59.1	53.7	64.5	5.4	66.2	3.3%
2015 年	68.6	64.0	59.0	69.0	5.0	69.9	1.9%
2016 年	74.0	68.9	64.0	73.8	4.9	74.0	0.1%
2017 年	82.1	74.9	69.3	80.5	5.6	78.7	4.1%
2018 年	90.0	82.0	75.3	88.8	6.8	86.1	4.3%
2019 年						95.6	5.0%

注意：趋势平滑预测方法也最多只适合预测 $T=2$ 的情况，如使用截至 2018 年数据，最多预测到 2019 年和 2020 年，再往后预测则难以保证预测效果。本例中"趋势平滑预测值"列的各行数据，是根据截至上一年度构建模型做出的 $T=1$ 预测，如 2004 年预测数据 $14.7=13.5+1.2\times1$（截至 2003 年构建的线性函数），2019 年预测数据 $95.6=88.8+6.8\times1$（截至 2018 年构建的线性函数）。

国内生产总值的估计如图 6.2.2 所示。由图 6.2.2 可以看出，预测值与实际值的近似效果较好。

再进一步比较一次移动平均、二次移动平均、趋势平滑 3 种预测方法的效果差异，结果如图 6.2.3 所示。由图 6.2.3 可以看出，趋势平滑预测方法效果最好，但这不能理解为它是普遍意义下比另两种方法更好的方法，只是因为此例中的数据序列是递增序列，更适合用这种方法。

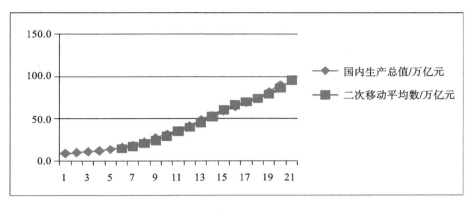

图 6.2.2

相比一次移动平均,二次移动平均具有更强的平稳性和滞后性,因为这个原始序列是递增的,所以二次移动平均的估计效果最差,它严重滞后于增长趋势。

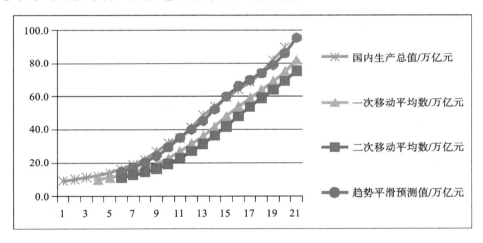

图 6.2.3

注意:当我们把一次移动平均、二次移动平均和趋势平滑三种预测方法放在一起比较的时候,应该用表 6.2.3。

表 6.2.3

年度	国内生产总值	一次移动平均数	二次移动平均数	趋势平滑预测值
1999 年	9.1			
2000 年	10.0			
2001 年	11.1			
2002 年	12.2	10.1		
2003 年	13.7	11.1		
2004 年	16.2	12.3	11.2	14.7

年度	国内生产总值	一次移动平均数	二次移动平均数	趋势平滑预测值
2005 年	18.7	14.0	12.5	17.1
2006 年	21.9	16.2	14.2	20.3
2007 年	27.0	19.0	16.4	24.1
2008 年	31.9	22.6	19.2	29.2
2009 年	34.9	27.0	22.8	35.2
2010 年	41.2	31.3	26.9	39.9
2011 年	48.8	36.0	31.4	45.2
2012 年	53.9	41.6	36.3	52.3
2013 年	59.3	48.0	41.9	60.2
2014 年	64.1	54.0	47.9	66.2
2015 年	68.6	59.1	53.7	69.9
2016 年	74.0	64.0	59.0	74.0
2017 年	82.1	68.9	64.0	78.7
2018 年	90.0	74.9	69.3	86.1
2019 年		82.0	75.3	95.6

6.2.3 指数平滑法

一次移动平均法和二次移动平均法都是加权平均数算法,一次移动平均法属于平权算法,即每个数据点的权都是一样的;二次移动平均法是非平权算法,中心值数据权数大,两端权数小。但在很多情况下,待预测数据的值往往与紧邻数据的值关系更密切,指数平滑法就是一种强调紧邻数据权重的算法。

指数平滑法的思想是,首先通过前期数据得到第 t 期的预测值——该预测值实际上反映了前期数据的情况,然后把第 t 期的预测值与第 t 期的观察值的加权均值作为第 $t+1$ 期的预测值。以预测值为参照点,指数平滑法的权数按照由近到远按指数规律递减,所以称作指数平滑法。与移动平滑法相似,指数平滑法也分为一次指数平滑法、二次指数平滑法、三次指数平滑法等。

一次指数平滑法是最基础的指数平滑法,方法是将第 t 期的预测值与第 t 期的观察值的线性组合作为第 $t+1$ 期的预测值,预测模型为

$$\hat{y}_{t+1} = \alpha y_t + (1-\alpha)\hat{y}_t, \quad \alpha \in [0,1]$$

若将此式递推展开,则得到

$$\hat{y}_{t+1} = \alpha \sum_{k=0}^{t-1} (1-\alpha)^k y_{t-k}$$

可见,在展开式中,各项的权数按照由近到远按指数规律递减。

指数平滑法的使用需面对以下两个核心问题。

一是初始值的确定。因为指数平滑公式是一个递推公式，$\hat{y}_{1+1}$需要用到y_1和$\hat{y}_1$，y_1是观察值，是已知的。$\hat{y}_1$是初始值，也就是第一个数据的预测值，但是$\hat{y}_1$作为第一个数据，是不能由前期数据估计的，那么它该如何确定呢？一般地，可取y_1本身作为$\hat{y}_1$的估计值，也可以取开始几期的均值作为$\hat{y}_1$的值。

二是α的确定。α的值越大，临近数据的权重越大，远期数据的权重缩减得越快，则估计对数据变化的响应越敏感；反之，则估计对数据变化的响应较为迟钝。

实际使用中，可以多取几个α做验算，取其中误差较小的即可。

实例 6.2.3 对江苏省连续 10 年农产品生产价格指数做指数平滑法预测分析，如表6.2.4所示。

表 6.2.4

年度	价格指数（上年＝100）	$\alpha=0.3$	相对误差	$\alpha=0.5$	相对误差	$\alpha=0.7$	相对误差
2009 年	99.9	104.4	4.45％	104.4	4.45％	104.4	4.45％
2010 年	108.8	103.0	5.32％	102.1	6.14％	101.2	6.95％
2011 年	112.1	104.8	6.56％	105.5	5.92％	106.5	4.97％
2012 年	103.7	107.0	3.14％	108.8	4.90％	110.4	6.49％
2013 年	103.4	106.0	2.49％	106.2	2.75％	105.7	2.24％
2014 年	101.3	105.2	3.86％	104.8	3.48％	104.1	2.76％
2015 年	102.3	104.0	1.69％	103.1	0.74％	102.1	0.16％
2016 年	104.0	103.5	0.47％	102.7	1.27％	102.3	1.68％
2017 年	97.9	103.7	5.88％	103.3	5.56％	103.5	5.70％
2018 年	100.9	101.9	1.02％	100.6	0.28％	99.6	1.32％
2019 年		101.6		100.8		100.5	
$\bar{e}$			3.49％		3.55％		3.67％

取初始值$\hat{y}_1$为前 2 项数据的平均值，即 2009 年与 2010 年数据的均值，分别取α的值为$\{0.3, 0.5, 0.7\}$进行计算，从计算结果来看，3 种α的取值导致的差异并不大，但相较之下，取$\alpha=0.3$更好些，如图 6.2.4 所示。

与移动平均法相似，指数平滑法也有二次指数平滑法。二次指数平滑法的计算思想与二次移动平均法相同，即把使用一次指数平滑法得到的序列作为基础，再做一次指数平滑。使用二次移动平均法得到的序列也可以作为原始序列的预测，但更常用的是以下介绍的趋势指数平滑法。

设由原始序列$Y^{(0)}{}_t$经过一次指数平滑后，得到序列$Y^{(1)}{}_t$，对$Y^{(1)}{}_t$再做一次指数平滑，得到$Y^{(2)}{}_t$，预测模型为

$$\hat{y}^{(1)}{}_{t+1} = \mathrm{EM}_t^{(1)} = \alpha y^{(0)}{}_t + (1-\alpha)\hat{y}^{(0)}{}_t, \quad \alpha \in [0,1]$$

$$\hat{y}^{(2)}{}_{t+1} = \mathrm{EM}_t^{(2)} = \alpha y^{(1)}{}_t + (1-\alpha)\hat{y}^{(1)}{}_t, \quad \alpha \in [0,1]$$

假如时序$Y^{(0)}{}_t = \{y_1, y_2, \cdots, y_n\}$在后期具有拟线性趋势（不具有线性趋势的序列不适合使用这种方法），并且这种线性趋势得以延续到远期，则可以做如下线性模型。这称为趋势指数平

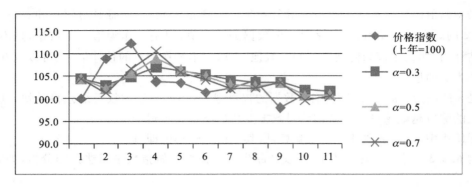

图 6.2.4

滑法。

$$\hat{y}_{t+T} = a_t + b_t \cdot T$$

其中，

$$a_t = 2\,\mathrm{EM}^{(1)}{}_t - \mathrm{EM}^{(2)}{}_t$$

$$b_t = \frac{\alpha(\mathrm{EM}^{(1)}{}_t - \mathrm{EM}^{(2)}{}_t)}{1-\alpha}$$

在以上各式中，t 表示当前期时间，T 表示后续将预测的期数。

实例 6.2.4 表 6.2.5 所示是我国 1999 年至 2018 年国内生产总值(单位:万亿元)，使用趋势平滑预测方法，取初始值为前两项均值，$\alpha=0.5$，得到各年度的 $T=1$ 时的预测值，最右列为趋势平滑预测的相对误差，最右下角数据为平均误差。

表 6.2.5

年度	国内生产总值	一次指数平滑	二次指数平滑	a_t	b_t	趋势平滑预测值	相对误差
1999 年	9.1	9.5	9.4	9.7	0.1		
2000 年	10.0	9.3	9.5	9.1	−0.2	9.8	2.4%
2001 年	11.1	9.7	9.4	9.9	0.3	8.9	19.4%
2002 年	12.2	10.4	9.5	11.2	0.8	10.2	16.1%
2003 年	13.7	11.3	10.0	12.6	1.3	12.1	12.2%
2004 年	16.2	12.5	10.6	14.4	1.9	13.9	14.0%
2005 年	18.7	14.3	11.6	17.1	2.8	16.3	13.0%
2006 年	21.9	16.5	13.0	20.1	3.6	19.9	9.2%
2007 年	27.0	19.2	14.7	23.7	4.5	23.7	12.2%
2008 年	31.9	23.1	17.0	29.3	6.1	28.2	11.6%
2009 年	34.9	27.5	20.1	35.0	7.5	35.4	1.5%
2010 年	41.2	31.2	23.8	38.6	7.4	42.5	3.0%
2011 年	48.8	36.2	27.5	44.9	8.7	46.0	5.8%
2012 年	53.9	42.5	31.8	53.1	10.7	53.6	0.4%

年度	国内生产总值	一次指数平滑	二次指数平滑	a_t	b_t	趋势平滑预测值	相对误差
2013 年	59.3	48.2	37.2	59.2	11.0	63.8	7.6%
2014 年	64.1	53.7	42.7	64.8	11.1	70.2	9.5%
2015 年	68.6	58.9	48.2	69.7	10.7	75.9	10.6%
2016 年	74.0	63.8	53.6	74.0	10.2	80.4	8.6%
2017 年	82.1	68.9	58.7	79.1	10.2	84.2	2.5%
2018 年	90.0	75.5	63.8	87.2	11.7	89.3	0.8%
2019 年		84.2	69.6			98.9	8.4%

有必要指出的是,因为指数平滑法涉及两个人为因素,即初始值的确定和 α 的确定,因而每次取不同值,计算结果和估计效果也不同,并不能够保证任何初始值和 α 的组合都能够取得好的估计效果。相比之下,移动平滑法就不存在这个人为因素的问题。

图 6.2.5 是估计效果的图示。

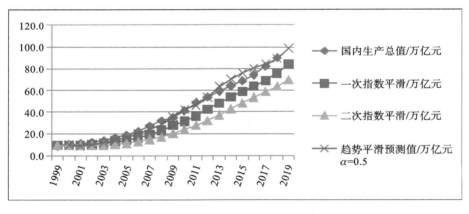

图 6.2.5

6.3 灰色预测方法

对于一个系统,如果我们所需要的全部信息都是已知的,则称该系统为白色系统;如果我们所需的全部信息都是未知的,则称该系统为黑色系统或黑箱。这两种情况在实际中都是不多的。在大多数情况下,都是系统的部分信息已知,还有部分信息未知,这样的系统称作灰色系统,也叫灰箱。一般情况下,较为复杂的系统都是灰色系统,如生态系统、经济系统等。例如,自然环境中某种生态体系,如一条河流里的生物种群,它的种类数量等受到多种因素的影响,我们不可能获得全部信息,只能获知部分信息。

对一个系统的历史状态和当前状态进行研究,进而对后续情况做出预测,是人们一直关注的焦点问题。对于信息量较为充分的情形,使用统计学方法往往能够获得较好的效果。但是也有很多情况是信息量是较少的,这称为贫信息。这时候使用统计学的方法就难以取得较好的效果。

邓聚龙教授创立的灰色系统理论针对这种贫信息的情况进行处理,得到很好的效果。

灰色系统的主要思想是,描述系统特征的数量较少的原始数据本身可能会呈现一种离乱的状态,难以直接挖掘这些原始数据的内在规律,但是对这些原始数据进行适当的变换处理,根据变换后的数据往往可以建立微分方程以揭示其内在规律。通过这种方法,可以对信息量较少又没有显著的表面规律的数据进行预测。

6.3.1 累加运算与累减运算

设 $X^{(0)}(t)$ 是我们要研究的系统的数据列,其中 t 表示时间,上标(0)表示未经处理的原始数据。在贫信息的情况下,对这些数据做统计学或者模糊学处理难以达到良好效果。对这样的序列进行预测,首先要增强序列本身的确定性因素,弱化序列不确定性的因素。这样的方法主要有累加生成、累减生成、均值生成、级比生成等多种,以下主要介绍前两种。

首先,如果 $X^{(0)}(t)$ 是正负值都有的序列,那么可以通过先把序列整体加上一个常数(如序列中最小的负数的绝对值)的方法,使之变成正项序列。对于一个正项序列 $X^{(0)}(t)$,通过累加生成运算,得到一个新序列。

定义 6.3.1 $X^{(0)}(t)$ 为原始序列,其中 $t \in \{1,2,\cdots,n\}$,累加生成运算得到新序列 $X^{(1)}(t)$ 称作一次累加生成序列,其中 D 称作 1-AGO(accumulating generation operator)一次累加生成算子。

$$X^{(1)}(k) = DX^{(0)}(k) = \sum_{t=1}^{k} X^{(0)}(t), \quad k \in \{1,2,\cdots,n\}$$

类似地,对原始序列做 r 次累加,得到 r 次累加生成序列:

$$X^{(r)}(k) = DX^{(r-1)}(k) = \sum_{t=1}^{k} X^{(r-1)}(t), \quad k \in \{1,2,\cdots,n\}$$

定义 6.3.2 $X^{(0)}(t)$ 为原始序列,其中 $t \in \{1,2,\cdots,n\}$,$X^{(1)}(t)$ 为一次累加生成序列,则称 Δ 为一次累减生成算子 1-IAGO(inverse accumulating generation operator),特别地,$X^{(0)}(1) = X^{(1)}(1) = \cdots = X^{(r)}(1)$。

$$X^{(0)}(k) = \Delta X^{(1)}(k) = X^{(1)}(k) - X^{(1)}(k-1), \quad k \in \{2,3,\cdots,n\}$$
$$X^{(r-1)}(k) = \Delta X^{(r)}(k) = X^{(r)}(k) - X^{(r)}(k-1), \quad k \in \{2,3,\cdots,n\}$$

由上述定义不难看出,累加生成实际上就是做原数据的前 k 项和,在原始数据为正项的情况下,累加生成序列显然是单调递增的。累减生成是累加生成的逆运算,用来把数据还原为原始数据。

实例 6.3.1 以下一组数据 $X^{(0)} = \{197.06, 182.38, 186.58, 192.60\}$,经过一次累加以后得到 $X^{(1)} = \{197.06, 379.44, 566.02, 758.62\}$。通过两组数据的对比图 6.3.1 不难看出,原始数据的变化规律是难以把握的,但是通过一次累加以后就变成了单调递增序列,这样一来,生成序列的确定性就明显比原始序列增强了,更易于探查其规律。

6.3.2 GM(1,1)预测模型

6.3.2.1 光滑性与灰度

考虑到一阶微分方程的解是指数函数,如果一个数列本身具有指数规律,那么它就可以视

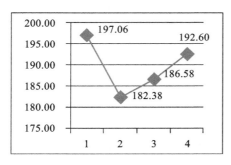 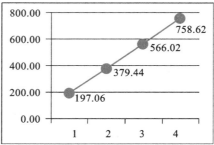

图 6.3.1

为某个一阶微分方程的解,或者说这个数列可以用某个一阶微分方程描述,如 $X^{(0)}=\{e,e^2,e^3,e^4\}$ 这个数列,显然适合微分方程 $\dfrac{\mathrm{d}x}{\mathrm{d}t}-x=0$。既然序列可以用指数函数来描述,那么就可以用指数函数对后续值进行预测。例如在此问题中,可以得到微分方程的初值解为 $x=e^t$,则下一个数显然为 $t=5$ 时指数函数的值,即 e^5。

但指数律这样强的数列在实际中是极少见的,大多数情况下得到的序列往往不具备这样强的指数律。那么,什么样的序列满足指数律? 对不满足指数律的序列又有怎样的处理方法呢?

定义 6.3.3 光滑性:对于序列 $X=\{x(1),x(2),\cdots,x(n)\}$,定义 $\rho(k)$ 为序列 X 的光滑比。

$$\rho(k)=\frac{x(k)}{\sum_{i=1}^{k-1}x(i)}=\frac{x^{(0)}(k)}{x^{(1)}(k-1)}$$

定义 6.3.4 光滑序列:序列 $X=\{x(1),x(2),\cdots,x(n)\}$ 称为光滑序列,若它满足以下条件:

$$\forall \varepsilon>0,\quad \exists N,\quad \forall k>N,\quad \rho(k)<\varepsilon$$

定义 6.3.5 准光滑序列:序列 $X=\{x(1),x(2),\cdots,x(n)\}$ 称为准光滑序列,若它满足以下两个条件:

$$\frac{\rho(k+1)}{\rho(k)}<1;\quad k\in\{2,3,\cdots,n-1\}$$

$$\rho(k)\in[0,0.5);\quad k\in\{3,4,\cdots,n\}$$

光滑比描述了序列本身的平稳性,显然,序列中的数变化幅度越小,光滑比也越小。光滑序列的条件描述的是理想状况下的"光滑"序列,然而这个条件是不容易满足的,因为它实际上要求序列充分长,这就与概率统计学里的大数定律是一样的情形了。因为灰色理论实际上是用来解决贫信息的问题的,所以数据量是很少的,不可能满足光滑序列的条件。准光滑序列降低了对"光滑"的要求,描述了光滑比越来越小,并且限制在一定范围内的序列,这里面限定的值0.5,与统计学里的显著性水平 5% 或 1% 的性质是相似的。虽然从性质上说,准光滑序列的光滑性弱于光滑序列,但既然灰色理论本身是用来解决不确定性问题的,在具体实践中就没有必要执着于理论的完美了——这就像虽然统计理论的基础是大数定律,但实际上任何一个样本的容量也都是有限的,而且准光滑序列的实用性更强,适用范围更广。

定义 6.3.6 级比序列:$X=\{x(1),x(2),\cdots,x(n)\}$,$\sigma(k)$ 称为序列 X 的后级比,$\tau(k)$ 称为序列 X 的前级比。

$$\sigma(k) = \frac{x(k-1)}{x(k)}; \quad k \in \{2,3,\cdots,n\}$$

$$\tau(k) = \frac{x(k)}{x(k-1)}; \quad k \in \{2,3,\cdots,n\}$$

显然,前后级比互为倒数,都是描述序列里相邻两项的比值。

定义 6.3.7 灰指数律序列:$X=\{x(1),x(2),\cdots,x(n)\}$,若后级比 $\sigma(k)$ 满足 $\sigma(k) \in [a,b]$ $\subseteq (0,1),k \in \{2,3,\cdots,n\}$,则称 X 具有正灰指数律。若 $m\circ[a,b]\leqslant\delta,m\circ[a,b]$ 即区间 $[a,b]$ 的测度,则称 X 具有 δ 正灰指数律,称 $m\circ[a,b]$ 为 X 灰指数律的绝对灰度。若 $\sigma(k) \in [a,b] \subset R,k \in \{2,3,\cdots,n\}$,其中 $a>1,m\circ[a,b]\leqslant\delta$,则称 X 具有 δ 负灰指数律。

定义 6.3.8 指数律灰度:如果两个序列 X 与 Y 的绝对灰度分别为 δ_X 和 δ_Y,且 $\delta_X>\delta_Y$,则称 X 的指数律灰于 Y 的指数律。

以上几个定义描述了这样的问题:如果一个序列的级比是一个常数,那么它就是等比序列,完全满足指数律;如果一个序列的级比不是一个常数,而是在一个区间内取值,那么它就是近似的等比序列,近似满足指数律。绝对灰度描述了一个序列的级比变化范围的大小,范围越小,则贴近指数律的程度越高;范围越大,则贴近指数律的程度越低。当我们用指数律来近似描述序列时,不确定性也越强,而灰度就反映了不确定性,灰度越大即不确定性越大。可以证明,光滑序列 $X^{(0)}$ 的 AGO 序列 $X^{(1)}$ 具有灰指数律,但严格的光滑序列在实际中是很少的。一般地,准光滑序列 $X^{(0)}$ 的 AGO 序列 $X^{(1)}$ 也具有灰指数律,可以用来建立灰指数模型。

6.3.2.2 GM(1,1)模型及其算法

考虑一个一阶微分方程 $\frac{\mathrm{d}x}{\mathrm{d}t}+ax=u$,它是一个描述连续变化过程的方程。其中 a 与 u 为常量,$\frac{\mathrm{d}x}{\mathrm{d}t}$ 表示导数也就是变化率,ax 中的 x 为当前 t 对应的背景值。对于准光滑的原始序列 $X^{(0)}(t)$,它的 1-AGO 序列 $X^{(1)}(t)$ 满足灰指数律,于是按照导数及微分定义以及累减生成的定义,可有

$$\frac{\mathrm{d}x}{\mathrm{d}t}=\frac{\mathrm{d}X^{(1)}(t)}{\mathrm{d}t}=\Delta X^{(1)}(t)=X^{(0)}(t)(取\ \mathrm{d}t=1),\quad x=X^{(1)}(t)$$

对于背景值 x,虽然可取 t 时刻背景值 $x=X^{(1)}(t)$,但考虑到与其对应的导数值可由偶对 $[X^{(1)}(t),X^{(1)}(t-1)]$ 共同描述,因此取两者的平均值作为背景值,即取

$$x=H^{(1)}(t)=\frac{1}{2}[X^{(1)}(t)+X^{(1)}(t-1)]$$

定义 6.3.9 $X^{(0)}$ 为准光滑序列,$X^{(1)}$ 为 $X^{(0)}$ 的 1-AGO 序列,$H^{(1)}(k)=\frac{1}{2}(X^{(1)}(k)+X^{(1)}(k-1))$,称以下方程为 GM(1,1)模型的基本形式。

$$X^{(0)}(k)+aH^{(1)}(k)=u$$

在 GM(1,1)中,G 指的是 gray,M 指的是 model,(1,1)依次表示 1 阶方程和 1 元变量。类似地,GM(0,N)表示 N 元 0 阶的灰色微分方程,GM(2,1)表示 1 元 2 阶的灰色微分方程。

与之相关,称以下方程为 GM(1,1)模型的白方程。

$$\frac{\mathrm{d}X^{(1)}}{\mathrm{d}t}+aX^{(1)}=u$$

以下说明灰色微分方程的解法。

$$X^{(0)} = \{X^{(0)}(1), X^{(0)}(2), \cdots, X^{(0)}(n)\}$$
$$X^{(1)} = \{X^{(1)}(1), X^{(1)}(2), \cdots, X^{(1)}(n)\}$$
$$H^{(1)}(k) = \frac{1}{2}[X^{(1)}(k) + X^{(1)}(k-1)], \quad k \in \{2, 3, \cdots, n\}$$

令

$$\boldsymbol{Y} = \begin{bmatrix} X^{(0)}(2) \\ \vdots \\ X^{(0)}(n) \end{bmatrix}, \quad \boldsymbol{B} = \begin{bmatrix} -H^{(1)}(2) & 1 \\ \vdots & \vdots \\ -H^{(1)}(n) & 1 \end{bmatrix} = \begin{bmatrix} -\boldsymbol{H}^{(1)} & \boldsymbol{E} \end{bmatrix}, \quad \boldsymbol{W} = \begin{bmatrix} a & u \end{bmatrix}^{\mathrm{T}}$$

其中 $\boldsymbol{E}$ 为单位列向量,则

$$X^{(0)} + a\boldsymbol{H}^{(1)} = u$$

可以表示为

$$X^{(0)} = a(-\boldsymbol{H}^{(1)}) + u\boldsymbol{E}$$

则

$$\boldsymbol{Y} = \boldsymbol{B}\boldsymbol{W}$$

由最小二乘估计可得参数 $\boldsymbol{W}$ 的解为

$$\boldsymbol{W} = (\boldsymbol{B}^{\mathrm{T}}\boldsymbol{B})^{-1}\boldsymbol{B}^{\mathrm{T}}\boldsymbol{Y}$$

另一方面,由微分方程求解公式可得微分方程

$$\frac{\mathrm{d}X^{(1)}}{\mathrm{d}t} + aX^{(1)} = u$$

的解为

$$X^{(1)}(t+1) = \left[X^{(1)}(1) - \frac{u}{a}\right]\mathrm{e}^{-at} + \frac{u}{a}$$

此称为 GM(1,1)模型的响应函数,于是可得相应的灰色微分方程

$$X^{(0)}(k) + aH^{(1)}(k) = u$$

的相应序列为

$$\hat{X}^{(1)}(k+1) = \left[X^{(0)}(1) - \frac{u}{a}\right]\mathrm{e}^{-ak} + \frac{u}{a}, \quad k = 0, 1, 2, \cdots, n-1$$

对此序列做累减还原,可得

$$\hat{X}^{(0)}(k+1) = \hat{X}^{(1)}(k+1) - \hat{X}^{(1)}(k) = (1 - \mathrm{e}^a)\left[X^{(0)}(1) - \frac{u}{a}\right]\mathrm{e}^{-ak}, \quad k = 0, 1, 2, \cdots, n-1$$

定义 6.3.10 $X^{(0)}$ 为原始序列,$\hat{X}^{(0)}$ 为模拟序列,$\varepsilon = X^{(0)} - \hat{X}^{(0)}$ 称为残差序列,$\Delta\varepsilon = \left\{\left|\frac{\varepsilon(k)}{X^{(0)}(k)}\right|\right\}, k \in \{1, 2, \cdots, n\}$ 称作相对误差序列。$\overline{\Delta\varepsilon}$ 称作平均相对误差,为 $\Delta\varepsilon$ 的各点平均值。

一般地,相对误差分别取 $1\%, 5\%, 10\%, 20\%$ 作为等级衡量标准(依次为Ⅰ级、Ⅱ级、Ⅲ级、Ⅳ级),误差越小,则预测效果越好。等级衡量标准本身的数值确定,与统计学中的显著性水平的确定是相似的,并不是理论计算的结果,而是实际工作中人们易于接受的数值。若对于尽量小的 $\alpha \in \{1\%, 5\%, 10\%, 20\%\}$,有 $\overline{\Delta\varepsilon} \leqslant \alpha, \Delta\varepsilon \leqslant \alpha$ 都成立,称模型为 α 对应级别的残差合格模型。

实例 6.3.2 $X^{(0)} = \{197.06, 182.38, 186.58, 192.60, 193.60\}$,用 GM(1,1)模型对后续数据进行预测。

(1) 对原始数据 $X^{(0)}$ 做一次累加生成,得到 $X^{(1)} = \{197.06, 379.44, 566.02, 758.62, 952.22\}$。

(2) 对原始数据 $X^{(0)}$ 做准光滑性检验,得到 $\rho(k) = \{0.93, 0.49, 0.34, 0.26\}, k \in \{2, 3, 4, 5\}$,可见满足准光滑性($k = 2$ 可以不必满足)。

(3) 对生成数据 $X^{(1)}$ 做准指数律检验,$\sigma(k) = \{0.52, 0.67, 0.75, 0.80\} \in [0, 1], k \in \{2, 3, 4, 5\}$,可见满足灰指数律。

(4) 由 $X^{(1)}$ 构建 $H^{(1)}$,得到 $H^{(1)} = \{288.25, 472.73, 662.32, 855.42\}$,以及

$$\boldsymbol{Y} = \begin{bmatrix} 182.38 \\ 186.58 \\ 192.60 \\ 193.60 \end{bmatrix}, \quad \boldsymbol{B} = \begin{bmatrix} -288.25 & 1 \\ -472.73 & 1 \\ -662.32 & 1 \\ -855.42 & 1 \end{bmatrix}$$

(5)
$$\boldsymbol{W} = (\boldsymbol{B}^{\mathrm{T}}\boldsymbol{B})^{-1}\boldsymbol{B}^{\mathrm{T}}\boldsymbol{Y} = \begin{bmatrix} -0.021 \\ 176.856 \end{bmatrix}$$

(6) 得到微分方程模型及其解:

$$\frac{\mathrm{d}X^{(1)}}{\mathrm{d}t} - 0.021X^{(1)} = 176.856$$

$$X^{(1)}(t+1) = \left[X^{(1)}(1) - \frac{u}{a}\right]\mathrm{e}^{-at} + \frac{u}{a} = -8\,442.87 + 8\,639.93\,\mathrm{e}^{0.021t}$$

$$\hat{X}^{(1)}(k+1) = \left[X^{(0)}(1) - \frac{u}{a}\right]\mathrm{e}^{-ak} + \frac{u}{a} = -8\,442.87 + 8\,639.93\,\mathrm{e}^{0.021k}, \quad k = 0, 1, 2, \cdots, n-1$$

(7) 得到 $X^{(1)}$ 与 $X^{(0)}$ 的预测值:

$$\hat{X}^{(1)} = \{197.06, 379.95, 566.72, 757.43, 952.19\}$$

$$\hat{X}^{(0)}(k+1) = \hat{X}^{(1)}(k+1) - \hat{X}^{(1)}(k) = (1 - \mathrm{e}^a)\left[X^{(0)}(1) - \frac{u}{a}\right]\mathrm{e}^{-ak}, \quad k = 1, 2, \cdots, n$$

$$\hat{X}^{(0)} = \{197.06, 182.89, 186.76, 190.72, 194.76\}$$

以上得到了指数预测模型及对应的值,接下来分析误差。

(8) 根据相对误差定义,预测值 $\hat{X}^{(0)}$ 的相对误差为 $\{0.003, 0.001, 0.010, 0.006\}, k = 2, 3, 4, 5$,达到 Ⅰ 级残差合格模型标准,误差非常小。

(9) 根据预测模型,可以得到 $\hat{X}^{(0)}$ 在第 6,7,8 项的预测值 $\{198.88, 203.09, 207.39\}$。当然,这三项值依照目前数据是无从检验准确性的,一般地,越远的项准确性也相应会越低。

图 6.3.2 所示为原始数据与 1-AGO 数据的对比。可见,与原始数据相比,1-AGO 序列单调性非常明显,序列内在确定性增加。图 6.3.3 所示为原始数据与 GM(1,1) 模型得到的估计值的比对。可见,估计效果很理想。

注意:两幅图中原始数据图像看起来很不相同,这是由显示比例差异造成的(注意到两幅图的纵轴数据范围有较大差异)。

6.3.2.3 GM(1,1)残差模型

上例中,得到的模型与原始数据较符合,如果得到的模型与原始数据之间存在较大的误差,则还可以通过残差建模的方法再做调整。

残差建模的思想非常简单:如果估计值与原始数据之间的残差为 $Q^{(0)} = \hat{X}^{(0)} - X^{(0)}$,那么

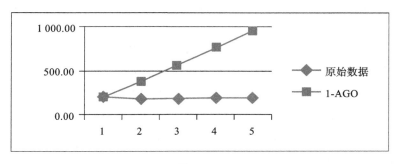

图 6.3.2

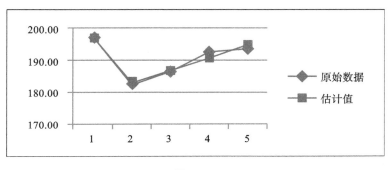

图 6.3.3

$X^{(0)} = \hat{X}^{(0)} - Q^{(0)}$，也就是说，只要在估计值中减掉它与原始数据之间的差，就可以与原始数据相一致了。因为 GM(1,1) 模型是要用来做预测的，所以 $Q^{(0)}$ 也需要用一个函数来表示才行。于是把残差本身作为一个新的原始序列，对这个新的原始序列再做 GM(1,1) 建模，得到一个关于残差的 GM(1,1) 模型，再把这个新模型与原模型结合在一起，作为对原始数据的估计。具体算法如下。

定义 6.3.11 $Q^{(0)}(k) = \hat{X}^{(0)}(k) - X^{(0)}(k) (k=1,2,\cdots n)$ 称为残差序列。

对 $Q^{(0)}(k)$ 建立 GM(1,1) 模型，如下式所示，从而可以得到其估计值。此式中，参数 c 与 d 分别代替上文 GM(1,1) 模型中的参数 a 和 u，以示区别。

$$\hat{Q}^{(0)}(k+1) = (1-\mathrm{e}^c)\left[Q^{(0)}(1) - \frac{d}{c}\right]\mathrm{e}^{-ck}, \quad k = m,\cdots,n$$

这里 m 是靠近 n 的值，也就是说，只取序列后部若干项的残差做 GM(1,1) 模型即可，这样做是因为做 GM(1,1) 模型的目的是做第 n 项以后的预测，而残差修正只需要修正第 n 项附近的值就可以了，实际上，取太多项残差参与建模，反而会降低修正效果。

原始数据的估计值如下：

$$\hat{X}^{(0)}(k+1) = (1-\mathrm{e}^a)\left[X^{(0)}(1) - \frac{u}{a}\right]\mathrm{e}^{-ak}, \quad k = 1,2,\cdots,n$$

把残差的估计值与原始数据的估计值结合在一起，得到

$$\hat{X}^{(0)}(k+1) \leftarrow \hat{X}^{(0)}(k+1) \pm \hat{Q}^{(0)}(k+1)$$

上式中有以下三点需要说明。

（1）箭头表示赋值运算，即把 $\hat{X}^{(0)}(k+1)\pm\hat{Q}^{(0)}(k+1)$ 的值表示残差修正以后的 $\hat{X}^{(0)}(k+1)$ 的值。

（2）因为 $\hat{Q}^{(0)}(k+1)$ 中的 k 只取后边靠近 n 的一部分数，因此该算法仅针对原始数据估计值的后边一部分予以残差修正，前边部分不修正也没有影响。

（3）"$\pm$" 是选择 "$+$" 还是 "$-$"，受到两个影响：一是使用 $Q^{(0)}(k)=\hat{X}^{(0)}(k)-X^{(0)}(k)$ 定义残差或使用 $Q^{(0)}(k)=X^{(0)}(k)-\hat{X}^{(0)}(k)$ 定义残差；二是 $Q^{(0)}(k)$ 序列是正还是负，若是负，应取相反数建模。无论是以上哪种情况，正负号的选择应该使得 $\hat{X}^{(0)}$ 的值更加接近 $X^{(0)}$。

实例 6.3.3 对原始数据 $X^{(0)}=\{6.70,23.50,47.50,29.50,47.50,53.50,41.50,24.70,16.30,21.10,18.10,19.90\}$，用 GM(1,1) 建立模型，得到

$$\hat{X}^{(0)}(k+1)=44.61\,\mathrm{e}^{-0.062k}$$

得到估计值序列

$$\hat{X}^{(0)}=\{6.70,41.93,39.41,37.04,34.82,32.72,30.76,28.91,27.17,25.54,24.01,22.56\}$$

相对误差为

$$\{0.00,0.78,0.17,0.26,0.27,0.39,0.26,0.17,0.67,0.21,0.33,0.13\}$$

可见，相对误差是很大的。

于是取残差序列 $Q^{(0)}=\hat{X}^{(0)}-X^{(0)}=\{4.21,10.87,4.44,5.91,2.66\}$（此例只取后 5 项，即 8 到 12 项）建立 GM(1,1) 模型，得到

$$\hat{Q}^{(0)}(k+1)=15.298\,\mathrm{e}^{-0.425k},\quad k\in\{8,9,\cdots,12\}$$

得到残差估计值序列

$$\hat{Q}^{(0)}=\{4.21,10.00,6.54,4.28,2.79\}$$

于是得到经残差修正的还原模型

$$\hat{X}^{(0)}(k+1)\leftarrow\hat{X}^{(0)}\pm\hat{Q}^{(0)}$$

$$\hat{X}^{(0)}(k+1)=44.61\,\mathrm{e}^{-0.062k}-15.298\,\mathrm{e}^{-0.425(k-7)},\quad k\in\{8,9,\cdots,12\}$$

得到修正后估计值为 $\{24.70,17.17,19.00,19.73,19.77\}$（后 5 项），相对误差为 $\{0.000\,0,0.053\,5,0.099\,4,0.090\,1,0.006\,6\}$，与原模型后 5 项的相对误差相比改善很多。由残差修正结果（见图 6.3.4）可知，因原始数据（虚线所示）波动较大，所以整体估计效果不理想；但使用残差调整之后，后 5 项数据得到较好的趋近效果。

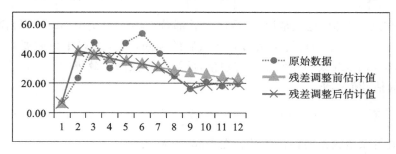

图 6.3.4

6.3.2.4 灰色灾变预测模型

自然灾害给人们的生命和财产带来巨大的损失,灾害预测是一项重要的工作。灰色灾变预测模型是预测灾害发生时间的一种模型,并不能够确定灾害发生的程度。

该模型的主要思想是这样的:自然灾害往往可以用某个特征数据进行描述,如旱涝灾害可以用一定时间内的降雨量来描述、地震灾害可以用震级强度来描述等,对于表征自然灾害的特征数据的历史记录,如按照年份记录,可以划定一个阈值,超出阈值的年度可以认为是发生了此种自然灾害,如年降水量达到洪涝阈值以上可以认为是涝灾、低于干旱阈值以下可以认为是旱灾,把超出阈值的年份在记录年份序列里的位置值提取出来得到新序列(可称为灾变序列),然后对这个序列做灰色建模。

定义 6.3.12 设 $X^{(0)}$ 为原始序列,在 $X^{(0)}$ 中超出指定阈值的数据称为异常点,由异常点在 $X^{(0)}$ 中的序号构成的序列,称为灾变序列,记作 $X_\zeta^{(0)}$。

显然,根据"超出"的两种基本情形,即大于或小于,灾变序列可分为上灾变序列和下灾变序列。两种情形的研究方法一致,一般也不必特别加以区分。

实例 6.3.4 2004 年至 2016 年间,我国发生 7 级以上地震的次数如表 6.3.1 所示(数据来自国家统计局)。

表 6.3.1

年份	2004 年	2005 年	2006 年	2007 年	2008 年	2009 年	2010 年	2011 年	2012 年	2013 年	2014 年	2015 年	2016 年
次数	0	0	0	0	2	0	1	1	0	1	1	0	0
序数	1	2	3	4	5	6	7	8	9	10	11	12	13

发生 7 级以上的地震年份分别为{2008 年,2010 年,2011 年,2013 年,2014 年},以 2004 年为起点数据,在原始序列中的序号为 1,则这些发生 7 级以上的地震的年份在原始数据中的序号构成灾变序列 $X_\zeta^{(0)}=\{5,7,8,10,11\}$。对此序列构建 GM(1,1)模型,得到

$$X_\zeta^{(1)}=\{5.00,12.00,20.00,30.00,41.00\}$$

(1)对原始灾变数据 $X_\zeta^{(0)}$ 做准光滑性检验,得到 $\rho(k)=\{1.40,0.67,0.50,0.37\}$, $k\in\{2,3,4,5\}$,可见满足准光滑性($k=2$ 可以不必满足)。

(2)对生成数据 $X_\zeta^{(1)}$ 做准指数律检验,$\sigma(k)=\{0.42,0.60,0.67,0.73\}\in[0,1]$, $k\in\{2,3,4,5\}$,可见满足灰指数律。

(3)由 $X_\zeta^{(1)}$ 构建 $H^{(1)}$,得到 $H^{(1)}=\{8.50,16.00,25.00,35.50\}$,以及

$$Y=\begin{bmatrix}7\\8\\10\\11\end{bmatrix},\quad B=\begin{bmatrix}-8.50 & 1\\-16.0 & 1\\-25.0 & 1\\-35.5 & 1\end{bmatrix}$$

(4) $$W=(B^\mathrm{T}B)^{-1}B^\mathrm{T}Y=\begin{bmatrix}-0.155\\5.713\end{bmatrix}$$

(5)得到微分方程模型及其解:

$$\frac{\mathrm{d}X_\zeta^{(1)}}{\mathrm{d}t} - 0.155\,X_\zeta^{(1)} = 5.713$$

$$X_\zeta^{(1)}(t+1) = \left[X_\zeta^{(1)}(1) - \frac{u}{a}\right]\mathrm{e}^{-at} + \frac{u}{a} = -36.93 + 41.93\,\mathrm{e}^{0.155t}$$

$$\hat{X}_\zeta^{(1)}(k+1) = \left[X_\zeta^{(1)}(1) - \frac{u}{a}\right]\mathrm{e}^{-ak} + \frac{u}{a} = -36.93 + 41.93\,\mathrm{e}^{0.155k}, \quad k = 0,1,\cdots,4$$

（6）得到 $\hat{X}_\zeta^{(1)}$ 与 $\hat{X}_\zeta^{(0)}$ 的预测值（四舍五入到整数位）：

$$\hat{X}_\zeta^{(1)} = \{5,12,20,30,41\}$$

$$\hat{X}_\zeta^{(0)} = \{5,7,8,10,11\}$$

（7）根据相对误差定义，预测值 $\hat{X}_\zeta^{(0)}$ 的相对误差为 $\{0.002,0.024,0.044,0.014\}$，$k=2,3,4,5$，达到Ⅱ级残差合格模型标准，误差非常小。

（8）根据预测模型，可以得到 $\hat{X}_\zeta^{(0)}$ 在第 6，7，8 项的预测值 $\{13,15,18\}$，也就是 $\{2016$ 年，2018 年，2021 年$\}$将发生 7 级以上地震。

实际上，我国 2016 年未发生 7 级以上地震，2017 年发生 7 级以上地震 1 次，2018 年未发生 7 级以上地震。虽然 2016 年、2017 年、2018 年连续 3 年的预测都与实际不符，但是注意到在这 3 年中，预测发生 7 级以上地震的 2 年的中间值恰是实际发生 7 级以上地震的 2017 年，2017 年的地震不幸发生于四川阿坝州九寨沟县，时间为 2017 年 8 月 8 日 21:19:46，这差不多算得上是 2016 年到 2018 年的时间中心点了。（数据来自"中国地震台网"）

除了这种自然灾变预测，比较常见的还有灰色季节灾变预测。以农作物种植管理为例，虽然某种自然现象每年都会发生，但只有这种自然现象发生在特定时间段才会成为农业灾害。

例如，霜降是二十四节气之一，每年霜降节气的时间大概在 10 月下旬，该节气对应的自然现象就是我国北方地区气温明显下降，开始结霜，但实际落霜的时间根据区域差异以及年度差异也可能有所提前或延后。种植于我国北方地区的秋大白菜，一般于 10 月中旬采收（有些更寒冷的地区会提前在 9 月采收）。若在采收之前结霜，则霜冻会对大白菜造成非常严重的伤害，就成为农业灾害；但若结霜在采收之后，则对大白菜毫无影响，这时候的结霜就不成为农业灾害。

对某地区历年初霜（第一次结霜）的实际时间记录进行整理分析，把其中初霜时间早于某一阈值（该阈值可以是该地区秋大白菜一般采收完成的时间，如 10 月 6 日）的年度提取出来，构建新的灾变序列，按照上文提到的灰色灾变预测方法，构建 GM(1,1) 模型，对后续年度需要注意提前采收的年份做出预测。

上文所及灰色灾变预测模型的差别如下。

一般的灰色灾变预测模型——如地震——未必会每年发生，但只要发生就属于自然灾害，区别只在于程度大小，而阈值的设定就以程度为指标。

灰色季节灾变预测模型——如霜冻——每年都会发生，但发生也未必就是灾害，区别在于发生时间早晚，而阈值的设定就以发生时间为指标。

实例 6.3.5 北方某地每年初霜日期记录如表 6.3.2 所示。该地种植的秋大白菜采收完成日期一般为 10 月 6 日，若初霜日晚于 10 月 6 日，则不对白菜产生危害，否则造成霜冻危害。

表 6.3.2

年度	2000 年	2001 年	2002 年	2003 年	2004 年	2005 年	2006 年	2007 年	2008 年	2009 年
初霜日	10 月 1 日	10 月 1 日	10 月 5 日	10 月 9 日	10 月 6 日	10 月 7 日	10 月 7 日	10 月 9 日	10 月 4 日	10 月 8 日
年度	2010 年	2011 年	2012 年	2013 年	2014 年	2015 年	2016 年	2017 年	2018 年	
初霜日	10 月 8 日	10 月 5 日	10 月 9 日	10 月 7 日	10 月 1 日	10 月 7 日	10 月 6 日	10 月 8 日	10 月 7 日	

按照记录,初霜日在 10 月 6 日(包括)之前的有 $\{2002$ 年,2004 年,2008 年,2011 年,2016 年$\}$,以 2000 年为起点数据,在原始序列中的序号为 1,则这些年份在原始数据中的序号构成灾变序列 $X_\zeta^{(0)}=\{3,5,9,12,17\}$。按照上例方法,对此序列构建 GM(1,1)模型,计算得到

$$X_\zeta^{(1)}(t+1)=\left[X_\zeta^{(1)}(1)-\frac{u}{a}\right]\mathrm{e}^{-at}+\frac{u}{a}=-10.18+13.18\,\mathrm{e}^{0.361t}$$

$$\hat{X}_\zeta^{(1)}(k+1)=\left[X_\zeta^{(1)}(1)-\frac{u}{a}\right]\mathrm{e}^{-ak}+\frac{u}{a}=-10.18+13.18\,\mathrm{e}^{0.361k},\quad k=0,1,\cdots,4$$

进一步得到 $\hat{X}_\zeta^{(1)}$ 与 $\hat{X}_\zeta^{(0)}$ 的预测值(四舍五入到整数位):

$$\hat{X}_\zeta^{(1)}=\{3,9,17,29,46\}$$

$$\hat{X}_\zeta^{(0)}=\{3,6,8,12,17\}$$

根据相对误差定义,预测值 $\hat{X}_\zeta^{(0)}$ 的相对误差为 $\{0.145,0.088,0.019,0.006\}$,$k=2,3,4,5$,达到 Ⅱ 级残差合格模型标准,误差非常小。

进一步地,根据预测模型,可以得到 $\hat{X}_\zeta^{(0)}$ 在第 6,7,8 项的预测值 $\{24,35,50\}$,也就是 $\{2023$ 年,2034 年,2049 年$\}$初霜日将早于 10 月 6 日。

需要特别指出以下两点。

(1)虽然用灰色预测方法预测得到当前日期以后的 3 个灾变日期,从数量上说 3 项并不多,但从时间上看,已经属于远期预测,鉴于气候变化极其复杂,受到大量因素的影响,因此该项预测的准确率已经难以保证。

(2)相对误差的计算是按照公式 $\Delta\varepsilon=\left\{\left|\dfrac{\varepsilon(k)}{X^{(0)}(k)}\right|\right\}$,这个定义适用的数据类型是定距数据,而日期是定序数据,因此用此方法得到的相对误差实际上是不具有参考意义的。例如,原序数为 2,偏差为 1,则相对误差达到 100%;原序数为 20,偏差为 1,则相对误差只有 5%,但显然就序数来说,这两个点的误差水平实际上是一样的。在这种情况下,使用残差 $\varepsilon=X^{(0)}-\hat{X}^{(0)}$ 直接对误差进行分析即可。此例中,残差序列为 $\varepsilon=\{-1,1,0,0\}$,也就是说,在 4 个年度中,有 2 个没有偏差,有 2 个各偏差一年。

上文关于地震的预测中遇到的问题与此情况是相似的,请读者自行分析。

6.3.3 Verhulst 模型

GM(1,1)模型描述的指数律是凹性不变的,对于凹性改变的序列来说,如 S 形序列,使用 GM(1,1)模型就不恰当了。现实中常见的一些问题,如人口变化、生物种群数量变化等,都有明显的 S 形特征。在灰色理论中,适用这一类型的模型主要有 GM(2,1)模型(一元二阶灰色微分方程)和 Verhulst 模型。以下主要介绍 Verhulst 模型。

以人口问题为例，logistic 模型指出，人口增长速率与当前人口数量成正比，与剩余资源数量成正比。其中，剩余资源数量可以用环境可承载人口总量与当前人口数量的差来表示，于是得到微分方程

$$\frac{\mathrm{d}x}{\mathrm{d}t} = cx(d - x)$$

该微分方程可以整理为

$$\frac{\mathrm{d}x}{\mathrm{d}t} - cdx = -cx^2$$

这是一个一阶微分方程，与前述 GM(1,1) 模型的差异在于，等式右端不是常数项而是 x 的二次项。

定义 6.3.13　$X^{(0)}$ 为原始序列，$X^{(1)}$ 为 $X^{(0)}$ 的 1-AGO 序列，$H^{(1)}(k) = \frac{1}{2}[X^{(1)}(k) + X^{(1)}(k-1)]$ 为 $X^{(1)}$ 的紧邻生成序列，称以下方程为 GM(1,1) 幂模型。

$$X^{(0)} + aH^{(1)} = u(H^{(1)})^a$$

显然，此模型本质上仍属于 GM(1,1) 模型，只是等式右端不是常数，若取右端指数 a 为 0，则该模型退变为上文提及的 GM(1,1) 基本模型。

与之相关，称以下方程为 GM(1,1) 幂模型的白方程。

$$\frac{\mathrm{d}X^{(1)}}{\mathrm{d}t} + aX^{(1)} = u(X^{(1)})^a$$

定义 6.3.14　在 GM(1,1) 幂模型的定义中，当 $a = 2$ 时，称此模型为灰色 Verhulst 模型。

与之相关，称以下方程为灰色 Verhulst 模型的白方程。

$$\frac{\mathrm{d}X^{(1)}}{\mathrm{d}t} + aX^{(1)} = u(X^{(1)})^2$$

由微分方程理论不难得到，灰色 Verhulst 模型的白方程的解为

$$X^{(1)}(t+1) = \frac{aX^{(1)}(1)}{uX^{(1)}(1) + [a - uX^{(1)}(1)]\mathrm{e}^{at}}, \quad t \in \{0, 1, \cdots, n-1\}$$

相应的 $X^{(1)}$ 预测为

$$\hat{X}^{(1)}(k+1) = \frac{aX^{(1)}(1)}{uX^{(1)}(1) + [a - uX^{(1)}(1)]\mathrm{e}^{ak}}, \quad k \in \{0, 1, \cdots, n-1\}$$

对此序列做累减还原，可得

$$\hat{X}^{(0)}(k+1) = \hat{X}^{(1)}(k+1) - \hat{X}^{(1)}(k)$$

$\hat{X}^{(0)}(k+1)$ 的显式表达式较为烦琐，实际操作中直接使用以上算法即可。

与 GM(1,1) 模型算法相似，令

$$Y = \begin{bmatrix} X^{(0)}(2) \\ \cdots \\ X^{(0)}(n) \end{bmatrix}, \quad B = \begin{bmatrix} -H^{(1)}(2) & (H^{(1)}(2))^a \\ \cdots & \cdots \\ -H^{(1)}(n) & (H^{(1)}(n))^a \end{bmatrix}, \quad W = \begin{bmatrix} a & u \end{bmatrix}^T$$

则

$$X^{(0)} + aH^{(1)} = u(H^{(1)})^a$$

可以表示为

$$X^{(0)} = a(-H^{(1)}) + u(H^{(1)})^a$$

则
$$Y = BW$$
由最小二乘估计,可得参数 $\boldsymbol{W}$ 的解为
$$W = (\boldsymbol{B}^{\mathrm{T}}\boldsymbol{B})^{-1}\boldsymbol{B}^{\mathrm{T}}\boldsymbol{Y}$$

由 $\hat{X}^{(1)}(k+1)$ 的表达式不难看出它是一个有界序列,实际上,它与 logistic 模型的性质是一样的,当参数 $a>0$,则 $\hat{X}^{(1)}(k+1)$ 将收敛于 0;当参数 $a>0$,则 $\hat{X}^{(1)}(k+1)$ 将收敛于 a/u。无论在哪种情况下,既然序列 $\hat{X}^{(1)}$ 收敛,则它的累减还原序列 $\hat{X}^{(0)}$ 将趋于 0。

如果原始序列本身符合 S 形数据的特点,则可以直接对原始序列做灰色 Verhulst 模型,而不必再做累加变换,此时原始序列相当于上述方法中的 $X^{(1)}$,而 $X^{(0)}$ 可以通过做累减变换得到;如果原始序列本身不符合 S 形数据的特点,做累加变换以后的序列符合 S 形数据的特点,则可对累加后的序列做灰色 Verhulst 模型。

实例 6.3.6　江苏省 2009—2018 年常住人口数据(单位:万人)为 $\{7\,810, 7\,869, 7\,899,$ $7\,920, 7\,939, 7\,960, 7\,976, 7\,999, 8\,029, 8\,051\}$,如图 6.3.5 所示。通过对原始数据与 1-AGO 数据进行比较发现,原始数据已经具有 S 形序列特征,而 1-AGO 数据反而不明显具有此特征,因此将原始数据作为 $X^{(1)}$ 直接做灰色 Verhulst 模型是更为恰当的。

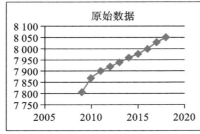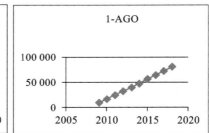

图 6.3.5

对 $X^{(1)}$ 做累减生成,得到 $X^{(0)}$,如表 6.3.3 所示(单位:千万人)。

表 6.3.3

年份	2009 年	2010 年	2011 年	2012 年	2013 年	2014 年	2015 年	2016 年	2017 年	2018 年
1-IAGO	7.810	0.059	0.030	0.021	0.019	0.021	0.016	0.023	0.030	0.022
原始数据	7.810	7.869	7.899	7.920	7.939	7.960	7.976	7.999	8.029	8.051

具体计算过程如下。

(1) 对原始数据 $X^{(1)}$ 做一次累减生成,得到 $X^{(0)}$,如表 6.3.3 所示。

(2) 对 $X^{(0)}$ 做准光滑性检验,得到 $\rho(k) = \{0.008, 0.004, 0.003, 0.002, 0.003, 0.002,$ $0.003, 0.004, 0.003\}$,$k \in \{2, \cdots, 10\}$,可见满足准光滑性。

(3) 对原始数据 $X^{(1)}$ 做准指数律检验,$\sigma(k) = \{0.993, 0.996, 0.997, 0.998, 0.997, 0.998,$ $0.997, 0.996, 0.997\} \in [0, 1]$,$k \in \{2, \cdots, 10\}$,可见满足灰指数律。

(4) 由 $X^{(1)}$ 构建 $H^{(1)}$,得到

$$H^{(1)} = \{7.84, 7.88, 7.91, 7.93, 7.95, 7.97, 7.99, 8.01, 8.04\}$$

以及 Y 与 B：

$$Y = \begin{bmatrix} 0.059 \\ \vdots \\ 0.022 \end{bmatrix}, \quad B = \begin{bmatrix} -7.84 & 61.46 \\ \vdots & \vdots \\ -8.04 & 64.64 \end{bmatrix}$$

(5) $$W = (B^{\mathrm{T}} B)^{-1} B^{\mathrm{T}} Y = \begin{bmatrix} -0.127 \\ -0.016 \end{bmatrix}$$

(6) 得到微分方程模型及其解：

$$\frac{\mathrm{d} X^{(1)}}{\mathrm{d} t} - 0.127 X^{(1)} = -0.016 (X^{(1)})^2$$

$$X^{(1)}(t+1) = \frac{a X^{(1)}(1)}{u X^{(1)}(1) + [a - u X^{(1)}(1)] \mathrm{e}^{at}} = \frac{0.992}{0.122 + 0.006 \mathrm{e}^{-0.127t}}, \quad t \in \{0, 1, \cdots, n-1\}$$

相应的 $X^{(1)}$ 预测为

$$\hat{X}^{(1)}(k+1) = \frac{a X^{(1)}(1)}{u X^{(1)}(1) + [a - u X^{(1)}(1)] \mathrm{e}^{ak}} = \frac{0.992}{0.122 + 0.006 \mathrm{e}^{-0.127k}}, \quad k \in \{0, 1, \cdots, n-1\}$$

(7) 得到 $X^{(1)}$ 的预测值：

$$\hat{X}^{(1)} = \{7.81, 7.85, 7.89, 7.92, 7.95, 7.97, 7.99, 8.01, 8.03, 8.05\}$$

(8) 根据相对误差定义，预测值 $\hat{X}^{(1)}$ 的相对误差为 $\{0.002\ 3, 0.001\ 6, 0.000\ 2, 0.001\ 0,$ $0.001\ 6, 0.002\ 4, 0.002\ 0, 0.000\ 4, 0.000\ 4\}$，$k = 2, \cdots, 10$，达到 I 级残差合格模型标准，误差非常小。

(9) 根据预测模型，可以得到 $\hat{X}^{(1)}$ 在第 $11, 12, 13$ 项的预测值 $\{8.06, 8.07, 8.08\}$。当然，这三项值依照目前数据是无从检验准确性的，一般地，越远的项准确性也相应会越低，估计效果如图 6.3.6 所示。

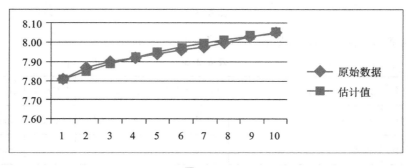

图 6.3.6

6.3.4 GM($0, n$) 模型

GM($0, n$) 模型表示灰色 n 元 0 阶微分方程模型，其实是不含导数的模型，从这个角度说，它与多元线性回归模型是相似的，主要区别在于一般的多元线性回归模型针对原始数据，而灰色模型是针对一阶累加生成。

定义 6.3.15 $X_1^{(0)}$ 为原始特征数据序列，$X_j^{(0)}$（$j \in \{2, \cdots, n\}$）为原始相关因素数据序列，$X_j^{(1)}$ 为各个 $X_j^{(0)}$（$j \in \{1, \cdots, n\}$）的 1-AGO 序列，称以下方程为 GM($0, n$) 模型。

$$X_1{}^{(1)} = a + \sum_{j=2}^{n} u_j X_j{}^{(1)}$$

由 GM$(0,n)$模型可定义

$$Y = \begin{bmatrix} X_1{}^{(1)}(2) \\ \vdots \\ X_1{}^{(1)}(n) \end{bmatrix}, \quad B = \begin{bmatrix} 1 & X_2{}^{(1)}(2) & X_3{}^{(1)}(2) & \cdots & X_n{}^{(1)}(2) \\ \vdots & \vdots & \vdots & & \vdots \\ 1 & X_2{}^{(1)}(n) & X_3{}^{(1)}(n) & \cdots & X_n{}^{(1)}(n) \end{bmatrix}$$

$$W = \begin{bmatrix} a & u \end{bmatrix}^{\mathrm{T}}, \quad u = \begin{bmatrix} u_2, u_2 \cdots, u_n \end{bmatrix}$$

则 GM$(0,n)$模型可表示为

$$Y = BW$$

由最小二乘估计,可得参数 W 的解为

$$W = (B^{\mathrm{T}}B)^{-1} B^{\mathrm{T}}Y$$

实例 6.3.7　特征序列 $X_1{}^{(0)} = \{3.736, 4.261, 4.299, 4.407, 4.783\}$,因素序列 $X_2{}^{(0)} = \{8.448, 9.174, 9.690, 10.236, 10.493\}$,试建立 GM$(0,2)$模型。

(1) 对特征序列 $X_1{}^{(0)}$ 做一次累加生成,得到 $X_1{}^{(1)} = \{3.736, 7.998, 12.297, 16.704, 21.486\}$;对因素序列 $X_2{}^{(0)}$ 做一次累加生成,得到 $X_2{}^{(1)} = \{8.448, 17.62, 27.31, 37.55, 48.04\}$。

(2) 对特征序列 $X_1{}^{(0)}$ 做准光滑性检验,得到 $\rho(k) = \{1.141, 0.538, 0.358, 0.286\}$,$k \in \{2, 3, 4, 5\}$,可见满足准光滑性($k=2$ 可以不必满足)。

(3) 对 $X_1{}^{(1)}$ 做准指数律检验,$\sigma(k) = \{0.467, 0.650, 0.736, 0.777\} \in [0,1]$,$k \in \{2, 3, 4, 5\}$,可见满足灰指数律。

(4) 构建 Y, B,得到

$$Y = \begin{bmatrix} X_1{}^{(1)}(2) \\ \vdots \\ X_1{}^{(1)}(n) \end{bmatrix} = \begin{bmatrix} 7.998 \\ 12.297 \\ 16.704 \\ 21.486 \end{bmatrix}$$

$$B = \begin{bmatrix} 1 & X_2{}^{(1)}(2) & X_3{}^{(1)}(2) & \cdots & X_n{}^{(1)}(2) \\ \vdots & \vdots & \vdots & & \vdots \\ 1 & X_2{}^{(1)}(n) & X_3{}^{(1)}(n) & \cdots & X_n{}^{(1)}(n) \end{bmatrix} = \begin{bmatrix} 1 & 17.62 \\ 1 & 27.31 \\ 1 & 37.55 \\ 1 & 48.04 \end{bmatrix}$$

(5)
$$W = (B^{\mathrm{T}}B)^{-1} B^{\mathrm{T}}Y = \begin{bmatrix} 0.193 \\ 0.442 \end{bmatrix}$$

(6) 得到 GM$(0,2)$模型:

$$X_1{}^{(1)} = 0.193 + 0.442 X_2{}^{(1)}$$

(7) 得到 $X_1{}^{(1)}$ 与 $X_1{}^{(0)}$ 的预测值:

$$\hat{X}_1{}^{(1)} = \{3.928, 7.985, 12.269, 16.795, 21.435\}$$

$$\hat{X}_1{}^{(0)} = \{3.928, 4.057, 4.285, 4.526, 4.640\}$$

(8) 根据相对误差定义,预测值 $\hat{X}_1{}^{(0)}$ 的相对误差为 $\{0.051, 0.048, 0.003, 0.027, 0.030\}$,$k = 1, 2, 3, 4, 5$,达到 Ⅱ 级残差合格模型标准,误差较小,估计效果如图 6.3.7 所示。

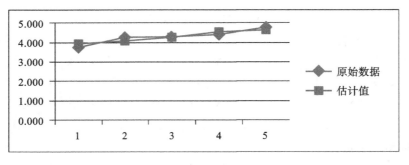

图 6.3.7

6.4 层次分析法

层次分析法（AHP，analytic hierarchy process）是美国运筹学家萨蒂教授（T. L. Saaty）于1970年代首先提出的一种层次权重决策方法。它是解决多目标问题，尤其是一些难以完全定量的较为复杂的问题的一种有效的方法。它的优点在于可以运用较少的定量信息结合一些定性信息做出决策。

层次分析法的主要思想是，根据问题本身的属性以及决策目标，从问题中确定一些决策因素，将这些因素依照相互关系构成不同层次的组合，形成多层次的分析结构，使问题最终可以描述为最终目标与各个备选方案之间的权重关系，从而得到问题的决策。层次分析法的核心问题在于权重关系如何加以确定。

实例 6.4.1 某工厂计划购买一台设备，现要在 A，B，C 3 个具体型号的设备之间综合考虑3 个主要因素，即价格、功能、售后服务，目的是确定其中一种设备作为最终的选择。

问题分析：若是只考虑一种决策因素，则问题是不难解决的。例如，只以价格作为决定因素，那么作为购买方，只需要按照价格从低到高的顺序对产品排序，选择价格最低的产品即可。但综合考虑几个因素，就较为复杂了，如表 6.4.1 中产品三种因素优先排序的情形。

如果单纯考虑一种决策因素，那么按照价格因素应该选 A，按照功能因素应该选 B，按照服务因素又应该选 C，这样的话，究竟应该选择哪个产品呢？

对这个问题做进一步考虑，又涉及以下两个方面。

第一，对于决策目标来说，3 个决策因素彼此之间的地位——也就是权重——是一样的吗？若不同，如何确定每个因素相对目标的权重？

第二，就某一个因素来说，不同产品间的优先性排序（如本例中的 1、2、3）是否是充分的信息描述？若不然，应该怎样描述？

表 6.4.1

产品 ＼ 因素	价格	功能	服务
A	1	2	3
B	3	1	2
C	2	3	1

6.4.1 因素权重的确定

一般来说,多个决策因素彼此之间的地位往往是不同的,各个因素相对目标的权重取决于彼此之间重要性的比较,当然这种比较往往具有相当程度的主观性。在层次分析法中,一般使用 9 级标度作为衡量相对重要性的度量工具。其中 1～9 各级标度的含义如表 6.4.2 所示。

表 6.4.2

标度	含 义
1	表示两个因素相比,重要性相同
3	表示两个因素相比,前者比后者稍重要
5	表示两个因素相比,前者比后者明显重要
7	表示两个因素相比,前者比后者强烈重要
9	表示两个因素相比,前者比后者极其重要
2,4,6,8	表示上述相邻判断的中间程度

若因素 i 与因素 j 的重要性之比为 a_{ij},那么因素 j 与因素 i 重要性之比为 $a_{ji} = 1/a_{ij}$。

从决策者人数方面考虑,虽然决策可以细分为个人决策和群体决策,但群体决策经过意见汇总以后,也可以等同于个人决策,这时集体就相当于一个人——类似于法人的概念。换言之,对于决策者而言,可以确定唯一一种对因素重要性的权重赋值。

各个因素权重的具体确定,至少有以下两种常用方法。

6.4.1.1 直接排序法

在各个因素中,先确定权重最大的因素,然后在余下的因素中找权重次之的因素,依次下去,直到遍历所有因素。接着根据因素的数目和重要性程度按照 9 级标度进行赋值——权重越大标度值越大,最后通过数据归一得到各个因素权重。例如,在实例 6.4.1 中,如果决策者认为功能最重要,其次是价格,而服务几乎是可有可无的,在这种情况下应该赋予功能因素最大的权重,如在 9 级标度之下对功能赋予数值 6,对价格赋予数值 3,对服务赋予数值 1,那么数据归一化以后,得到三者权重依次为 0.6,0.3,0.1。

直接排序法的优点是简单快速,并且具有一致性(一致性将在稍后介绍);缺点是只适合因素数目较少,因素之间差异明显容易进行排序,并且容易确定相对标度赋值的情况。实际中常常使用的因素权重确定方法是以下介绍的这第二种方法。

6.4.1.2 判断矩阵法

定义 6.4.1 判断矩阵:对于 n 个决策因素,将其中各个因素进行两两比较,得到 $n \times n$ 个重要性相对标度值 a_{ij},由这 $n \times n$ 个相对标度值 a_{ij} 构成的矩阵称作判断矩阵,表示为 $\boldsymbol{A} = \{a_{ij}\}_{n \times n}$。

显然,若因素 i 与因素 j 的重要性之比为 a_{ij},则 $a_{ij} > 0$,且因素 j 与因素 i 重要性之比为 $a_{ji} = 1/a_{ij}$,因此判断矩阵的主对角线为 1,且为正互反矩阵。

定义 6.4.2 一致性矩阵:如果在判断矩阵中,对任意的 $i, j, k \in \{1, 2, \cdots, n\}$,有 $a_{ij} \times a_{jk} = a_{ik}$,则称该矩阵为一致性矩阵。

矩阵的一致性刻画了判断矩阵中表述的元素间相对重要性的无矛盾性。有必要指出的是，在有些文献中，还把一致性具体细分为顺序一致性、判断一致性和基本一致性，本文中定义的一致性，相当于基本一致性。鉴于实际应用中一般都要求基本一致性，本文就不对另两种一致性进行介绍了。

在实例 6.4.1 中，确定 3 个因素的两两比较表，如表 6.4.3 所示（横行因素对应分子，竖列因素对应分母）。

表 6.4.3

	价格	功能	服务
价格	价格/价格	价格/功能	价格/服务
功能	功能/价格	功能/功能	功能/服务
服务	服务/价格	服务/功能	服务/服务

按照实例 6.4.1 中的数据，在 9 级标度之下对质量赋予数值 6，对价格赋予数值 3，对服务赋予数值 1，假设这是一个一致性矩阵，则根据 $a_{ij} \times a_{jk} = a_{ik}$，可以得到以下的判断矩阵（行列次序均为价格、功能、服务）：

$$A = \begin{bmatrix} 1 & 1/2 & 3 \\ 2 & 1 & 6 \\ 1/3 & 1/6 & 1 \end{bmatrix}$$

不难发现，一致性矩阵的各行成比例，各列也成比例。这是显而易见的，因为一致性矩阵刻画的各个因素间的相对重要性是无矛盾的，而各因素间的相对重要性只需要一行（或列）元素就足以描述了，其他行（或列）根据 $a_{ij} \times a_{jk} = a_{ik}$ 即可推出，而且每一行（或列）描述的相对重要性都是等价的，所以各行（或列）是成比例的。对于 n 阶一致性矩阵，由矩阵理论可以得到以下结论。

（1）一致性矩阵的秩为 1。

（2）一致性矩阵的特征根中，只有一个根为 n，其余根皆为 0。

（3）矩阵的任一列都是特征根 n 对应的特征向量。

在以上的一致性矩阵中，把各列数据分别做归一化，则得到判断矩阵

$$A = \begin{bmatrix} 0.3 & 0.3 & 0.3 \\ 0.6 & 0.6 & 0.6 \\ 0.1 & 0.1 & 0.1 \end{bmatrix}$$

可见，每一列元素都是相同的，每一列元素 $\{0.3, 0.6, 0.1\}^{\mathrm{T}}$ 都是最大特征根 3 对应的特征向量。不难理解，该特征向量即是这 3 个元素的权重序列。

定义 6.4.3 判断矩阵确定的权重：各因素的权重向量为 $w = \{w_1, w_2, \cdots, w_n\}$，该向量若满足以下两条，则称为由判断矩阵确定的权重。

（1）$AW = \lambda_{\max} W$，其中 $\lambda_{\max}$ 为判断矩阵 A 的最大特征根，该最大特征根存在且唯一。

（2）W 的任意分量均大于 0。

对于一致性矩阵来说，这个定义是显然的，因为一致性矩阵的最大特征根只有一个值 n，其他特征根都是 0，而且这个特征根对应的特征向量 W 就是判断矩阵的任一列。

但是，判断矩阵不总是一致性矩阵，在实际工作中，大多数判断矩阵都不具有一致性。因为判断矩阵中的每个数据都应该由两个因素彼此比较确定，当人们比较特定的两个因素时，往往

不能同时兼顾到其他相关因素——尤其是因素较多的时候,因此,判断矩阵往往并不具有一致性。例如,实例 6.4.1 中的判断矩阵也有可能是这样的:

$$A = \begin{bmatrix} 1 & 1/4 & 3 \\ 4 & 1 & 6 \\ 1/3 & 1/6 & 1 \end{bmatrix}$$

注意到,这个矩阵虽然是正互反矩阵(即 $a_{ji} = 1/a_{ij}$),但并不具有一致性。例如:$a_{13} \times a_{32} = 3 \times 1/6 = 1/2 \neq a_{12} = 1/4$。

不具有一致性的判断矩阵说明,决策者对因素间重要性的判断本身存在矛盾——这是正常的,因为因素间重要性的比较本身具有较强的主观性,这种比较一般并不是用严格数值计算的结果,而是一种主观的认识,因此存在矛盾是正常的。

从另一个角度来看,这种不一致性在现实问题中也是存在积极意义的。例如上例中,$a_{13} \times a_{32} = 3 \times 1/6 = 1/2$,$a_{13} = 3$ 说明因素 1 对因素 3 的重要性为 3,按照 9 级标度理论,表示相对于因素 3,因素 1 稍重要些,因素 3 相对因素 2 的重要性为 1/6,说明相对于因素 3,因素 2 介于明显重要和强烈重要之间。如果按照一致性关系的假设,那么可得到因素 1 相对于因素 2 的重要性为 1/2,即"因素 2 比因素 1 略微重要",但这个认识并不是决策者直接的认识,而是根据一致性假设推算出来的。而实际上决策者将因素 1 与因素 2 直接进行比较得到的是 $a_{12} = 1/4$,即"因素 2 比因素 1 差不多是明显重要的"。间接计算得到的 1/2 与直接比较得到的 1/4 之间的差异,恰体现了现实中决策问题的复杂性。

如果判断矩阵中的每个数据都是通过两两比较得到的,那么其中每个数据都应该认为是决策者真实观点的表达,而两因素直接比较的结果,应该比间接计算的结果具有更高的可信度。从这个角度来说,不一致数据实际上是对重要性判断的修正。对于一致性矩阵,可以很容易地得到矩阵所描述的各因素的权重。对于不一致矩阵,如何确定各因素权重呢?

6.4.2 一致性检验

对于一个判断矩阵来说,如果能够达到一致性当然是好的,这样就极大地简化了计算,从而可以轻易地得到各因素的相对权重。但是严格的一致性往往是不能达到的,实际上这也是不必要的。在实际工作中,能够达到"比较满意"的一致性就足够了。

那么,怎样程度的一致性算得上是"比较满意"的一致性呢?

定理 6.4.1 判断矩阵 A 为一致性矩阵的充要条件为最大特征根 $\lambda_{\max} = n$。

前文实例 6.4.1 中一开始提到的判断矩阵就是一致性矩阵,满足这个条件。

由矩阵理论可知,对于不一致的正互反判断矩阵 A,它的最大特征根 $\lambda_{\max} > n$,并且由于特征根 $\lambda_{\max}$ 连续地依赖于 a_{ij} 的数值,所以 $\lambda_{\max}$ 的值偏离 n 的程度就可以反映 A 的不一致性程度。

定义 6.4.4 一致性指标:CI(consistence index)称为判断矩阵 A 的一致性指标。

$$CI = (\lambda_{\max} - n)/(n - 1)$$

其中,$\lambda_{\max}$ 是 A 的最大特征根。

能够通过 $\lambda_{\max}$ 刻画判断矩阵偏离一致性的程度,但是这个值多大算是比较大,多小算是比较小呢?另一方面,不难理解的是,n 越大问题涉及的决策因素越多,因素越多越容易产生不一致性,也就是说对于较大的 n,一致性指标相应也更大一些是合理的。

Saaty 教授引入随机一致性指标 RI(random consistency index)的概念,方法是用随机方法构造 500 个 n 阶正互反判断矩阵,对每个矩阵求一致性指标 CI,把这 500 个一致性指标的均值定义为随机一致性指标 RI,如表 6.4.4 所示。

表 6.4.4

阶数	3	4	5	6	7	8	9	10	11	12
RI	0.58	0.89	1.12	1.24	1.32	1.41	1.45	1.49	1.52	1.54

定义 6.4.5 一致性比例:CR= CI/RI 称作一致性比例。

随机一致性指标反映了"一般情况下"一个正互反判断矩阵的一致性指标的"正常取值"。它作为一个标准,用来判别某一个特定矩阵 A 的一致性如何。一致性比例 CR(consistence ratio)反映了某个特定矩阵 A 的一致性指标与随机一致性指标的比例。一般地,当 CR<0.1 时,认为 A 具有较为满意的一致性,或者说 A 通过一致性检验。特别地,当 CR=0 时,称为 A 具有完全一致性;若不然,称 A 不具有一致性。

实例 6.4.1 中的判断矩阵

$$A = \begin{bmatrix} 1 & 1/4 & 3 \\ 4 & 1 & 6 \\ 1/3 & 1/6 & 1 \end{bmatrix}$$

已经证明了 A 不具有完全一致性,那么它是否具有满意一致性呢? 经计算 $\lambda_{\max} = 3.054$,CR=0.027<0.1,此时可认为该矩阵虽不具有完全一致性,但具有满意一致性,可以进行后续权重计算。

6.4.3 权重计算

完全一致矩阵的任何两列都是互相等价的,因此任何一列都可以作为各因素的权重序列。这在前文已经讲述过了。

对于满意一致性矩阵来说,它与完全一致性矩阵是有差异的,它不能满足任何两列都等价的条件,但它们之间的差异也并不大(否则就变成不一致矩阵了)。在这种情况下,可以认为每一列都是在权重序列附近随机波动。于是根据统计理论,对各列取均值就可以作为权重很好的估计。

当然,也可以借助计算软件直接求解矩阵的特征值和特征向量,但鉴于两种方法得到的结果差异很小,而层次分析法的原始数据本身也不具有严格的精确性,故而精确计算一般是不必要的。

均值的定义有很多种,比较常见的有算术均值、几何均值、调和均值、平方均值等。以下介绍算术均值和几何均值的具体算法。

6.4.3.1 算术均值法

对于具有满意一致性的判断矩阵 A,按照以下步骤计算它的权重向量。

第 1 步,A 中按列做归一化处理,即令 $A = \{a^0_{ij}\}$,其中

$$a^0_{ij} = a_{ij} / \sum_{k=1}^{n} a_{kj}, \quad i, j \in \{1, 2, \cdots, n\}$$

第 2 步,对归一后的矩阵 A 各行取均值,得到权重向量 W,其中 W 的各个分量为

$$w_i = \frac{1}{n} \sum_{j=1}^{n} a^0_{ij}, \quad i \in \{1, 2, \cdots, n\}$$

与权重向量相对应的最大特征根 $\lambda_{\max}$ 的计算方法如下。

对于完全一致性矩阵,有 $AW = \lambda_{\max}W$;对于满意一致性矩阵,虽然不能满足这个结果,但可以通过求均值的方法来求 $\lambda_{\max}$。在以下算法中,$(AW)_i$ 表示 AW 的第 i 个分量。

$$\lambda_{\max} = \frac{1}{n}\sum_{i=1}^{n}\frac{(AW)_i}{w_i}$$

以实例 6.4.1 中的判断矩阵为例,说明具体算法。

$$A = \begin{bmatrix} 1 & 1/4 & 3 \\ 4 & 1 & 6 \\ 1/3 & 1/6 & 1 \end{bmatrix}$$

归一化以后得到

$$A = \begin{bmatrix} \dfrac{3}{16} & \dfrac{3}{17} & \dfrac{3}{10} \\[2mm] \dfrac{3}{4} & \dfrac{12}{17} & \dfrac{3}{5} \\[2mm] \dfrac{1}{16} & \dfrac{2}{17} & \dfrac{1}{10} \end{bmatrix}$$

对各行取均值,得到权重向量 $W = \{0.221, 0.685, 0.093\,4\}^{\mathrm{T}}$。

由最大特征值的均值算法得到 $\lambda_{\max} = 3.05$。

以上是用算术均值法得到的最大特征值和权重向量,用计算软件计算得到的权重向量和最大特征值分别是 $\{0.2176, 0.691, 0.0914\}^{\mathrm{T}}$ 和 3.054,可见两者差异很小。

6.4.3.2 几何均值法

对于具有满意一致性的判断矩阵 A,按照以下步骤计算它的权重向量。

第 1 步,对矩阵 A 各行取几何均值,得到向量 P,它的分量为

$$p_i = \sqrt[n]{\prod_{j=1}^{n} a_{ij}}, \quad i \in \{1, 2, \cdots, n\}$$

第 2 步,对向量 P 做归一化处理,得到权重向量 W,它的分量为

$$w_i = p_i \Big/ \sum_{i=1}^{n} p_i$$

与权重向量相对应的最大特征根 $\lambda_{\max}$ 的计算方法与算术均值法相同。

对于完全一致性矩阵,有 $AW = \lambda_{\max}W$;对于满意一致性矩阵,虽然不能满足这个结果,但可以通过求均值的方法来求 $\lambda_{\max}$。在以下算法中,$(AW)_i$ 表示 AW 的第 i 个分量。

$$\lambda_{\max} = \frac{1}{n}\sum_{i=1}^{n}\frac{(AW)_i}{w_i}$$

以实例 6.4.1 中的判断矩阵为例,说明具体算法。

$$A = \begin{bmatrix} 1 & 1/4 & 3 \\ 4 & 1 & 6 \\ 1/3 & 1/6 & 1 \end{bmatrix}$$

按行做几何均值以后得到 $P = \{0.908\,6, 2.884, 0.381\,6\}^{\mathrm{T}}$。

对 P 做归一化处理,得到权重向量 $W = \{0.217\,6, 0.691, 0.091\,4\}^{\mathrm{T}}$。

由最大特征值的均值算法得到 $\lambda_{\max} = 3.05$。

以上是用几何均值法得到的最大特征值和权重向量,用计算软件计算得到的权重向量和最大特征值分别是$\{0.217\ 6,0.691,0.091\ 4\}^{\mathrm{T}}$和3.054,可见两者差异很小。

以上介绍了计算最大特征值和特征向量(即权重向量)的两种均值法,除了均值法,常见的计算方法还有幂乘迭代法和最小二乘法(该方法与6.3节灰色预测法中的方法本质上是一样的)等方法,鉴于这些方法相对较烦琐,而前面介绍的两种均值法估计效果很好,其他方法就不逐一介绍了。

6.4.4 一致性修正

上一节对满意一致性矩阵计算特征根和特征向量的方法做了介绍,那么,对不能通过一致性检验的判断矩阵该怎么处理呢?

判断矩阵通不过一致性检验,说明决策者对因素相互之间重要性的认识存在较大的矛盾,虽然这样,判断矩阵仍然是决策者对因素之间相互关系的直接判断。

对于一致性较差的矩阵,可以通过一致性修正对矩阵数据做适当调整,在尽量小规模地改变原始数据的情况下,使之能够通过一致性检验,从而进行后续运算。

一致性修正的方法很多,以下主要介绍差值比较法。

差值比较法的思想是:先把不一致矩阵$\boldsymbol{A}$视为满意一致性矩阵,用某种算法算出矩阵$\boldsymbol{A}$的权重向量$\boldsymbol{W}$,由$\boldsymbol{W}$构造参照矩阵$\boldsymbol{B}$,其中$B_{ij}=w_i/w_j$。$\boldsymbol{B}$显然是完全一致性矩阵,且$\boldsymbol{B}$的权重向量与$\boldsymbol{A}$相同,换言之,如果$\boldsymbol{A}$也是满意一致性矩阵,那么$\boldsymbol{A}$与$\boldsymbol{B}$的差异应该很小。因此,做$\boldsymbol{A}$与$\boldsymbol{B}$的差,在差值矩阵中,绝对值较大的元素对应的$\boldsymbol{A}$矩阵的值就应该适当修改,以靠近$\boldsymbol{B}$矩阵的数值。以下通过一个例子说明这种方法。

实例6.4.2 判断以下矩阵$\boldsymbol{A}$是否具有满意一致性,若不具有,则做出修正。

$$\boldsymbol{A}=\begin{bmatrix} 1 & \dfrac{1}{7} & 3 \\ 7 & 1 & 6 \\ \dfrac{1}{3} & \dfrac{1}{6} & 1 \end{bmatrix}$$

通过计算可知,矩阵$\boldsymbol{A}$的两个指标CI＝0.088,CR＝0.153＞0.1,不符合一致性要求。

以下对矩阵$\boldsymbol{A}$做一致性修正。

首先,通过算术均值法(用其他方法计算也可以)得到矩阵$\boldsymbol{A}$的权重向量$\boldsymbol{W}=\{0.176,0.735,0.089\ 1\}^{\mathrm{T}}$。

其次,由此向量$\boldsymbol{W}$构造参照矩阵$\boldsymbol{B}$,得到

$$\boldsymbol{B}=\begin{bmatrix} 1 & 0.24 & 1.98 \\ 4.16 & 1 & 8.2 \\ 0.51 & 0.121 & 1 \end{bmatrix}$$

然后,做$\boldsymbol{A}$与$\boldsymbol{B}$的差,

$$\boldsymbol{A}-\boldsymbol{B}=\begin{bmatrix} 0 & -0.097 & 1.02 \\ 2.84 & 0 & -2.2 \\ -0.17 & 0.045 & 0 \end{bmatrix}$$

从$\boldsymbol{A}$与$\boldsymbol{B}$的差来看,有两项差值较大,分别为2.84和-2.2,于是相应调整矩阵$\boldsymbol{A}$中这两个位置对应的数据,得到$\boldsymbol{A}_1$。其中,2.84＞0,说明$\boldsymbol{A}$中相应位置的值偏大,因此调小些;-2.2

<0,说明 A 中相应位置的值偏小,因此调大些。先各自调整 1 个单位试试看,注意对称位置也要相应调整。

$$A_1 = \begin{bmatrix} 1 & \dfrac{1}{6} & 3 \\ 6 & 1 & 7 \\ \dfrac{1}{3} & \dfrac{1}{7} & 1 \end{bmatrix}$$

对于 A_1,再计算两个指标得到 CI$=0.050$,CR$=0.086<0.1$,符合一致性要求。接下来,可以用调整后的矩阵 A_1 代替原始矩阵 A 进行后续计算。

除了这种修正方法,还有很多其他的修正方法,每种方法都各有利弊,但有一点是共同的:修正后的矩阵已经与原始矩阵不同,虽然相对于原始矩阵来说,修正后的矩阵具有更好的一致性,但是无论使用哪种修正方法,都与决策者的判断或多或少有所偏离。

6.4.5　一个完整的实例

实例 6.4.3　某工厂计划购买一台设备,现要在甲、乙、丙 3 个具体型号的设备之中综合考虑 3 个主要因素,即价格、功能、售后服务,以确定其中一种作为最终的选择。

通过有关专家评价,得到 3 个主要因素相对采购决策的重要性的比较矩阵为 M,矩阵 M 中行列顺序均为价格、功能、售后服务。对甲、乙、丙 3 个具体型号的设备就价格因素所做的重要性比较矩阵为 P,就功能因素所做的重要性比较矩阵为 F,就服务因素所做的重要性比较矩阵为 S,以下为各矩阵的数据。

$$M = \begin{bmatrix} 1 & 1/4 & 3 \\ 4 & 1 & 6 \\ 1/3 & 1/6 & 1 \end{bmatrix}, \quad P = \begin{bmatrix} 1 & 1/2 & 1/2 \\ 2 & 1 & 1 \\ 2 & 1 & 1 \end{bmatrix}, \quad F = \begin{bmatrix} 1 & 1/4 & 1/3 \\ 4 & 1 & 2 \\ 3 & 1/2 & 1 \end{bmatrix}, \quad S = \begin{bmatrix} 1 & 1/3 & 1/5 \\ 3 & 1 & 1/2 \\ 5 & 2 & 1 \end{bmatrix}$$

以下对此问题进行计算。

第一步,对各矩阵的一致性进行检验。

经计算得到

$$CR_M = 0.046 < 0.1$$
$$CR_P = 0 < 0.1$$
$$CR_F = 0.016 < 0.1$$
$$CR_S = 0.003 < 0.1$$

各矩阵均符合一致性要求,其中 P 矩阵是完全一致性矩阵(这是容易理解的,与功能和服务只能进行人为评估不同,价格因素可以用具体的价格数据进行描述)。

第二步,计算各矩阵的权重向量。

采用算术均值法,得到各个矩阵的权重向量分别为

$$W_M = \{0.221, 0.685, 0.093\,4\}^{\mathrm{T}}$$
$$W_P = \{0.200, 0.400, 0.400\}^{\mathrm{T}}$$
$$W_F = \{0.123, 0.557, 0.320\}^{\mathrm{T}}$$
$$W_S = \{0.110, 0.309, 0.581\}^{\mathrm{T}}$$

权重可以理解为得分。总体来说,得分越高越好,最终选择的就是得分最高的产品。

在 W_F 中,3 种产品分别得分 $\{0.123, 0.557, 0.320\}^{\mathrm{T}}$,说明乙产品的功能最好,得分最高。

在 $\boldsymbol{W_S}$ 中,3 种产品分别得分 $\{0.110,0.309,0.581\}^{\mathrm{T}}$,说明丙产品的售后服务最好,得分最高。

在 $\boldsymbol{W_P}$ 中,3 种产品分别得分 $\{0.200,0.400,0.400\}^{\mathrm{T}}$,说明乙、丙产品的价格最好,得分最高。

产品功能与服务的最好是容易理解且无歧义的,但是就价格而言,什么叫作最好呢? 显然,对于买方来说,越低的价格是越好的,因此越低的价格应该评分越高。注意到,甲产品功能与服务两项得分都是最低的,而且与另两种产品差异较大;在价格因素上,甲产品评分也最低,这说明甲产品是最贵的,那么这就与常识相违背了——质量与服务最差的产品反而卖得最贵,怎么可能形成竞争力呢? 虽然不排除现实中确实也有这样的情况,但在绝大多数情况下,质量与服务差的产品价格也更便宜,因此在价格上是有竞争力的。本例中的情况是决策者直接使用了实际价格进行比较得到比较矩阵,却忽略了价格是一种逆向评价因素,这与功能和服务这种正向评价因素是正好相反的。对于价格这种逆向因素,应该取价格的倒数比较合适。重新更正价格矩阵 $\boldsymbol{P}$,得到

$$\boldsymbol{P}=\begin{bmatrix} 1 & 2 & 2 \\ 1/2 & 1 & 1 \\ 1/2 & 1 & 1 \end{bmatrix}$$

该矩阵实际上是原矩阵的转置,重新计算得到

$$\mathrm{CR}=0<1, \quad \boldsymbol{W_P}=\{0.500,0.250,0.250\}^{\mathrm{T}}$$

这说明甲产品在价格上比乙、丙产品更有优势。

第三步,计算各产品相对决策目标的权重。

设备采购层次结构如图 6.4.1 所示,最终采购决策称为目标层,目的是在方案层的 3 个方案中具体选定 1 个,而选定哪个方案的依据就是中间的准则层。准则层向上确定了判断矩阵 $\boldsymbol{M}$,也就是各个准则相对目标的权重。由 $\boldsymbol{W_M}=\{0.221,0.685,0.093\,4\}^{\mathrm{T}}$ 可知,在 3 个因素中,功能是最重要的。准则层向下,相对每个准则,3 个具体产品构成两两比较的判断矩阵,刻画了各个产品在每项准则中的权重——也就是得分。综合以上两层权重,就可以算出每个产品加权后的总分,选取得分最高的产品即可。

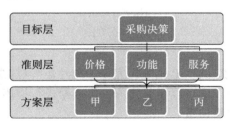

图 6.4.1

为了计算各产品加权后的总分,首先由 $\boldsymbol{W_P},\boldsymbol{W_F},\boldsymbol{W_S}$ 作为各列构成矩阵 $\boldsymbol{W}_{\mathrm{opt}}$,次序要与 $\boldsymbol{W_M}$ 对应,然后计算 $\boldsymbol{W}_{\mathrm{opt}}\cdot\boldsymbol{W_M}$,即得到各个方案的总分。于是,由

$$\boldsymbol{W_M}=\{0.221,0.685,0.093\,4\}^{\mathrm{T}}$$
$$\boldsymbol{W_P}=\{0.500,0.250,0.250\}^{\mathrm{T}}$$
$$\boldsymbol{W_F}=\{0.123,0.557,0.320\}^{\mathrm{T}}$$

$$\boldsymbol{W_S} = \{0.110, 0.309, 0.581\}^{\mathrm{T}}$$

得到

$$\boldsymbol{W}_{\mathrm{opt}} = \begin{bmatrix} 0.5 & 0.123 & 0.11 \\ 0.25 & 0.557 & 0.309 \\ 0.25 & 0.32 & 0.581 \end{bmatrix}$$

$$\boldsymbol{W}_{\mathrm{opt}} \cdot \boldsymbol{W_M} = \{0.205, 0.466, 0.329\}^{\mathrm{T}}$$

由此可见,乙产品综合得分最高为 0.466,故而选定乙产品。

6.5　预测与决策方法的发展趋势

目前,预测与决策领域的发展主要可分为理论和应用两个方向。当然这两个方向并不是互相独立而是密切相连的。

(1)在理论方面,预测与决策理论公理化体系的构建。

公理化是近现代数学理论发展的重要特点,发展较为成熟的数学分支大多建立在公理化体系之上。以概率理论为例,概率理论的发源于具体的实际问题。概率理论在发展前期,以比较具体的应用理论和算法为主而并未建立严谨而完整的公理化体系,后来主要由于伯恩斯坦、米泽斯、柯尔莫戈洛夫等人的卓越工作,概率理论公理化体系得以建成,使概率理论变成严格的数学分支。和其他数学分支一样,概率理论建立在严格的逻辑基础之上。

预测与决策理论也首先由于实际应用的推动而产生(其历史要远早于概率理论),在它的发展过程中逐渐产生了越来越多的相关理论和算法,但理论体系的公理化尚未能完全建立。20世纪 60 年代,规范性决策理论逐渐成形。该理论假设决策人是完全理性的(理性人假设),在此基础上用数学和逻辑方法建立起公理化体系,也就是决策行为的公理化体系。在此体系下发展的理论中,最引人关注的是 Wald 和 Savage 等建立的具有严格公理框架的统计决策理论,还有冯·诺依曼和摩根斯坦建立的效用理性行为公理化体系。但是,规范性理论是建立在"理性人"这一假设基础上的,然而实际中,任何决策人都不可能是完全的理性人。

以西蒙为代表的学者在"满意标准"和"有限理性原则"基础上建立起描述性决策理论。该理论指出了"理性人"假设的不现实性,并结合行为科学理论,决策过程中的行为加以实证研究,其中 A. Tversky 提出的方面排除理论、D. Kahneman 提出的展望理论都受到广泛关注。

然而这些工作——包括后来由 S. H. Chew 和 K. R. MacCrimmon 提出的权重效用值理论,M. J. Machina 提出的局部效用函数理论等——距离真正意义上的公理化体系尚有相当距离。

(2)在应用方面,各种新兴学科领域和数学分支与预测和决策方法的交互渗透。

随着新兴学科领域的崛起,在理论与现实需要两方面的促进下,预测和决策理论与系统科学、计算机科学、行为科学等领域互相渗透,新的预测决策理论和方法不断涌现。

诸兵、郭海湘在《储层含油性识别的数据驱动灰色关联预测方法》(统计与决策,2008 年 23 期)一文中,提出了一种以数据驱动的灰色关联预测方法,并以某油田的测井数据为学习数据和测试数据,预测结果与测试数据的实际结果完全符合。徐路路、王芳在《基于支持向量机和改进粒子群算法的科学前沿预测模型研究》(《情报科学》,2019 年第 37 卷第 8 期)一文中,采用机器学习算法、支持向量机以及粒子群算法对科学前沿的发展趋势做出预测。

赵知劲等在《基于量子遗传算法的认知无线电决策引擎研究》(物理学报,2007 年第 56 卷第 11 期)一文中,提出了基于量子遗传算法的认知无线电决策引擎,实验结果表明该方法在收敛速度、收敛精度和算法稳定性上都明显优于经典遗传算法。刘勇等在《基于区间直觉模糊的动态多属性灰色关联决策方法》(控制与决策,2013 年 09 期)一文中,针对属性值为区间直觉模糊数且属性权重未知的一类决策问题,利用灰色关联分析方法的思想,构建了一种动态区间直觉模糊数多属性决策方法。

从以上几个例子中不难看出,预测与决策是应用性极强的学科分支,覆盖众多行业与研究领域,与多学科分支交互融合的特点体现得非常突出。随着计算技术的快速发展和大数据时代的到来,知识发现与数据挖掘逐渐成为人工智能领域的活跃分支,在其中以软计算作为主要支持的预测与决策方法越来越受到人们的重视。与传统方法(可称为硬计算)处理精确性、确定性、明晰性问题不同,软计算方法处理的都是不精确的、不确定的、模糊的问题,在现实应用中,这样的问题才是占大比例的问题。在软计算方法中,灰色系统、模糊理论、粗糙集理论、神经网络、遗传算法、混沌理论等理论方法都已经取得长足发展并且有较为广泛的应用。

大数据时代的到来、人工智能理论的发展,使得计算机代替人类处理海量数据、对人们关心的问题做出辅助预测与决策成为可能,并有可能成为下一段时间预测与决策领域发展的热点。

参 考 文 献

[1] 菅利荣,刘思峰,刘勇.预测与决策软计算方法及应用[M].北京:电子工业出版社,2016.

[2] 钟珞,袁景凌,李琳,等.智能方法及应用[M].北京:科学出版社,2015.

[3] 王立柱.时间序列模型及预测[M].北京:科学出版社,2018.

[4] 王燕.应用时间序列分析[M].4 版.北京:中国人民大学出版社,2015.

[5] [美]格雷特,李洪成.时间序列预测实践教程[M].北京:清华大学出版社,2012.

[6] 易丹辉.时间序列分析:方法与应用[M].北京:中国人民大学出版社,2011.

[7] 王慈光.二次指数平滑法中确定初始值的简便方法[J].西南交通大学学报,2004,39(3):269-271.

[8] 张珍花,徐红梅.时序模型分析在经济预测中的应用[J].统计与决策,2006,(12):135-137.

[9] 邓聚龙.灰色系统理论教程[M].武汉:华中理工大学出版社,1990.

[10] 袁嘉祖.灰色系统理论及其应用[M].北京:科学出版社,1991.

[11] 党耀国,刘思峰,王正新.灰色预测与决策模型研究[M].北京:科学出版社,2009.

[12] 谢乃明,刘思峰.离散 GM(1,1)模型与灰色预测模型建模机理[J].系统工程理论与实践,2005,25(1):93-99.

[13] 张炳江.层次分析法及其应用案例[M].北京:电子工业出版社,2014.

[14] 许树柏.实用决策方法——层次分析法原理[M].天津:天津大学出版社,1988.

[15] 刘新宪,朱道立.选择与判断——AHP(层次分析法)决策[M].上海:上海科学普及出版社,1990.

[16] 徐晓敏.层次分析法的运用[J].统计与决策,2008,(1):156-158.

[17] 徐克龙.决策行为公理化的局限与描述性决策理论的作用[J].重庆文理学院学报(自然科学版),2008,27(5):68-69.

第7章

计算复杂性简介

JIANMING YINGYONG

YUNCHOUXUE

在众多的学科中,包括运筹学、应用数学在内,存在很多问题,特别是运筹学内的许多组合优化问题。我们需要找到这些问题的算法。对这些问题及求解算法的好坏(或难易)如何评价与分类以及它们之间能否进行某种沟通,是极有理论意义与应用价值的问题。计算复杂性分析即属于这个范畴。

7.1 计算复杂性的含义

在运筹学和计算数学,特别是组合数学等领域中有众多的算法,如求解线性规划的单纯形法,求解线性方程组的高斯消元法,求解中国邮路问题的 Bloom 算法,求解最短路问题的 Dijkstra 算法、Bellman-Ford 算法、Floyd 算法,等等。各种算法适用于被求解的特定问题,即便是同一个问题,规模大小也会各有不同。很自然的问题是:求解这些问题的难度有多大? 相应的求解算法好还是不好?

但是,这些朴素的问题在提法上很模糊,算法的难易程度、好坏等概念需要严格地界定,需要做出科学的规定。Cook 在 20 世纪 70 年代初率先提出了关于计算复杂性的严格定义。关于计算复杂性的讨论,涉及面很广且理论艰深,这里只做一些初步和简单的介绍和描述。要理解计算复杂性的有关概念,首先要对图灵机有所认识。

7.1.1 图灵和图灵机

图灵(A. M. Turing,1912—1954),英国科学家,英国剑桥大学毕业,美国普林斯顿大学哲学博士,在量子力学、数理逻辑、生物学、化学等方面都有深入的研究,是电脑与人工智能领域的先驱者及开拓者。1936 年,他发表了著名论文《论数字计算在决断难题中的应用》,提出了一种理想计算模型,即图灵机(Turing machine);1947 年,他提出了"自动程序"的概念;1950 年,他又发表了里程碑式的论文《机器能思考吗?》,超前预测电脑智能化的可能性。图灵在计算机科学领域中影响极大,当今世界计算机领域的最高奖以他命名,称为图灵奖,图灵奖被誉为电脑领域的诺贝尔奖。图灵以他天才和勤奋敏锐的洞察力及超前的思维取得了巨大的科学成就,是位当之无愧的科学大师。

图灵机是图灵在 1936 年那篇著名论文中所构思的一种理想(或概念上)的计算模型。这种理想模型由一个控制器、一个读写头及一条两端可无限延长的带子组成。这条带子称为工作带,上面有划分好的大小相同的方格,每个方格上可以书写给定字母表中的一个符号,这就相等于一个存储器。控制器可以带着读写头在工作带上左右移动,读写头可读出控制器所访问的格子上的符号,也可以改写或抹去这个符号。由此可以看出,图灵机是当今使用的计算机的一个完美的抽象模型。

在图灵机这个"理想计算机"概念的基础上,后人又提出了非确定性图灵机(non-deterministic Turing machine)的概念模型。为了区分,图灵机也称为确定性图灵机(deterministic Turing machine)。非确定性图灵机的概念较为抽象。从理论上说,非确定性图灵机具有非常强大的计算功能,当今的电子计算机都难望其项背。

非确定性图灵机是确定性图灵机的一种推广。设 P 为一个由图灵机指令组成的有穷集合,P 不一定满足相容性条件,如果把 P 作为程序,依类似于确定性图灵机的模式进行运行,则

可能会在某个时刻 P 中有两条或更多的指令可以用,而它们所规定的动作又不一致。这样的图灵机便称为非确定性图灵机。对于不确定性图灵机来说,对同一个输入可能有不同的运行过程。

7.1.2　P 问题与 NP 问题

7.1.2.1　多项式算法与非多项式算法

评价一个算法的好坏,通常要以执行此算法来解决问题时花费时间的多少作为一个标准。由于问题的大小不同,故需引入规模的概念。将一个问题的表达式中的各种信息,如一个线性规划模型中的目标函数向量 C、约束矩阵 A 及右端项(资源向量)b,用二进制编码,得到一个由 0 和 1 组成的数码列,这个数码列的长度即数码的个数 n,称为该问题的规模。简单地说,问题的规模就是求解问题的输入量。

当用某一个算法 A 对于规模为 n 的问题进行求解计算时,设所需的基本运算(加减乘除、大小比较等)次数的上界为 $f(n)$,则可用 $f(n)$ 的属性来描述算法 A 的复杂性,这里取的上界 $f(n)$ 的含义是指:在最坏的情况下,基本运算次数为 $f(n)$,或不超过 $f(n)$。如果对算法 A 来说,$f(n)$ 是 n 的多项式,则称算法 A 是一个多项式(时间)算法。多项式算法的特点是,计算量 $f(n)$ 随 n 的增加增长不快,故也称为有效算法。多项式算法记为 P 算法(polynomial-time algorithm)。如果对算法 A 来说,$f(n)$ 是指数型的,如 2^n,3^n 等,则称 A 为非多项式算法。由于指数算法的计算量 $f(n)$ 随 n 的增加而急剧增大,故它们不是有效算法。

一般来说,多项式算法是好算法。如果一个问题找到了多项式算法,就可认为这个问题基本解决了;如果一个问题不存在多项式算法,则称这个问题就是难以解决的。表 7.1.1 列出了在每秒百万次计算机上,对于不同的 $f(n)$,当 n 变化时,求解所需时间的估计。据此可以直观体会多项式算法与指数算法在运算速度上的巨大差别。

表 7.1.1

$f(n)$ ＼ 运算时间 ＼ n	10	30	50	100
n^2	0.000 1 秒	0.000 9 秒	0.002 5 秒	0.01 秒
n^3	0.001 秒	0.024 秒	0.125 秒	1 秒
n^5	0.1 秒	24.3 秒	5.2 分	2.77 时
2^n	0.001 秒	17.9 分	35.7 年	4.02×10^{14} 世纪

7.1.2.2　P 问题、NP 问题以及 NPC 问题

如果一个问题有一个多项式算法,可以在(确定性)图灵机上实现,则称这个问题属于 P 问题。由于凡是图灵机描述的多项式算法都可以在实际计算机上用多项式时间实现,且反之也成立,因此上述关于 P 问题的规定中,可以将条件"可以在(确定性)图灵机上实现"略去。

如果一个问题能在非确定性图灵机上找到一个多项式算法,则称这个问题属于 NP 问题,即非确定性多项式(non-deterministic polynomial)算法的问题。由于在(确定性)图灵机上有多项式算法的问题,在非确定性图灵机上也一定有多项式算法,因此 P 问题包含在 NP 问题中。

还可以从判定性问题的角度来解释 P 问题与 NP 问题。为了简化问题,我们可以将一个最优化问题转化为一系列简单的判定性问题,即提出一个问题,只需要回答 yes 或者 no 的问题。任何一般的最优化问题都可以转化为一系列判定性问题,如求一个图中从 A 到 B 的最短路径,可以转化成下面的一系列判断问题:从 A 到 B 是否有长度为 1 的路径? 从 A 到 B 是否有长度为 2 的路径? 照此一直进行下去,直到问到了 k 的时候回答了 yes,即停止发问,并据此推断出,A 到 B 的最短路径就是 k。如果一个判定性问题的复杂度是该问题的一个实例的规模 n 的多项式函数,则我们说这种可以在多项式时间内解决的判定性问题属于 P 问题。因此,P 问题就是所有复杂度为多项式时间的问题的集合。然而有些问题很难找到多项式时间的算法(或许根本不存在),如找出无向图中的哈密顿回路问题。但是我们发现,如果给了我们该问题的一个答案,我们就可以在多项式时间内判断这个答案是否正确。例如,对于哈密顿回路问题,给一个任意的回路,我们很容易判断它是否是哈密顿回路(只要检查一下,是不是所有的顶点都在回路中)。这种可以在多项式时间内验证一个解是否正确的问题称为 NP 问题。显然,所有的 P 问题都是属于 NP 问题的,但是现在的问题是,P 是否等于 NP? 这个问题至今还未解决。这就是 P 对 NP 问题。假如 NP 问题都存在多项式时间算法,也就证得了 P=NP。

比 NP 问题更难的,是 NP 完全问题,即 NPC(NP-complete)问题。这是一类特殊的 NP 问题。NPC 问题存在着一个十分有趣的性质,即如果一个 NPC 问题存在多项式时间的算法,则所有的 NP 问题都可以在多项式时间内求解,即 P=NP 成立。这是因为,每一个 NP 问题可以在多项式时间内转化成任何一个 NPC 问题。想要证明一个问题是 NPC 问题,通常的方法是先证明它属于 NP,然后将某个已知的 NPC 问题多项式时间变换成它(如果一个已知的 NPC 问题可以变换为它,则所有的 NP 问题都可以变换为它)。

通俗而不太严格地讲,NPC 问题是 NP 问题中"最难"的问题,也就是说它们是最可能不属于 P 类的。这是因为任何 NP 问题可以在多项式时间内变换成为任何特定 NPC 问题的一个特例,那么解决了任意一个 NPC 问题,也就相当于解决了所有的 NP 问题。换句话说,一个 NPC 问题的难度就代表了所有 NP 问题的难度。例如,旅行推销员问题的判定性问题版本是 NP 完全的,这就意味着,NP 中的任何问题可以在多项式时间内机械地转换成旅行推销员问题的一个特例。所以,若旅行推销员问题被证明为在 P 问题内,则所有 NP 问题在 P 内,从而 P=NP。旅行商问题是很多这样的 NPC 问题之一。不幸的是,迄今为止,人们还没有发现任何一个 NPC 问题有多项式时间算法。因此,目前理论界的普遍猜测是 P≠NP。

P 问题、NP 问题以及 NPC 问题的关系图如图 7.1.1 所示。

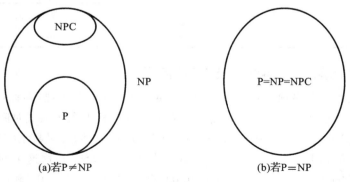

图 7.1.1

7.1.2.3 对线性规划问题是不是 P 问题的探索

计算复杂性理论一经提出,运筹学家立刻想到的一个问题是:线性规划问题是 P 问题吗?人们最初的估计是 yes,因为求解线性规划问题的单纯形法很好用,对于规模的增大引发计算量的增加似乎不很剧烈,所以数学家们普遍倾向于认为单纯形法可能是 P 算法。

但遗憾的是,这个由直观感觉产生的最初估计是错的。经过深入的研究,美国华盛顿大学教授著名数学家与运筹学家 V. Klee 与合作者 G. J. Minty 于 1972 年发表了著名的论文 *How good is the simplex algorithm?*,论证单纯形法的复杂性。文章构造了一个巧妙的反例,证明单纯形法不是 P 算法。具体构造较为复杂,此处略去,有兴趣的读者可参阅章后相关文献。

此例一出,立即引起巨大震动——这个结果与人们的实际感受竟然如此不同。但也促使数学家们思考:单纯形法为什么在实际当中如此好用? 线性规划问题到底是 P 问题吗?

对于第一个问题,人们发现,单纯形法虽不是 P 算法,但不是多项式时间的情况是极端情况,这种最坏的情况在实际使用时遇到的概率是极小的。事实上到现在为止,单纯形法仍是求解线性规划问题最主要的方法。

第二个问题实际上是一个比较大的理论问题。虽然证明了单纯形法不是 P 算法,但还不能断定线性规划问题不是 P 问题,说不定还能找到新的求解算法,而这些算法是 P 算法。而且,即使找不到 P 算法,也要证明了线性规划问题是 NPC(或 NP-hard)问题,人们才能合理地猜测:它很可能不是 P 问题。

对第二个问题的探索,结果是令人愉快的。1979 年,苏联科学院年轻的学者哈其扬给出了线性规划问题的第一个多项式算法,这是一个椭球算法。自此就可以确认线性规划问题属于 P 问题。1984 年,在美国贝尔实验室工作的印度数学家卡马卡(N. Karmarkar)提出了另一个新的多项式算法。从复杂性理论分析,它比椭球算法要好,而且贝尔实验室及 Karmarkar 本人宣称,从数值计算结果看,在高维情况下 Karmarkar 算法明显优于单纯形法。

对椭球算法与 Karmarkar 算法的深入了解,建议有兴趣的读者参阅章后参考文献。

7.2 组合优化中几个著名的 NPC 问题

组合(最)优化问题是最优化问题的一类。最优化问题分为两类,一类是连续变量的问题,另一类是离散变量的问题。对于具有离散变量的问题,我们称它为组合问题。在连续变量的问题中,一般是求一组实数,或者一个函数。在组合问题中,是从一个无限集或者可数无限集里寻找一个对象——典型的是一个整数、一个集合、一个排列或者一个图等。一般地,这两类问题有相当不同的特色,并且求解它们的方法也很不相同。

组合优化问题往往描述起来非常简单,并且有很强的工程代表性,但求解很困难。主要原因是求解这些问题的算法需要极长的运行时间与极大的存储空间,以致根本不可能在现有计算机上实现,即所谓的"组合爆炸"。其实,许多著名的组合优化问题往往都是 NPC 问题。由上一节的计算复杂性理论我们了解到,NPC 问题目前没有多项式算法,因此我们不得不寻找一些近似算法,但这些近似算法又往往是指数算法,这就是产生组合爆炸的原因。另一方面,这些问题的代表性和复杂性激起了人们对组合优化理论与算法的研究兴趣。

7.2.1 背包问题(knapsack problem)

有 n 件东西重量分别为 $a_i(i=1,2,\cdots,n)$,价格分别为 $e_i(i=1,2,\cdots,n)$,要求从中选出若干件装入背包,使装入物品的总重量不超过 M,又使总价值最大。

其实背包问题是 NPC 问题,至今没有有效解法。下面介绍一种近似算法——贪婪算法。

将比值 $\frac{c_i}{a_i}$ 由小到大排好队逐件考虑,不超重就装入,否则放弃并考虑下一件。

算法的实质就是"挑好的装,装进后就不再换出"。不过,一般这种方法不一定能求得最优解。

背包问题的整数规划形式可表述如下。

$$\max \sum_{i=1}^{n} c_i x_i$$

$$\text{s.t.} \quad \sum_{i=1}^{n} c_i x_i \leqslant M, \quad x_i \in \{0,1\}$$

由于 0-1 整数规划问题属于 NPC 问题,故这种表述方式没有降低背包问题的难度。

7.2.2 排序问题(sequencing problem)

排序问题亦称工件加工日程表问题,是一类典型的组合优化问题。设用 m 台机器加工 n 个工件,给定了加工每个工件所用机器的次序,以及每台机器加工每个工件所需要的时间,问题是确定工件在每台机器上的加工次序,以使预先选定的目标函数达到最小,这个目标函数通常是完成时间、平均完成时间、机器的空间时间等的一个非降函数。

在许多可能的顺序中找一个最优顺序,在有加工顺序的限制下如何分配,就构成排序问题。先看一个简单情况:A 与 B 两车床加工 n 件产品,加工时间分别为 $t_i(A)$ 和 $t_i(B)(i=1,2,\cdots,n)$,并规定加工顺序为先在 A 上加工,再在 B 上加工,问如何安排使得总的加工时间最少?

由于加工顺序是 A 先 B 后,故应尽量减少 B 的等待时间。因此,不难理解最优方案应是每次从 $\{t_i(A),t_i(B),i=1,2,\cdots,n\}$ 中取出一个最小值。若此最小值是某个 $t_i(A)$,则应排在最先加工,若是某个 $t_i(B)$,则应排在最后加工。对已确定加工顺序的数据从 $\{t_i(A),t_i(B),i=1,2,\cdots,n\}$ 中去掉,在新的集合上重复上述过程,依次排列,便得最优排序。

上述是 $2 \times n$ 的同顺序排序问题,一般的 $m \times n(m \geqslant 3)$ 的同顺序排序问题及不同顺序的排序问题,也是 NPC 问题。下面介绍一种比较经典的分支定界法。

分支定界法的原理如下。

欲求

$$\min_{X \in A} f(X) \tag{7.2.1}$$

考虑求

$$\min_{X \in B} f(X) \tag{7.2.2}$$

并满足 $A \subseteq B$,称式(7.2.2)为式(7.2.1)的松弛问题。假设式(7.2.2)容易求解,若其最优解 $X_B^* \in A$,则式(7.2.1)的最优解 $X_A^* = X_B^*$;否则,将 A 划分为两个(或多个)子集,即 $A = A_1 \bigcup A_2, A_1 \bigcap A_2 = \varnothing$,$B_1$、$B_2$ 分别是它们的松弛集,解相应的松弛问题:

$$\min_{X \in B_i} f(X) \quad (i=1,2)$$

若 $X_{B_1}^* \in A_1$，则 A_1 上的问题已解决（否则，对 A_1 重复 A 上的过程）；同样，若 $X_{B_2}^* \in A_2$，则 A_2 上的问题也解决（否则，对 A_2 重复 A 上的过程），从而 $\min\{f(X_{B_1}^*), f(X_{B_2}^*)\}$ 即为所求最小值。若 $X_{B_1}^* \in A_1$ 且 $X_{B_2}^* \notin A_2$ 但 $f(X_{B_2}^*) \geqslant f(X_{B_1}^*)$，则 A_2 也不必考虑了，否则对 A_2 继续实行如同 A 的分解，如此进行，直到求得最优值为止。

上述只是分支定界法的基本思想，至于集合如何划分等细节，此处略去，有兴趣的读者可进一步查阅章后文献。

分支定界法已经成功地应用于求解整数规划问题、生产进度表问题、货郎担问题、选址问题、背包问题以及可行解的数目为有限的许多其他问题。对于不同的问题，分支与界限的步骤和内容可能不同，但基本原理是一样的。

在很多情况下，分支定界法可以求得最优解，而且平均速度也较快；但在某些在极端情况下，分支定界法的复杂性与穷举搜索没多大区别。

7.2.3 旅行商问题（traveling salesman problem，TSP）

旅行商问题是一个经典的组合优化问题。经典的 TSP 可以描述为：一个商品推销员要去若干个城市推销商品，该推销员从一个城市出发，需要经过每个城市恰好一次，最后回到出发地，应如何选择行进路线，以使总的行程最短？从图论的角度来看，该问题实际上是在一个加权完全无向图中，找一个权值最小的哈密顿回路。由于该问题的可行解是所有顶点的全排列，随着顶点数的增加，会产生组合爆炸，它是一个 NPC 问题。由于 TSP 在交通运输、电路板线路设计以及物流配送等领域内有着广泛的应用，国内外学者对 TSP 进行了大量的研究。早期的研究者使用精确算法求解该问题，常用的方法包括分支定界法、线性规划法、动态规划法等。但是，随着问题规模的增大，精确算法变得无能为力，因此，在后来的研究中，国内外学者重点使用近似算法或启发式算法。下面介绍 TSP 的两种解法，其中第一种解法为近似算法。

1. 最近点连接法

任意选定一个城市作为始点城市，然后比较其余 $n-1$ 个城市与该城市的距离，取距离最短者作为第二个城市。对于第二个城市，就其余的 $n-2$ 个城市做同样的处理。以此类推，直到遍历所有城市为止，最后返回始点城市。

我们分析一下这种方法的计算复杂性。以城市数 n 表示此问题的规模，在选定始点城市后，选定第二个城市需要进行 $n-1$ 次减法运算（距离比较，下同），选定第三个城市需要 $n-2$ 次减法运算，$\cdots$，选定第 $n-2$ 个城市需要 1 次减法运算，总计执行了

$$\sum_{k=1}^{n-1} k = \frac{n(n-1)}{2}$$

次基本运算，故计算复杂度为 $O(n^2)$。

最近点连接法的优点是算法直观、简单；缺点是结果的满意程度往往较差，与最优值可能有较大差距。

2. 整数规划法

旅行商问题可以用整数规划的方式表达如下。

记 d_{ij} 为城市 i 与城市 j 之间的距离（也可以是费用等），并设待求变量 x_{ij}（$i,j=1,2,\cdots,n$），x_{ij} 的意义如下。

$$x_{ij} = \begin{cases} 1, & \text{城市 } i \text{ 与城市 } j \text{ 之间的路线被选入} \\ 0, & \text{城市 } i \text{ 与城市 } j \text{ 之间的路线未被选入} \end{cases}$$

旅行商问题可表示为下面的 0-1 整数规划形式：

$$\min z = \sum_{i=1}^{n} \sum_{j=1}^{n} d_{ij}$$

$$\text{s. t.} \begin{cases} \sum_{j=1}^{n} x_{ij} = 1, & i = 1, 2, \cdots, n, \quad i \neq j \\ \sum_{i=1}^{n} x_{ij} = 1, & j = 1, 2, \cdots, n, \quad i \neq j \\ x_{ij} + x_{ji} < 2, & i \neq j \\ x_{ij} + x_{jk} + x_{ki} < 2, & i \neq j \neq k \\ \quad \vdots \\ x_{ij} + x_{jk} + \cdots + x_{pi} < 2, & i \neq j \neq k \neq \cdots \neq p \text{(共 } n-1 \text{ 个下标)} \\ x_{ij} = 0, 1 \end{cases}$$

各约束不等式的含义如下。

$\sum_{j=1}^{n} x_{ij} = 1, i = 1, 2, \cdots, n, i \neq j$ 表示第 i 个城市必去一次且恰好一次。

$\sum_{i=1}^{n} x_{ij} = 1, j = 1, 2, \cdots, n, i \neq j$ 表示第 i 个城市必离开一次且恰好一次。

$x_{ij} + x_{ji} < 2, i \neq j$ 表示两城市间的路径被选择至多一次。

以下各式的含义类似，不再赘述。

注意：用 0-1 整数规划来表达只是 TSP 的一种描述方式。由于 0-1 整数规划也属 NPC 问题，故这种表达方式并未改本 TSP 的复杂性。

需要指出的是，在实际问题中，往往要根据实际情况对 TSP 的提法做一些改变。例如，有可能某些城市地处偏僻，进出该城市的通道只有一条，因此在进入与离开该城市时不可避免地都要经过与之相连的唯一的另一城市。在这些情况下，需要对 TSP 略做修改。例如，将经过每城市一次，改为至少一次。当然，对于提法的调整与变化，在求解和分析中需有相应的变化。

下面是 TSP 问题的两个实际应用。

实例 7.2.1 印刷电路板上插件的插接顺序。

在某些电器生产中，需在器件的印刷电路板上插入各种电子元件，这由机器人工作臂按一定顺序执行。由于生产批量很大，故选择总的移动距离最小的插入顺序。这是一个典型的 TSP 问题。

实例 7.2.2 连锁店配送车辆的行车路线。

在一个城市内的许多商店，某些商品采用由配送中心定期配送的供货方式。送货车如何合理安排到各商店的运货路线，即归结为 TSP 问题。据报道，美国和日本的某些连锁店系统都已采用了此方法。由于一般情况下 n 的数目较小，故用穷举法即可得出最优解。

▌▶ **思考题** ▌

1. 考虑指派问题：有 n 项不同的任务，n 个人可分别承担这些任务，但由于每个人的特长不同,完成各项任务的效率也就不同,现要求指派每个人去完成一项任务,怎样把 n 项任务指派给 n 个人,可使得完成 n 项任务总的效率最高?

给出如下实例:有四个工人,要分别指派他们完成四项不同的工作,每人做各项工作所消耗的时间如题表 7.1 所示,问应如何指派工作,才能使总的消耗时间最少?(提示:可以考虑用整数规划来解)

题表 7.1

工人 \ 所需时间/天 \ 工作	A	B	C	D
张三	15	18	21	24
李四	19	23	22	18
王五	26	17	16	19
赵六	19	21	23	17

2. 排序问题:某车间只有一台高精度的磨床,因此常常出现零件排队现象,现有六个零件同时要求加工,加工完即送往其他车间,这六个零件加工所需时间如题表 7.2 所示。

题表 7.2

零件	加工时间/时	零件	加工时间/时
A	3.6	D	1.8
B	4.0	E	2.6
C	1	F	3

我们应该按照什么样的加工顺序来加工这六个零件,才能使得这六个零件在车间里停留的平均时间最少?

参 考 文 献

[1] Cook S A. The complexity of theorem proving procedures[R]. *Proceedings of the Third Annual ACM Symposium on Theory of Computing*,1971:151-158.

[2] Klee V,Minty G J. How good is the simplex algorithm? [M]. New York:Academic Press,Inc.,1972.

[3] [美]Papadimitriou C H,[美]Steiglitz K.组合最优化算法和复杂性[M].刘振宏,蔡茂诚,译.北京:清华大学出版社,1988.

[5] 刘家壮,徐源.网络最优化[M].北京:高等教育出版社,1991.

[6] 忻展红.大城市邮政投递问题及其算法探讨[J].北京邮电大学学报,1994,(3):50-55.

[7] 王元,文兰,陈木法.数学大辞典[M].北京:科学出版社,2013.

[8] 夏少刚.运筹学:经济优化方法与模型[M].北京:清华大学出版社,2005.

[9] 张立昂.NP 完全性理论简介[J].中国运筹学会运筹通讯,1992,2(2).

[10] 周晓光,曹勇,李宗元.应用运筹学[M].3 版.北京:经济管理出版社,2013.

第8章

运筹学问题的 LINGO软件 解决方法

JIANMING YINGYONG

YUNCHOUXUE

8.1　几种常用运筹学计算软件简介

运筹学的主要问题是优化问题,现实中的优化问题由于规模都远远超出了手工计算可以达到的程度,所以必须借助计算软件加以解决。

虽然通用的语言类软件,诸如 C、Fortran、Python 等,也能通过编程求解优化问题,但专用数学软件在这方面显然更具优势。其中实用性比较强的几款计算软件包括 MATLAB、Mathematica、Maple、LINGO、WinQSB、Excel 等。

以下对几种软件做一些简要介绍与比较。

8.1.1　通用类数学软件

MATLAB 和 Mathematica、Maple 被誉为三大数学软件,它们都属于通用类数学软件。作为通用类数学软件,这三种数学软件都具有"大而全"的特点,都几乎具有各个数学领域的计算功能。

MATLAB 软件的特点在于以矩阵为基本运算单位,它的强大之处在于数值计算以及仿真。Mathematica 软件的特点在于符号运算,核心思想"模式"是区别于同类数学软件的独特之处。Maple 软件的特点是符号运算与数值计算都很优秀,但它的符号运算方法与 Mathematica 不同。

这三种数学软件都具有功能强大且编程灵活的特点,但这些软件并非专门针对优化问题开发的,优化只是其中一部分功能。对于用户来说,使用这些软件来解决优化问题将面临入门学习门槛较高、学习时间较长、编程较为复杂的困难。

8.1.2　专用数学软件

WinQSB 与 LINGO 都是专门针对优化问题开发的数学软件。

WinQSB 的优点是易学易用,类似 Excel 的表格式用户界面具有直观易懂、学习时间非常短的优点;缺点是功能比较薄弱,适应性较差,适用于规范的且规模较小的问题。

LINGO 是 linear interactive and general optimizer 的缩写,含义为"交互式的线性和通用优化求解器",由美国 LINDO 公司(Lindo System Inc.)出品,可以用于求解线性规划问题,也可以用于一些非线性规划和非线性方程组的求解等,功能十分强大。它的特色在于:高效地内置建模语言,提供几十个内部函数,可以允许决策变量是整数(即整数规划,也包括 0-1 整数规划),方便灵活,专门开发的计算引擎运算速度非常快;在数据接口方面,能方便地与 Excel 等其他软件进行数据交互;相对于 WinQSB,LINGO 的问题适用范围大幅增加;相对于前文所及三大数学软件,LINGO 的学习难度和编程难度都大幅降低。因此,对于大多数用户来说,LINGO 是非常不错的选择。

8.1.3　非专业数学软件

Excel 是 Microsoft Office 组件之一,严格来说,性质上属于办公软件而非数学软件,内置的数学计算模块和编程语言使它具备一定的数值计算与优化问题求解的能力,但相比以上两类专业数学软件,它的"非专业性"特点是明显的。

除了以上这些软件,还有很多针对运筹学而开发的专用软件,就不一一介绍了。

8.2 LINGO 软件的基本使用方法 ▏▎▎▎▎▎▎

实例 8.2.1   利用 LINGO 软件求解如下线性规划问题:

$$\min 4x_1 + 3x_2$$

$$\text{s. t.} \begin{cases} x_1 + x_2 \geqslant 300 \\ x_1 \geqslant 120 \\ 2x_1 + x_2 \leqslant 500 \\ x_2 \geqslant 0 \end{cases}$$

在 Windows 系统下运行 LINGO 软件后窗口如图 8.2.1 所示(此处使用版本为 LINGO 11.0,其他版本用法与此基本无差异)。此为模型窗口,界面与记事本相似,可以直接把程序写在此窗口中,也可以在记事本等文字编辑软件中编写好程序后粘贴过来。

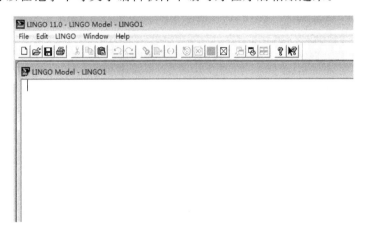

图 8.2.1

如图 8.2.2 所示,在模型窗口中输入代码,然后单击箭头所指示箭靶按钮,即可运行程序。

程序运行后,首先弹出模型求解器状态窗口,显示模型基本信息,如图 8.2.3 所示。有必要指出的是,窗口中部分关键词没能完整显示,可能是因为 LINGO 与 Windows 版本兼容性不好,但这并不影响软件的正常运行。以下对 Solver Status 项目中比较重要的关键词予以解释。

Model Class:模型类型,此例中为 LP,即线性规划。还有其他类型,如 QP(二次规划)、ILP(整数线性规划)、NLP(非线性规划)等。

State:当前求解状态,此例中为 Global Optimum,即全局最优解。还有其他情况,如 Local Optimum(局部最优解)、Feasible(可行解)、Infeasible(无可行解)等。

Objective:当前目标函数值。注意,有些模型不包括目标函数。

Infeasibility:当前不满足的约束总数。注意,这里的约束仅指用直接约束形式给出的约束,类似用上下界语句给出的形式不在此列。

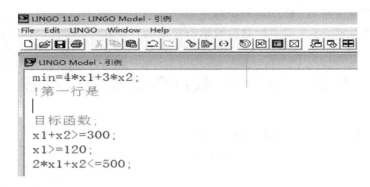

图 8.2.2

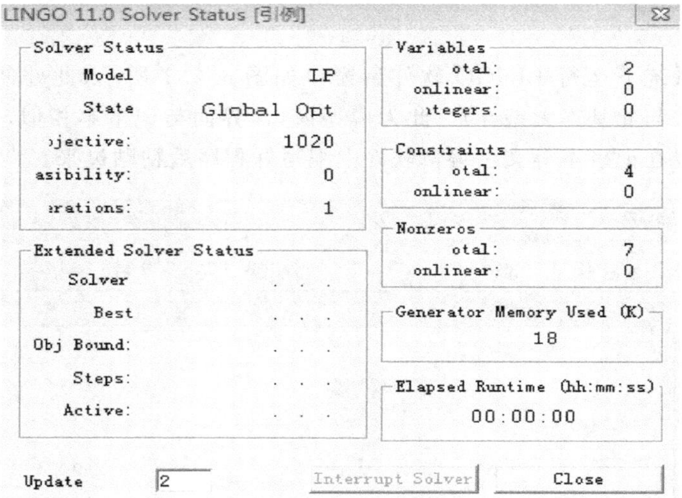

图 8.2.3

Iterations：目前求解器已经运行的迭代次数。

其他几个子项目对解读模型意义不大，就不逐一解释，只把不完整关键词予以补充完整。

Variables（变量数量）项目下：Total，Nonlinear，Integers。

Constraints（约束数量）项目下：Total，Nonlinear。

Nonzeros（非零系数数量）项目下：Total，Nonlinear。

另一个界面为 Solution Report（结果报告）界面，如图 8.2.4 所示。以此例题为例，提供信息主要如下。

Global optimal solution found：得到全局最优解。

Objective value：目标函数值，此例中为 1 020.000。

Infeasibilities：不满足约束数，此例中为 0.000 000。

Total solver iterations：求解器迭代次数，此例中迭代 1 次。

Variable：变量列表。

Value：当前变量值。

Reduced Cost：差额成本。在 max 型问题中，该变量有微小变动时目标函数减少的变化率，

```
Solution Report - 引例
    Global optimal solution found.
    Objective value:                      1020.000
    Infeasibilities:                      0.000000
    Total solver iterations:                     1

                 Variable         Value      Reduced Cost
                       X1      120.0000          0.000000
                       X2      180.0000          0.000000

                      Row   Slack or Surplus      Dual Price
                        1          1020.000        -1.000000
                        2          0.000000        -3.000000
                        3          0.000000        -1.000000
                        4          80.00000         0.000000
```

图 8.2.4

与最优单纯形表中相应系数一致。这里的增加是在其他非基变量保持不变的情况下,当然此时基变量必然改变以满足约束条件。

Slack or Surplus:松弛或剩余变量。该行为紧约束的值都为 0,非紧约束的值非 0。

Dual Price:对偶价格,即对应的约束条件微小变化引起的目标函数的变化率。注意,这里不能认为此数据为对偶价格变化一个单位时目标函数的变化量,此处的微小变化应理解为针对连续问题在微分意义下的,对于整数规划则一般不具有实际意义。显然,仅对于最优解对应的约束为紧约束的,对偶价格才可能非 0。

本例主要结果解读如下。

(1) 得到全局最优值 1 020。

(2) x_1 与 x_2 的取值分别为 120 和 180。

(3) 第 2 行对应的约束,即 $x_1 + x_2 \geqslant 300$,为紧约束,对应的对偶价格为 -3,意味着若把 300 改为 301,则目标函数减少 -3,即增加 3,从而变成 1 023——注意此例目标函数为求最小值,读者仔细体会其中的含义。第 4 行对应约束为非紧约束,此例中表示尚有 80 单位的冗余。

8.3　*LINGO 语言编程入门*

8.3.1　LINGO 程序的几个基本注意点

(1) 全部程序内容需以英文输入,不区分大小写,标点符号均为英文半角格式。

(2) 每行语句后必须使用分号";"结束——显然必须是英文分号。

(3) 变量非负和取连续实数值为软件默认选项,不必在程序中指出。

(4) 系统对目标函数和约束行自动生成编号,以便在结果报告中查看。用户特别关心的行可以自己指定行名,格式为方括号里写入行名,如"[care]x1+x2>=300;"。

(5) 目标函数必须由"min ="或"max ="开头,此语句以"min"或"max"为关键词进行识别,位置不一定需要放在约束语句之前,放在其他位置也是符合语法的。另外,有些模型中没有目标函数也是允许的,此时程序中就只有约束语句。例如以下这两行语句作为一个模型就相当于解一个线性方程组。

```
x1+x2=30;
```

```
x1-x2=6;
```
模型运行的结果是 $x_1=18,x_2=12$。

（6）注释语句由英文叹号"!"开头，以分号结尾，可跨多行，内容中西文皆可。

（7）使用关键词"title"可给程序命名，以便在大型问题中进行管理。程序名中英文皆可，如"title 例子 one;"，位置不一定需要放在程序最前。

（8）尽量使用线性规划代替非线性规划，如"x1/x2＞5;"应改为"x1－5＊x2＞0;"。

（9）不同变量之间的数量级有时候差异很大，如质量单位用克还是用吨，数量级相差悬殊，这可能导致运算误差过大，结果严重不稳定。根据实际问题，应恰当地选择单位，使得数量级不至于相差悬殊。

（10）LINGO 并无严格的缩进要求，但良好的程序"排版"是非常有利于编程的。

8.3.2　变量命名

对于非常简单的模型，使用类似"x"，"y"，"z"或者"x1"，"x2"等形式为变量命名就可以了。

对于较为复杂模型，变量命名最好应具有实际含义，例如成本使用"cost"或者"chengben"来命名，需求量使用"demand"或"xuqiu"来命名。这些复杂模型往往涉及集合的使用，将在稍后集合一部分示范。

变量的命名规则是，变量命名可以使用字母加数字和下划线，需以字母开头，变量名长度不超过 32 字符。常见的命名形式是单词或者单词加数字，如"cost""cost1"。

8.3.3　运算符

LINGO 里的运算符可分为以下三类。

1. 算术运算符

算术运算符是针对数值进行操作的，包括^（乘方）、＊（乘）、/（除）、＋（加）、－（减）。这些运算符的优先级与数学里规定的一样，由高到低依次为：^，＊/，＋－。

运算符的运算次序为从左到右按优先级高低来执行，运算的次序可以用圆括号"（）"来改变。

2. 关系运算符

在 LINGO 中，关系运算符主要用于表述约束条件。

关系运算符有三种，即"="、"＜"和"＞"。LINGO 中还能用"＜="表示小于或等于关系，用"＞="表示大于或等于关系。其实 LINGO 中"＜="与"＜"达到的效果是一样的，也就是说 LINGO 并不支持严格小于和严格大于关系运算符。如果需要严格小于和严格大于关系，如让 A 严格小于而不能等于 B，即 $A<B$ 成立而 $A=B$ 不成立，那么可以用表达式"$A+\varepsilon<B$"，这里 ε 是一个小的正数，如 0.000 1，它的值取决于模型中认定的误差标准。

3. 逻辑运算符

在 LINGO 中，逻辑运算符主要用于集循环函数的条件表达式中，用来控制在函数中哪些集成员被包含、哪些被排斥，在创建稀疏集时用在成员资格过滤器中。

LINGO 具有以下九个逻辑运算符。

（1）＃eq＃:若两个数相等，则为 true，否则为 false。

（2）＃ne＃:若两个数不相等，则为 true，否则为 false。

（3）＃gt＃:若左边的数严格大于右边的数,则为 true,否则为 false。

（4）＃ge＃:若左边的数大于或等于右边的数,则为 true,否则为 false。

（5）＃lt＃:若左边的数严格小于右边的数,则为 true,否则为 false。

（6）＃le＃:若左边的数小于或等于右边的数,则为 true,否则为 false。

（7）＃and＃:仅当两个参数都为 true 时,结果为 true,否则为 false。

（8）＃or＃:仅当两个参数都为 false 时,结果为 false,否则为 true。

（9）＃not＃:否定该操作数的逻辑值,＃not＃是个一元运算符。

其中,"eq"的含义是"equal","ne"的含义是"not equal","gt"的含义是"greater than","ge"的含义是"greater or equal","lt"的含义是"lesser than","le"的含义是"lesser or equal"。

这九种运算符可以分为两类:第一类＃and＃,＃or＃,＃not＃均为布尔运算符,分别表示且、或、否关系;其余属于第二类,用于两个数值之间的大小比较。

这些运算符的优先级由高到低为:高,＃not＃;中,＃eq＃,＃ne＃,＃gt＃,＃ge＃,＃lt＃,＃le＃;低,＃and＃,＃or＃。

例如,"1 ＃gt＃ 5 ＃and＃ 4 ＃gt＃ 3;"的结果为假(0)。

实际使用中,使用圆括号以强调运算顺序可以很好地规避运算顺序导致的错误。

关系运算符与逻辑运算符的联系与区别如下。

两种运算符都是用来比较大小关系,但是使用的位置与作用都不同。

逻辑运算符的使用位置是集循环函数的条件表达式中,用以控制在函数中哪些集成员被包含、哪些不被包含,一般在创建稀疏集时用在成员资格过滤器中,关于它的具体用法可参阅 8.4 LINGO 中的集合。

关系运算符在模型中的位置是约束条件,用以表示一个表达式的左边是否等于、小于或等于或者大于或等于表达式右边。

总结来看,逻辑运算符用以构建稀疏集,关系运算符用以构建约束条件,两者不能混用。

8.3.4　内置函数

除上文提及的运算符外,LINGO 另外还提供以下八种类型的函数。

（1）数学函数:常规的数学函数。

（2）变量定界函数:用来定义变量的取值范围。

（3）概率函数:LINGO 提供了一些概率相关的函数。

（4）金融函数:LINGO 提供两种金融函数。

（5）集操作函数:用来对集进行操作。

（6）集循环函数:集的遍历函数。

（7）数据输入/输出函数:使模型可以与外部数据源相联系。

（8）辅助函数:除上述各种之外的其他函数。

8.3.4.1　常用数学函数

LINGO 提供了大量的标准数学函数,其中比较常用的函数如下,其中三角函数使用弧度制。

（1）@abs(x):绝对值。

(2) $@\sin(x)$:正弦。

(3) $@\cos(x)$:余弦。

(4) $@\tan(x)$:正切。

(5) $@\text{asin}(x)$:反正弦。

(6) $@\text{acos}(x)$:反余弦。

(7) $@\text{atan}(x)$:反正切。

(8) $@\exp(x)$:以 e 为底的指函数。

(9) $@\text{pow}(x,y)$:x 的 y 次方。

(10) $@\log(x)$:以 e 为底的自然对数。

(11) $@\log 10(x)$:以 10 为底的对数。

(12) $@\text{mod}(x,y)$:x 对 y 取余数。

(13) $@\text{sign}(x)$:符号函数,如果 $x<0$,返回 -1,否则返回 1。

(14) $@\text{floor}(x)$:返回 x 的整数部分,靠拢原点方向取整。

(15) $@\text{smax}(x_1,x_2,\cdots,x_n)$:返回所有参数中的最大值。

(16) $@\text{smin}(x_1,x_2,\cdots,x_n)$:返回所有参数中的最小值。

下例求解一个非线性方程组,求得的结果为$(1.054\ 127,2.869\ 469)$。

```
y=@sin(x)+2;
y=@exp(x);
```

8.3.4.2　变量定界函数

变量定界函数是一种对变量的约束函数,用以约束变量的取值范围。

(1) $@\text{free}(x)$:使得 x 可以取任意实数。

(2) $@\text{bnd}(L,x,U)$:使 x 的取值范围为区间$[L,U]$。

(3) $@\text{gin}(x)$:使 x 取为整数。

(4) $@\text{bin}(x)$:使 x 为 0-1 变量。

在默认情况下,LINGO 规定变量是非负的,也就是说下界为 0,上界为 $+\infty$。$@\text{free}$ 取消了默认的下界为 0 的限制,使变量也可以取负值。$@\text{bnd}$ 用于设定一个变量的上下界,它也可以取消默认下界为 0 的约束。

应该指出,虽然也可以在约束中对变量的取值范围予以约束,如在约束中使用语句"$x\geqslant-2;x\leqslant 5;$",但使用"$@\text{bnd}(-2,x,5)$"运算速度更快。

$@\text{gin}(x)$是整数规划常用函数,使变量只能取整数值,整数规划问题的求解难度远高于非整数规划问题,除非必要,否则不宜使用此函数。

$@\text{bin}(x)$是 0-1 规划常用函数,使 x 只能取 0 或 1 两个值,是整数规划里的子类型。

8.3.4.3　概率函数

LINGO 提供的一些常用的概率分布函数如下。

1. $@\text{pbn}(p,n,x)$

此为二项分布的累积分布函数,返回参数为(n,p)的二项分布在 x 点的取值。对于非整数的 n 和(或)x,采用线性插值法计算。

2. $@\text{pcx}(n,x)$

此为自由度参数为 n 的 χ^2 累积分布函数。

3. @peb(a,x)

此概率函数用于求解当系统负荷为 a，有 x 个服务器且允许无穷排队时的 Erlang 繁忙概率。

4. @pel(a,x)

此概率函数用于求解当系统负荷为 a，有 x 个服务器且不允许排队时的 Erlang 损失概率。

5. @pfd(n,d,x)

此概率函数用于求解参数为 (n,d) 的 F 分布的累积分布。

6. @pfs(a,x,c)

此概率函数用于求解系统负荷的上限为 a，当前顾客数量为 c，x 为平行服务器的数量时有限资源的 Poisson 系统的等待期望值。

7. @phg(pop,g,n,x)

此为超几何分布的累积分布函数。在生产模型中，pop 表示产品总数量，g 是正品数。从所有产品中随机取出 $n(n \leqslant pop)$ 件，正品数不超过 x 的概率。pop，g，n 和 x 都可以是非整数，这时采用线性插值进行计算。

8. @ppl(a,x)

此为 Poisson 分布的线性损失函数，返回 $\max(0,z-x)$ 的期望值，其中随机变量 z 服从期望为 a 的 Poisson 分布。

9. @pps(a,x)

此为期望为 a 的 Poisson 分布的累积分布函数。当 x 非整数时，采用线性插值算法。

10. @psl(x)

此为标准正态线性损失函数，返回 $\max(0,z-x)$ 的期望值，z 服从标准正态分布。

11. @psn(x)

此概率函数用于求解标准正态分布的累积分布。

12. @ptd(n,x)

此概率函数用于求解自由度参数为 n 的 t 分布的累积分布。

13. @qrand(seed)

此概率函数用于产生服从 $(0,1)$ 区间的拟均匀随机数，seed 的默认值为当前机器时间。注意，@qrand 只允许在模型的数据部分使用，不能用于约束部分。对于随机数矩阵来说，在各行内，随机数是互相独立分布的；在各行间，随机数是均匀分布的，此时这些随机数的生成方法为"分层取样"。

14. @rand(seed)

此概率函数用于返回 0 和 1 间的一个伪随机数，依赖于用户指定的种子。典型用法是"U(I+1)=@rand(U(I));"，此语句的含义对于序列 $U(I)$，使用前一个数作为后一个数的种子，当然第一个数的种子需要用户自行指定。注意，该函数必须指定种子，且只能生成一个伪随机数。

实例 8.3.1　使用@qrand 生成一个 3×4 的随机数矩阵 **X**。此处没有使用种子，LINGO 将用系统时间构造种子，所以每次运行得到的随机数矩阵都不同。若希望得到固定的随机数矩阵，则应指定固定的种子。

```
model:
sets:
  rows/1..3/;
  cols/1..4/;
  table(rows,cols):x;
endsets
data:
  X=@qrand();
enddata
end
```

8.3.4.4 财务金融函数

两个常用的财务金融函数如下。

1. @fpa(r,n)

返回净现值:假设单位周期利率为 r,连续支付 n 个周期,每个周期支付单位费用。若每个周期支付费用为 x,则净现值可用 $x \times$@fpa(r,n)计算。@fpa 的实际计算公式为

$$@\mathrm{fpa}(r,n) = \sum_{k=1}^{n} \frac{1}{(1+r)k} = \frac{1-(1+r)^{-n}}{r}$$

净现值:在一定时期内获得的全部收益,在考虑到资金的时间价值前提下,折算到该时期之初得到的资金值。

实例 8.3.2 贷款购车问题:贷款购车,贷款金额 10 万元,贷款年利率 6%(折算月利率为 5‰),采取逐月分期付款方式(每月底还固定金额,直至还清)。问贷款 3 年,每月需偿还多少元?

LINGO 代码如下:

```
10=x*@fpa(0.005,36);
```

结果为 $x=3\ 042.194$ 元。

2. @fpl(r,n)

该函数返回如下情形的净现值:单位周期利率为 r,第 n 个周期末支付单位费用。@fpl(r,n)的计算公式为

$$@\mathrm{fpl}(r,n)=(1+r)^{-n}$$

以上两个函数的关系是:

$$@\mathrm{fpl}(r,n) = \sum_{k=1}^{n} @\mathrm{fpl}(r,k)$$

8.3.4.5 集合函数与数据输入/输出函数

涉及集合的两类函数——集操作函数和集循环函数将在 8.4 节 LINGO 中的集合部分予以介绍;涉及数据输入/输出的函数将在 8.5 节 LINGO 的数据接口部分予以介绍。

8.3.4.6 辅助函数

LINGO 有很多辅助函数,此处只介绍一个最常用的函数@if。该函数语法格式如下。

```
@if(logical_condition,true_result,false_result)
```

逻辑表达式 logical_condition 若为真,返回 true_result 的值;若为假,返回 false_result 的

值。显然,该函数用作分段函数的构建是非常方便的。

实例 8.3.3　针对以下分段函数求最优解:

$$\max = f(x)$$

$$\text{s. t.} \begin{cases} f(x) = \begin{cases} 9 - 3x, & x > 2 \\ 2 + x, & x < 2 \end{cases} \\ x \geqslant 0 \end{cases}$$

LINGO 代码如下。

```
model:
  max=fx;
  fx=@if(x#gt#2,9-3*x,2+x);
end
```

经计算得,$x = 2$,$f(x) = 4$ 为最大值,该结果显然容易通过手工计算检验。

8.4　*LINGO 中的集合*

实际问题中,往往遇到一群或多群对象,对象之间可能还有联系,如商店、消费者群体、交通工具和乘客群体等。LINGO 中把这些对象构成集合(set),然后用集合语言来描述这些对象之间的关系,这使得模型描述更加简单和具有通用性。对于涉及大型数据的模型来说,集合语言是不二选择。

8.4.1　集合的基本概念

集合简称为集,由一群性质相同或相似的对象构成,这些对象称为集的成员。例如,一个商场的各种服装构成的集,一个车队的汽车构成的集,一个班级的学生构成的集。

每个集的成员都可能有一个或多个与之有关的指标,称这些指标为属性。属性值有可能是已知量,也可能是未知量,已知量一般是问题中已有的数据,未知量一般是模型将要求解的决策变量。

实例 8.4.1　以下语句定义了 1 个学生集合,此集合的名字叫作 students,当然也可以起其他的名字。集合包含 3 个成员,也就是 3 个学生的姓名,分别是 zhang,wang,li。每个成员有 2 个属性,分别是 score,age,也就是分数和年龄。第二行语句给出了 3 个学生的年龄数据,这是已知的。分数数据没有给出,是未知量。需要指出的是,在实际模型中,以下两条语句其实是在不同部分给出的,集合定义语句存在于集合定义段,数据语句存在于数据段。

```
students/zhang,wang,li/:score,age;
age=15,16,15;
```

集合按照定义方式可分为两种:原始集(primitive set)和衍生集(derived set)。

原始集的成员是由基本的具体对象所组成的,是最简单的集合。例如上文提到的 students 集合,它的成员为具体的学生。

衍生集的成员是一个或多个其他集合,也就是说,它是由其他集合所建立的集合。构建衍生集的目的主要有两个,一是使用一些条件从已知集合中筛选部分成员,二是建立多个集合之间的关联。

8.4.2　模型中的集合

集合是 LINGO 模型的一个可选部分。对于很小的模型来说，可能不需要使用集合，但对于大型模型，不使用集合是难以想象的。

在 LINGO 模型中使用集合，一般可以分为 3 个部分：一是定义集合，这在集合定义部分；二是赋予集合中部分属性值的数据，这在数据部分；三是使用集合语言进行目标函数与约束关系的描述，这在模型主体部分。

集合部分以关键词"sets"开始，以关键词"endsets"结束。一个模型可以没有集合部分，或有一个简单的集合部分，或有多个集合部分。集合部分可以放置于模型的任何地方，但是一个集及其属性在模型约束中被引用之前必须已经给予定义。

8.4.2.1　定义原始集

定义一个原始集，须按照以下格式声明：

① 集的名字，必选；

② 集的成员，可选；

③ 集成员的属性，可选。

定义原始集，使用下面的语法格式：

```
setname[/member_list/][:attribute_list];
```

注意：本章内容中，"[]"用以表示该部分内容可选。

例如，"students/zhang, wang, li/: score, age;"是一个完整的集合定义，包括集合名 students，成员 zhang，wang，li，属性 score，age。

当然也可以定义为"students/zhang, wang, li/;"，此时没有属性。还可以定义为"students;"，此时只有集合名，以上这些都是合法的定义方式。读者还可以尝试其他形式的定义，以便进一步理解 LINGO 集合的定义模式。

setname 是集合的名字，应具有较强的可读性，一般建议使用英文单词或者汉语拼音，而不建议使用形如"a""b"这样简单却不能表达实际含义的名字。集合名须符合标准命名规则：以英文字母或下划线开头，其后由英文字母、下划线、阿拉伯数字组成的字符串，总长度不超过 32 个字符，不区分大小写。

注意：集成员名和属性名等命名也须满足该规则。

member_list 是集成员列表。该列表有两种方法定义：一是放在集定义中，此时可以对它们采取显式罗列或隐式罗列两种方式；二是集成员不放在集定义中，此时可在随后的数据部分定义它们。

注意，显式罗列成员时，成员名彼此不能重复，成员名之间用空格或逗号分隔，空格与逗号也可以混合使用，但出于可读性考虑，混合使用并不建议。

例如，实例 8.4.1 提及的 students 集合，在实际模型中是这样定义的：

```
sets:
  students/zhang,wang,li:score,age;
endsets
```

注意，关键词"sets"后有冒号，"endsets"后没有任何标点符号。

有时候,隐式罗列集合成员是更方便的,此时不必具体罗列每个集成员的名字,大型集合大多都是隐形罗列。语法如下。

```
setname/member1..memberN/[:attribute_list];
```

这里的"member1"是集的第一个成员名,"memberN"是集的最末一个成员名。LINGO 将自动产生中间的所有成员名。

例如:

```
sets:
    students/stu1..stu50/:score,age;
endsets
```

这段语句定义了包含 50 个成员的集合,这些成员分别为 stu1,stu2,…,一直到 stu50。

此外,LINGO 还内置了一些特定的隐式定义模式,可以创建一些特殊的集,如表 8.4.1 所列。

表 8.4.1

隐式成员列表格式	范例	对应集合成员
1..n	1..6	1,2,3,4,5,6
StringK..StringN	Horse2..Horse4	Horse 2,Horse 3,Horse 4
DayK..DayN	Mon..Fri	Mon,Tue,Wed,Thu,Fri
MonthK..MonthN	Oct..Dec	Oct,Nov,Dec
MonthYearM..MonthYearN	Oct2018..Jan2019	Oct2018,Nov2018,Dec2018,Jan2019

注意,首成员与末成员之间是两个英文句点。

以上是集成员放在集定义中的情况,集成员也可以不放在集合定义中,而是放在数据部分定义。

实例 8.4.2　本例中定义了 students 集合的三个成员 zhang,wang,li,其中 li 的分数与年龄分别是 90 和 17。

```
sets:
  students:score,age;
endsets! 数据部分;
data:
  students,score,age=zhang 95 16
wang 92 17
li 90 17;
enddata
```

此处,数据部分也可以写成这样的形式:

```
data:
students=zhang wang li;
score=95 92 90;
age=16 17 17;
enddata
```

应该指出,集成员的属性值在模型中只能被确定一次,不能再更改,这与很多其他编程语言可以多次对同一个变量赋值是不同的。

例如，在实例 8.4.2 中，已经定义了 age(li)＝17，即 li 同学的年龄为 17 岁，如果在模型中另有语句 age(li)＝18，则是非法的。实际上，在 LINGO 中被赋值的量被视为常量而不是变量，常量的值当然不能修改，只有没有被赋值的量才视为变量。从另一个角度来理解，赋值本身也相当于一种约束，如 age(li)＝17，相当于约束了 li 同学的年龄为 17 岁，它与另一个约束 age(li)＝18 当然是矛盾的。

但是有一种例外的情况，在初始部分中给出的集属性值在以后的求解中可更改。这种情况与上文所述其实并不矛盾，因为初始部分的赋值并不是作为一个约束，而是 LINGO 求解器使用迭代算法求解时用来确定一个初始解的，该值通过迭代算法不断向局部最优解或全局最优解收敛。

8.4.2.2　定义衍生集

定义衍生集，须做如下声明：

① 衍生集的名字，必选；

② 父集的名字，必选；

③ 集成员，可选；

④ 集成员的属性，可选。

一般用如下的语法格式定义衍生集：

```
setname(parent_set_list)[/member_list/][:attribute_list];
```

setname 是衍生集的名字。parent_set_list 是父集列表，父集是已定义的集合，它可以是原始集也可以是衍生集。如果父集有多个，须用逗号分隔。在默认情况下，LINGO 会自动创建父集成员的所有组合作为衍生集的成员。

实例 8.4.3　以 students 集合为父集，构建了衍生集 relation，该集合的成员由 2 个父集所有成员的所有组合共 $3 \times 3 = 9$ 个成员构成。

```
sets:
  students/zhang wang li/:score,age;
  relation(students,students):group;
endsets
```

衍生集 relation 的属性 group 对应的全部成员如下：

```
GROUP(ZHANG,ZHANG)GROUP(ZHANG,WANG)GROUP(ZHANG,LI)
GROUP(WANG,ZHANG)GROUP(WANG,WANG)GROUP(WANG,LI)
GROUP(LI,ZHANG)GROUP(LI,WANG)GROUP(LI,LI)
```

实例 8.4.3 中，成员列表被省略时，衍生集成员由父集所有成员的所有的组合构成，这样的衍生集称为稠密集。如果衍生集的成员是父集成员所有组合构成的集合的一个真子集，这样的衍生集称为稀疏集。

衍生集的成员列表有两种方式生成，一是显式罗列，二是使用成员过滤器。当采用第一种方式时，必须显式罗列所有包含在衍生集中的成员，当然罗列的每个成员都必须属于稠密集。在前例中，若使用如下语句显式罗列衍生集的成员，则衍生集合 relation 中只包含两个成员（wang zhang 和 li wang）：

```
relation(students,students)/wang zhang,liwang/:x;
```

对于大型模型来说,稀疏集往往成员众多,难以显式罗列。好在很多稀疏集的成员都满足一些逻辑条件,用以与非成员区分开来。这些逻辑条件称为过滤器。在 LINGO 生成衍生集的成员时,使用过滤器可以把逻辑值为假的成员从稠密集中过滤掉。

另外,与原始集一样,衍生集的成员声明也可以放在数据部分。

实例 8.4.4　一个使用过滤器的例子:

```
sets:
! 学生集 students:属性 score 表示分数,age 表示年龄;
students:score,age;
! relation 是学生之间的关系集,是年龄不相同的学生组合,且第一个学生的索引值小于第二个学生的索引值;
relation(students,students)|age(&1) #ne# age(&2) #and# &1 #lt# &2:group;
endsets
data:
students=zhang wang li;
score=95 92 90;
age=16 17 17;
enddata
```

以上程序运行后,将生成 GROUP（ZHANG,WANG）和 GROUP(ZHANG,LI)这样两个衍生集 relation 中的成员及属性。

以下对上面一段程序予以解释。

用竖线"|"(在键盘上是与"\"在一起的那个按键,一般在 Enter 键附近)来标记其后为成员过滤器语句。如前文所述,♯ne♯,♯and♯,♯lt♯是逻辑运算符,分别表示"不相等""并且""小于"。

&1 表示衍生集的第 1 个父集的成员索引序号,它是从 1 开始的自然数列,取遍该父集的所有成员索引号,因为此例中父集合 students 共有 3 个成员,所以 &1 的取值其实就是列表{1, 2,3}。其中,编号 1 对应的就是成员 zhang,编号 2 对应的就是成员 wang,编号 3 对应的就是成员 li。与之相似的,&2 是衍生集的第 2 个父集的成员索引序号,本例中,它的取值也是列表{1, 2,3}。

于是,age(&1) 依次表示 age(1),age(2),age(3)这 3 个属性值,它们依次对应 age (ZHANG),age(WANG),age(LI)。age(&2)与 age(&1)类似。在语句"relation(students, students)|age(&1) ♯ne♯ age(&2) ♯and♯ &1 ♯lt♯ &2:group;"中,age(&1) ♯ne♯ age (&2)表示的含义是由两个父集中年龄不同的学生构成的组合,&1 ♯lt♯ &2 的含义是第一个父集的学生索引序号小于第二个父集合的学生索引序号。

因为年龄值不相同的组合包括（ZHANG,WANG）,（ZHANG,LI）,（WANG,ZHANG）, (LI,ZHANG)4 个,而 ZHANG 的索引值是 1,WANG 的索引值是 2,LI 的索引值是 3,因此若以上组合用索引值来表示,就相当于(1,2),(1,3),(2,1),(3,1)。在这 4 个组合中,符合 &1 ♯lt♯ &2,即第一个索引值小于第二个索引值的是前 2 个(1,2),(1,3),也就是(ZHANG, WANG),(ZHANG,LI)。

假如没有 &1 ♯lt♯ &2 这个过滤语句,在衍生集中将生成 GROUP（ZHANG,WANG） GROUP(ZHANG,LI),GROUP（WANG,ZHANG） GROUP(LI,ZHANG)4 个成员属性。

关于 data 部分,将在随后一节进行具体介绍。

在模型中,以"!"开头的语句是注释语句,用来解释说明程序所起的作用,不影响程序的运行。对于较为复杂的模型来说,良好的注释语句是十分必要的。

总结来看,原始集是最基本的集合,它的成员不包括其他集合。原始集可以由显式和隐式两种方式罗列。用显式罗列方式时,需在集成员列表中逐一罗列每个成员。用隐式罗列方式时,需在成员列表中按照 LINGO 指定的模式输入首成员和末成员,中间的其他成员由 LINGO 自动生成。

衍生集是以其他集合为成员构成的集合,这些作为成员的集被称为该衍生集的父集,父集可以是原始集或其他的衍生集。

衍生集可以分为稀疏集和稠密集两种。稠密集包含了所有父集的所有成员的所有组合,相当于父集的笛卡儿积。稀疏集是稠密集的一个子集,这个子集可通过显式罗列和资格过滤器两种方式来定义。显式罗列是逐个罗列稀疏集的成员,这对于小型问题是可行的,资格过滤器通过逻辑条件从稠密集成员中过滤出稀疏集的成员,适用于大型集合。

8.4.3 模型的数据部分

在模型中使用集合时,变量(包括已知量和未知量)都在集合部分定义,已知量的具体数值单独在数据部分给出。这种集合与数据分开定义的方式使得变量结构与数据实现了分离。这对模型的易读性、可维护性和通用性都是非常有利的。

8.4.3.1 基本赋值方法

数据部分以关键词"data"开始,以关键词"enddata"结束,这与集合部分的关键字是类似的。在数据部分可以指定集成员以及属性值。它的常用语法如下:

```
object_list=value_list;
```

对象序列(object_list)可以包含需要设置集合成员的集名以及需要赋值的属性名,对象间用逗号或空格隔开。一个对象序列中至多有一个集名,而属性名数量不限。但是如果对象序列中有多个属性名,那么这些属性的类型必须一致。对于包含集名的对象序列,对象序列中所有属性的类型就是这个集合。

数值序列(value_list)包含要赋值给对象序列中的对象的值,用逗号或空格隔开。注意,对某个属性赋值时,数据的个数必须与该集合成员的个数相同。

实例 8.4.5 在本例中,在集 s_1 中定义了两个属性 M 和 N。M 的三个值是 1、2、3,N 的三个值是 4、5、6。

```
sets:
  s1/A1,A2,A3/:M,N;
endsets
data:
  M=1,2,3;
  N=4,5,6;
enddata
```

也可采用如下数据赋值方式:

```
sets:
```

```
  s1/A1,A2,A3/:M,N;
endsets
data:
  M,N=1 4
     2 5
     3 6;
enddata
```

注意:不要误以为此处 M 被指定了 1、4、2 三个值,实际上此处的赋值效果与上一例是一样的。LINGO 在为对象序列赋值时,首先为每个对象的第 1 个索引依次分配数值,然后为每个对象的第 2 个索引依次分配数值,以此类推。因此,赋值过程可以理解为"M(1)=1,N(1)= 4,…"。

在使用这种赋值方式时,最好像上例一样,使数据列数与变量列数一致,这样就相当于把第一列数据赋值给第一个变量,把第二列数据赋值给第二个变量,以此类推。

有时候,所有成员的属性值都相同,是一个常数,此时可以使用比较简洁的赋值格式。在如下语句中,三个成员的 M 属性都赋值为 1,N 属性都赋值为 4。

```
sets:
  s1/A1,A2,A3/:M,N;
endsets
data:
  M,N=1 4;
enddata
```

如果一个集合中,部分成员的某个属性值是已知的,另一部分成员的该属性是未知的,属于待求变量,那么在数据赋值时,使用逗号作为数据分隔符,未知数据空置不输入或者输入空格即可。

实例 8.4.6　三个成员的 N 属性值已知,都为 4;M 属性值都相同但未知,为待求解变量,此时系统会临时赋予其默认值,一般为 1.234 568,注意这并不表示 M 为已知量。若有其他约束条件,M 的值会随着模型求解而被重新确定。

```
sets:
  s1/A1,A2,A3/:M,N;
endsets
data:
  M,N=,4;
enddata
```

8.4.3.2　参数

例如 π 的值,在不同情况下取的精度可能不同,有可能是 3.14,也可能是 3.141 59。再例如汇率,虽然是常数,但随着时间发生变化。在数据部分可以指定一个或一些量的数值作为常量来使用,称之为参数。在程序中使用此参数名参与计算即可,如果参数值发生了变化,也只需要在数据部分修改就可以了,程序本身不受到影响。

实例 8.4.7　以下语句指定了 π 的值为 3.14,汇率(r)和引力常数(g)的值分别为 7.2 和 9.8。

```
data:
pi=3.14;
```

```
r,g=7.2,9.8;
enddata
```

8.4.3.3 实时交互数据

有时候,模型中的某些量虽然是常数,但并不是唯一确定的固定值。例如,模型中涉及一个汇率参数,该参数在 6.8 到 7.2 之间波动,我们希望针对该参数的不同取值分别求解模型,这种问题可以使用实时交互方式进行处理,只需在赋值时用"?"来代替具体数值即可。

例如:

```
data:
pi=3.14;
r,g=?,9.8;
enddata
```

求解模型时,会弹出对话窗口,如图 8.4.1 所示,要求为参数 r 输入一个数值。用户输入一个数值再单击 OK 按钮,该数值就会赋值给 r,然后继续求解模型。

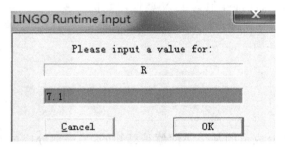

图 8.4.1

LINGO 为用户提供了两个可选部分:输入集成员和数据的数据部分(data section),为决策变量设置初始值的初始部分(init section)。

8.4.4 初始部分

仅对于非线性模型,LINGO 提供初始部分,这是一个可选项,没有初始部分也是合法的。在初始部分对变量的赋值仅被求解器当作初始点使用,随着迭代求解过程的进行,该值会逐渐改变。

初始部分以"init:"开始,以"endinit"结束。初始部分的赋值规则和数据部分的赋值规则相同。

实例 8.4.8 本例求解一个非线性方程组,几何直观上看,是求正弦函数曲线与单位圆曲线的交点。赋予该模型初始点 $(0,1)$,求解器会从该初始点开始迭代搜索,本例中,求得的结果是 $(0.739\,085\,1, 0.673\,612\,0)$。一般来说,初始点越靠近解,越有利于求解器快速准确地找到解。

```
init:
X,Y=0,1;
endinit
Y=@sin(X);
X^2+Y^2=1;
```

8.4.5　集合的操作函数

LINGO 中有一些集合操作函数对集合进行有关运算,这里主要介绍以下 4 个函数。

(1) @index 函数:用来给出成员在原始集合中的索引编号。

(2) @in 函数:用来判定成员是否在指定集合中。

(3) @size 函数:用来给出集合的大小。

(4) @wrap 函数:用来描述周期循环。

以下详细介绍各个函数。

1. @index([set_name,] primitive_set_element)

该函数返回原始集合的成员 primitive_set_element 在集合 set_name 中的索引。set_name 也可以被省略,此时 LINGO 将返回与 primitive_set_element 匹配的第一个原始集的成员索引。所谓"第一个",是按照定义集合的语句在程序中的先后位置排序的。

注意:

(1) set_name 既可以是原始集,也可以是衍生集,但须是一维集合,若是二维及以上集合,则提示错误。

(2) 在不省略 set_name 的情况下,如果找不到该成员在该集合中的索引,则返回索引值 0(但实际上,LINGO 中集合成员的索引是从 1 开始编号的);在省略 set_name 的情况下,如果找不到该成员在任何原始集合中的索引,则产生一个错误提示。

实例 8.4.9　N_1 到 N_4 的值分别为 3,1,1,2。注意到,这里包含成员 C 的集合依次是 f_2,f_1,f_4,其中 f_2 是包含 C 的"第一个"集合,N_3 的值为 1,就是指的 f_2 集合中 C 的索引。从此例中不难认识到,使用 @index 函数最好明确指出集合,以免造成意外错误。

```
sets:
f2/C A B/;
f1/A B C/;
f3/X Y Z/;
f4(f1)/B C/;
f5(f1,f3)/A Z,B Y,C X/;
endsets
N1=@index(f1,C);
N2=@index(f2,C);
N3=@index(C);
N4=@index(f4,C);
!N5=@index(f5,C);
```

如果在此例中,去掉最后一句的"!",使之从注释语句变为可执行语句,则会发生错误。实际上,集合 f_5 中也不包含成员 C,集合 f_5 中的成员是形如(C X)这样的二维元素。

2. @in(set_name,primitive_index_1 [,primitive_index_2,⋯])

如果父集的索引 primitive_index_1 在指定集合 set_name 中,则返回真,即取值 1;否则返回假,即取值 0。有多个索引时,各个索引分别依次指代各个父集。

实例 8.4.10　父集分别为 f_1,f_2,各有 3 个成员。a,b 分别是 f_1 和 f_2 的衍生集,a 集合有一个成员 x_2,b 集合有一个成员 y_3。com_a,com_b 分别是 f_1 和 f_2 的衍生集,它们各自是 a,b 的

补集。

注意：在语句"com_a(f1)|♯not♯@in(a,&1):qca;"中，&1 的含义是父集合 f_1 中成员的索引，可以近似地理解为"@in(a,f1)"。该语句的含义是：以 f_1 为全集，a 的补集。c,d 均是以 f_1,f_2 为父集构成的二维衍生集，语句"d(f1,f2)|♯not♯@in(b,&2):qd;"中，&2 的含义是成员在父集 f_2 中的索引，由该语句生成的 d 集合，是以 b 在 f_2 中的补集与 f_1 这两个集合为父集所衍生的稠密集。仔细研读程序及程序运行的结果，就可以理解该函数所起到的作用。

另外要指出的是，以下程序中"x_1"这样的形式只是为了适应初学者的阅读习惯，实际编程中，下标形式的 x_1 会自动被软件改成"x1"这样的形式，因为紧跟字母的数字会被软件理解为变量名称的一部分而不会误解为乘法。

```
sets:
  f1/x₁..x₃/;
  f2/y₁..y₃/;
  a(f1)/x₂/:qa;
  b(f2)/y₃/:qb;
  com_a(f1)|#not#@in(a,&1):qca;
  com_b(f2)|#not#@in(b,&1):qcb;
  c(f1,f2)|#not#@in(a,&1):qc;
  d(f1,f2)|#not#@in(b,&2):qd;
  e(f1,f2)|#not#@in(a,&1) #and##not#@in(b,&2):qe;
endsets
```

该程序运行后，生成的成员属性如下。

```
QA(X₂)
QB(Y₃)
QCA(X₁)QCA(X₃)
QCB(Y₁)QCB(Y₂)
QC(X₁,Y₁)QC(X₁,Y₂)QC(X₁,Y₃)
QC(X₃,Y₁)QC(X₃,Y₂)QC(X₃,Y₃)
QD(X₁,Y₁)QD(X₁,Y₂)
QD(X₂,Y₁)QD(X₂,Y₂)
QD(X₃,Y₁)QD(X₃,Y₂)
QE(X₁,Y₁)QE(X₁,Y₂)
QE(X₃,Y₁)QE(X₃,Y₂)
```

3. @size(set_name)

该函数返回集合 set_name 的成员数。在模型中需要使用集合成员数量时最好使用该函数而不是直接给出一个常数，这样在集合规模发生改变时就无须另行调整程序。

实例 8.4.11 本例中，n_1 到 n_4 的值分别为 3,2,2,3。

```
sets:
f1/C A B/;
f2/X Y Z/;
f3(f1)/B C/;
f4(f1,f2)/A Z,B Y,C X/;
```

```
endsets
n1=@size(f1);
n2=@size(f2);
n3=@size(f3);
n4=@size(f4);
```

4. @wrap(index,limit)

该函数返回数值 j，$j=$ index $+k*$ limit，其中 k 是一个整数（正负数或零均可），k 的取值使 j 落在区间 $[0,$ limit $]$ 内。

这个函数是关于周期循环的函数，以 limit 为周期，把数值 index 平移若干整周期后，落在最小正周期范围里的与 index 相对应的数值即为 j。

一般地，limit 和 index 都取正整数，此时函数值落在 $\{1..$ limit $\}$ 集合中，但取小数或负数也是符合语法的，但此时有可能得到与预期不符的结果，这一点请读者谨慎。

该函数大体上等价于 @mod(index,limit)。当 mod(index,limit) $\neq 0$ 时，@wrap(index, limit) $=$ @mod(index,limit)；当 mod(index,limit) $=0$ 时，@wrap(index,limit) $=$ limit。

实例 8.4.12　d_1 到 d_{21} 表示日历中连续的 21 天，w 属性表示某一天是星期几，假如第一天 d_1 是星期一，最后一行语句给出了每一天是星期几的值。当 k 介于 1 到 7 之间时，@wrap(k,7) $=k$；当 k 介于 8 到 14 之间时，@wrap(k,7) $=k-1*7$，即平移 1 个整周期；当 k 介于 15 到 21 之间时，@wrap(k,7) $=k-2*7$，即平移 2 个整周期。

```
sets:
days/d1..d21/:w;
endsets
@for(days(k):w=@wrap(k,7));
```

8.4.6　集合的循环函数

集合是大型问题不可或缺的模型描述方法，LINGO 用集循环函数对整个集合的成员进行遍历操作。语法如下。

```
@function (setname [(set_index_list) [|conditional_qualifier]]: expression_
list);
```

以下对上述语法进行解释。

@function 对应下面罗列的 5 个集循环函数之一：@sum，@prod，@for，@min，@max。其中：@sum 是针对整个集合求和；@prod 是针对整个集合求积；@for 是针对集合里每个成员逐一操作，一般是进行赋值或者构成约束；@min 和 @max 分别是针对整个集合求最小值和最大值，注意，这个最值与目标函数的最值是完全不同的。

setname 是将要遍历的集合，可以是已经定义的任何集合，是必选项。

set_index_list 是集合索引列表，是可选项，当该项省略时，表示遍历集合中所有成员，应该注意的是，有些情况下该项是无法省略的。

conditional_qualifier 是成员过滤器，当集循环函数遍历集合的每个成员时，LINGO 首先对 conditional_qualifier 进行计算，若结果为真，则对该成员执行 @function 操作，否则跳过该成员，继续对下一个成员执行下一次循环。该项是可选项，若省略，则对所有成员执行 @function 操作。

expression_list 是被应用到每个集合成员的表达式列表。如果此时@function 为@for 函数,expression_list 可以包含多个表达式,其间用逗号隔开。这些表达式一般被作为约束加到模型中。当@function 为其余的三个集循环函数时,expression_list 只能有一个表达式。

1. @for 函数

该函数一般用来产生对集合成员的约束,该函数与其他编程语言中常见的关键词"for"产生相似的效果。

实例 8.4.13 本例中,对于集合 s 的 5 个成员的 x 属性,依次按照其索引序号的平方根进行赋值,该赋值就相当于约束。语句"@for(s:x<y);"是一种简略的写法,含义是对 s 中每一个成员,其 x 属性的值都小于 y 属性的值,它与语句"@for(s(k):x(k)<y(k));"是等价的。这种简略的写法,要求 x 与 y 的成员索引一一对应,如果实际问题并不一一对应,就不能用这种写法了。例如语句"@for(s(k):x(k)+y(6−k)<7);"表示这样一组约束:s 集合中,两个成员的索引值之和为 6 时,它们的 x 与 y 属性值的和小于 7,在这句话中,省略索引 k 就难以做到了。在涉及二维衍生集合的场合,索引常常是难以省略的。

```
sets:
s/1..5/:x,y;
endsets
@for(s(k):x(k)=@sqrt(k));
@for(s:x<y);
@for(s(k):x(k)<y(k));
@for(s(k):x(k)+y(6-k)<7);
```

2. @sum 函数

该函数返回指定的集合成员的表达式的和。

实例 8.4.14 t_1 表示对 s 集合的全体成员求属性 x 的和,结果为 15;t_2 表示对 s 集合的全体成员中索引为奇数的成员求属性 x 的和,结果为 $1+3+5=9$,"@mod(I,2) #eq# 1;"的含义为索引 I 为奇数。t_3 的含义为对索引为奇数的成员的属性 x 的值先求平方再求和,结果为 35。

```
sets:
s/1..5/:x;
endsets
data:
    x=1 2 3 4 5;
enddata
t1=@sum(s:x);
t2=@sum(s(I)|@mod(I,2) #eq# 1:x);
t3=@sum(s(I)|@mod(I,2) #eq# 1:x^2);
```

3. @prod 函数

该函数返回指定的集合成员的表达式的积,用法与@sum 函数完全相似。

实例 8.4.15 steps 集合表示一个顺序流程,属性 P 是其中每个环节成功运行的概率,$P=$ 0.95 0.99 0.98;表示每一个环节成功的概率分别为 0.95 0.99 0.98。@PROD(STEPS:P)计算了 3 个环节同时成功的概率,因此 P_FAIL 表示的是此流程不能成功运行的概率,这里得到的值大约是 0.078。

```
MODEL:
SETS:
STEPS:P;
ENDSETS
DATA:
P=0.95 0.99 0.98;
ENDDATA
P_FAIL=1-@PROD(STEPS:P);
END
```

4. @min 和 @max

该函数返回指定的集合成员的一个表达式中的最小值或最大值。

实例 8.4.16　t_1,t_2,t_3 分别表示全部成员的 x 属性的最大值 5，前 3 个成员的 x 属性的最大值 3，前 3 个成员的 x 属性的平方的最大值 9。最小值用法与此相似。

```
sets:
  s/1..5/:x;
endsets
data:
  x=1 2 3 4 5;
enddata
  t1=@max(s:x);
  t2=@max(s(I)|I#le#  3:x);
  t3=@max(s(I)|I#le#  3:x^2);
```

下面针对以上这些函数给出一个具体问题的范例。

实例 8.4.17　玻璃瓶生产线需要连续运转而不能停工，否则将造成巨大损失。某玻璃瓶生产线每周的每一天（按照周一至周日顺序）所需的工作人员人数下限为 19,17,13,16,18,14,15（三班倒等情况由同一天工作人员内部协调安排）。为便于管理和员工休息，每个工作人员每周需要连续工作 5 天，为满足该生产线用人要求，该生产线总共至少需要雇用多少员工？并给出具体安排。

以下模型针对此问题给出解决方案，该模型已经考虑到长期运行的周期性而不仅限于一周时间。

```
model:
sets:
  days/1..7/:need,start;
endsets
data:
    need=19 17 13 16 18 14 15;
enddata
  min=@sum(days:start);
  @for(days(J):
    @sum(days(I)|I#le#  5:
      start(@wrap(J+I+2,7)))>=need(J));
```

```
    @for(days:@gin(start));
End
```

注意到以上程序中，在 @for 和 @sum 语句里，由于涉及多个集循环语句，且对成员索引有复杂计算，此处的索引 J 和 I 就很有必要明确指出了。@gin 用来使每个 start 属性为整数值，由此该模型编程整数规划，若无此约束，计算结果就不同了。这段程序的主要思想是某一天实际可以工作的员工数，是这一天以及之前的 4 天开始工作的员工数的和。@wrap 语句用以产生周期循环，使得问题不仅限于一周之内。

模型主要计算结果如下：

总共需要最少雇员数为 23，每周的每一天开始工作的雇员人数如下：

START(1)=6

START(2)=2

START(3)=1

START(4)=4

START(5)=5

START(6)=2

START(7)=3

其中，START(1)=6 的含义为，6 个员工从周一开始工作，连续工作 5 天，类似地，2 个员工从周二开始工作，连续工作 5 天。

参 考 文 献

[1] 张杰,郭丽杰,周硕,等.运筹学模型及其应用[M].北京:清华大学出版社,2012.

[2] 谢金星,薛毅.优化建模与 LINDO/LINGO 软件[M].北京:清华大学出版社,2005.

[3] 王绍恒,王良伟.数学软件与实验[M].北京:科学出版社,2017.

[4] 杨云峰,胡金燕,宋国亮.数学建模与数学软件[M].哈尔滨:哈尔滨工程大学出版社,2012.

[5] 高德宝,野金花,张彩霞.数学软件及应用[M].北京:国防工业出版社,2016.

[6] 耿秀荣,王彦辉,吴果林.数学建模及其常用数学软件[M].桂林:广西师范大学出版社,2012.

[7] 袁新生,邵大宏,郁时炼.LINGO 和 Excel 在数学建模中的应用[M].北京:科学出版社,2007.